环境工程实用技术丛书

土壤与固体废物监测技术

TURANG YU GUTI FEIWU JIANCE JISHU

李日升　夏龙飞　邓　勖　主编

化学工业出版社

·北京·

内容简介

本书以问答的形式，对土壤与固体废物监测中常见的技术及应用问题进行了整理汇编。全书共分六个部分，包括基本知识、土壤污染物的监测、固体废物的监测、常用土壤污染物与固体废物监测仪器的操作方法、各类土壤与固体废物污染的特点及监测要点，以及附录。全书以实用性和全面性为主要原则，旨在体现土壤与固体废物监测的专业性、可参考性。

本书资料翔实、实用性强，可供环境科学与工程、生物技术与工程等领域的工程技术人员、科研人员、管理人员阅读，也适合高等学校相关专业师生、环保爱好者和宣传工作者参考。

图书在版编目（CIP）数据

土壤与固体废物监测技术 / 李日升，夏龙飞，邓勖主编. -- 北京 ：化学工业出版社，2025. 1. --（环境工程实用技术丛书）. -- ISBN 978-7-122-46821-5

Ⅰ. X833-44；X705-44

中国国家版本馆 CIP 数据核字第 2024Q1K482 号

责任编辑：左晨燕　　装帧设计：史利平
责任校对：王鹏飞

出版发行：化学工业出版社
（北京市东城区青年湖南街 13 号　邮政编码 100011）
印　　装：北京天宇星印刷厂
787mm×1092mm　1/16　印张 17　字数 372 千字
2026 年 1 月北京第 1 版第 1 次印刷

购书咨询：010-64518888　　售后服务：010-64518899
网　　址：http：//www.cip.com.cn
凡购买本书，如有缺损质量问题，本社销售中心负责调换。

定　　价：128.00 元

前言

中国是世界上城市化速度最快的发展中国家，但同时也伴随着过度的资源消耗，并加快了环境污染。党的二十大明确提出要坚持山水林田湖草沙一体化保护和系统治理，要全方位、全地域、全过程地加强生态环境保护。土壤作为其中重要的联系介质，不仅与大气接触，还与地下介质相连。此外，城市化进程的加快、工业化的推进以及人类活动的增加，固体废物的生成量不断增加。这些固体废物在处理过程中可能被直接倾倒、填埋或焚烧，导致部分有害物质渗入土壤，或者通过水体、空气等方式传播到土壤中。这些污染物在土壤中难以分解和迁移，通过不断积累对土壤环境产生长期的影响，进而影响生态环境和人类健康。

随着我国环境保护工作的不断加强和推进，国家相继出台《中华人民共和国环境保护法》（2015 年 1 月 1 日施行）、《中华人民共和国土壤污染防治法》（2019 年 1 月 1 日施行）、《中华人民共和国固体废物污染环境防治法》（2020 年 9 月 1 日施行）等一系列文件，旨在解决环境污染和社会安全问题。要实现可持续发展，就需要重视生态环境保护与治理，避免生态、气候进一步恶化。环境监测在加强生态环境治理中具有举足轻重的地位，通过对监测数据的分析，有助于进一步了解我国的生态环境状况，从而科学决策，落实生态保护。科学且合理的环境监测工作可促使环境保护得到有效保障，使整体治理质量与效果得到提升，从而达到全面提升生态环境保护工作水平的目的。

本书以培养一大批具有环境保护专业知识的环境监测人才为目的，并从实用的角度着手，覆盖了土壤与固体废物监测中的各项技术内容，如土壤与固体废物污染、样品的采集和预处理、污染物的监测与分析、固体废物处理、固体废物有害成分分析、土壤污染物与固体废物监测仪器的操作方法等。全书采用问答的形式，内容丰富，资料翔实，针对性和可查阅性强。可供环境科学与工程、生物技术与工程等领域的工程技术人员、科研人员和管理人员参考，也可供高等学校相关专业师生参阅。

本书由李日升正高级工程师、夏龙飞高工、邓勖副教授主编，成稿期间以下人员在搜集素材、编辑设计和章节撰写方面作出了大量工作：孙绪博高工、王昭高工、冯思敏工程师、刘庆工程师、赵博工程师、孙文工程师、高世乾工程师、马琳工程师、赵宇通工程师、曹晓晖工程师、杨世远工程师、庄华博士。在此谨向上述专家表示衷心感谢。

由于编者水平有限，编写经验不足，书中不足之处在所难免，敬请各位专家和读者批评指正。

编者

2025 年 1 月

目 录

一、基本知识 1

（一）土壤污染……1

1. 什么是土壤？土壤由哪些基本成分组成？……1
2. 什么是土壤的机械组成？土壤机械组成的类型有哪些？……2
3. 什么是土壤矿物质？……3
4. 土壤矿物质有哪些组成成分？……3
5. 什么是土壤有机质？其作用是什么？……4
6. 什么是土壤水？土壤水的来源有哪些？……4
7. 土壤中主要的微生物类型有哪些？微生物在土壤中的作用有哪些？……5
8. 土壤有哪些基本性质？……6
9. 什么是土壤污染？土壤污染物有哪些种类？……6
10. 土壤污染的污染源有哪些？……7
11. 土壤污染的类型有哪些？……8
12. 土壤污染有什么危害？……9
13. 土壤污染有什么特点？……9
14. 怎样控制和消除土壤污染源？……10
15. 防治土壤污染的措施有哪些？……10
16. 什么是土壤环境背景值？……12
17. 我国土壤环境背景值的表达方法有哪些？……12
18. 我国土壤环境背景值为多少？……13
19. 什么是土壤环境容量？……14
20. 土壤环境容量有哪些表达方法？……14
21. 我国现行的土壤环境质量标准有哪些？……15
22. 土壤环境质量如何分级？……15
23. 土壤环境质量的风险管制项目有哪些？其标准值如何？……16
24. 土壤环境监测类型有哪些？……18
25. 开展土壤环境监测前需要搜集哪些资料？……19
26. 建设用地土壤污染如何开展调查？……19

27. 建设用地土壤污染如何开展风险评估工作? …… 20
(二)固体废物污染 …… 22
28. 什么是固体废物? …… 22
29. 固体废物的种类有哪些? …… 22
30. 固体废物如何鉴别? …… 23
31. 固体废物有哪些特点? …… 24
32. 固体废物污染对环境与人体有什么危害? …… 24
33. 固体废物的污染途径有哪些? …… 25
34. 固体废物的处理原则是什么? …… 26
35. 固体废物环境管理有什么特点? …… 27
36. 如何对产生工业固体废物的单位实行管理? …… 27
37. 什么是危险废物? 其特性有哪些? …… 28
38. 什么是含毒性物质的危险废物? …… 28
39. 危险废物对环境有什么危害? …… 29
40. 危险废物有哪些典型来源? …… 29
41. 居民区生活垃圾中的典型危险废物有哪些? …… 30
42.《国家危险废物名录》中规定的 50 类危险废物是什么? …… 31
43.《巴塞尔公约》中危险废物鉴别法规体系有什么特点? …… 31
44. 危险废物的鉴别程序是什么? …… 32
45. 危险废物混合后的判定规则是什么? …… 33
46. 危险废物处理后的判定规则是什么? …… 33
47. 固体废物监测的范围是什么? …… 33
48. 我国现有固体废物的环境标准有哪些? …… 34

二、土壤污染物的监测 —— 36

(一)样品的采集和预处理 …… 36
49. 土壤样品采集需要准备哪些采样器具? …… 36
50. 土壤样品的采集一般分几个阶段? …… 36
51. 怎样选择土壤采样点? …… 36
52. 常用的土壤样品采集的采样布点方法有哪些? …… 37
53. 如何确定土壤样品采集的布点数量? …… 38
54. 土壤样品的采集原则是什么? …… 38
55. 土壤样品如何采集和保存? …… 38
56. 区域环境背景监测的采样点应如何选择? …… 39
57. 如何确定农田采集混合样的采样点数量和采样深度? …… 39
58. 如何确定建设项目土壤监测的采样点数量和采样深度? …… 40
59. 如何确定土壤污染事故的采样点数量和采样深度? …… 40

60. 如何确定土壤环境背景值样品采集的采样点数量？ …………………… 41
61. 如何制备无机项目土壤样品？如何制备有机项目土壤样品？ ………… 41
62. 土壤样品制备环境要求是什么？ ………………………………………… 42
63. 如何保存土壤样品？ ……………………………………………………… 42
64. 土壤样品的预处理方法主要有哪些？ ………………………………… 43
65. 如何用普通酸分解法处理土壤样品？ ………………………………… 43
66. 如何用高压密闭分解法处理土壤样品？ ……………………………… 44
67. 如何用微波炉加热分解法处理土壤样品？ …………………………… 44
68. 如何用碳酸钠熔融法处理土壤样品？ ………………………………… 44
69. 如何用碳酸锂-硼酸、石墨粉坩埚熔样法处理土壤样品？ …………… 45
70. 如何用 HCl-HNO_3 溶浸法处理土壤样品？ …………………………… 45
71. 如何用 HNO_3-H_2SO_4-$HClO_4$ 溶浸法处理土壤样品？ ………………… 45
72. 如何用 HNO_3 溶浸法处理土壤样品？ ………………………………… 46
73. 如何用四酸溶浸法处理土壤样品？ …………………………………… 46
74. 如何用 0. 1mol/L HCl 溶浸法提取土壤样品中的 Cd、Cu、As 等重金属？ ……………………………………………………………………… 46
75. 如何用碱溶液提取法提取土壤中的六价铬？ ………………………… 47
76. 如何用 DTPA 浸提处理土壤样品？ …………………………………… 47
77. 如何用 0. 1mol/L HCl 浸提处理土壤样品？ …………………………… 47
78. 如何用水浸提处理土壤样品？ ………………………………………… 47
79. 碳酸盐结合态、铁-锰氧化结合态等形态的提取法有哪些？ ………… 48
80. 提取有机污染物时有机溶剂的选择原则是什么？ …………………… 49
81. 常用有机溶剂的极性如何？ …………………………………………… 49
82. 怎样提取土样中的有机污染物？ ……………………………………… 49
83. 为什么要净化土样有机污染物提取液？净化方法有哪些？ ………… 50
84. 怎样用液-液分配法净化有机污染物的提取液？ ……………………… 50
85. 怎样用化学处理法净化有机污染物的提取液？ ……………………… 50
86. 怎样用加压流体萃取法快速提取土壤中有机物？ …………………… 51
（二）监测项目分析 …………………………………………………………… 52
87. 农用地监测项目有哪些？监测频次如何？ …………………………… 52
88. 建设用地监测项目有哪些？ …………………………………………… 52
89. 土壤样品的分析方法有哪些？ ………………………………………… 52
90. 在测定土壤中的各种金属含量时，应如何制备样品？ ……………… 53
91. 石墨炉原子吸收分光光度法测定土壤样品中铅和镉的原理是什么？ ……… 53
92. 石墨炉原子吸收分光光度法测定土壤样品中铅和镉的步骤是什么？ ……… 54
93. KI-MIBK 萃取原子吸收分光光度法测定土壤中铅和镉的原理是什么？ …… 54
94. KI-MIBK 萃取原子吸收分光光度法测定土壤样品中铅和镉的步骤是什么？ ……………………………………………………………………… 55
95. 火焰原子吸收分光光度法测定土壤中铜、锌的原理是什么？ ……… 56

96. 火焰原子吸收分光光度法测定土壤中铜、锌的步骤是什么? …………… 56
97. 火焰原子吸收分光光度法测定土壤中镍的原理和步骤是什么? …………… 57
98. 火焰原子吸收分光光度法测定土壤和沉积物中铜、锌、铅、镍、铬的原理是什么? …………… 57
99. 火焰原子吸收分光光度法测定土壤和沉积物中铜、锌、铅、镍、铬的步骤是什么? …………… 57
100. 火焰原子吸收分光光度法测定土壤中六价铬的原理是什么? …………… 58
101. 火焰原子吸收分光光度法测定土壤中六价铬的步骤是什么? …………… 58
102. 冷原子吸收分光光度法测定土壤中总汞的原理是什么? …………… 59
103. 冷原子吸收分光光度法测定土壤中总汞时，如何消解试液? …………… 59
104. 冷原子吸收分光光度法测定土壤中总汞的步骤是什么? …………… 60
105. 原子荧光法测定土壤中总汞的原理是什么? …………… 61
106. 原子荧光法测定土壤中总汞的步骤是什么? …………… 61
107. 如何提纯盐酸羟胺溶液? …………… 62
108. 硼氢化钾-硝酸银分光光度法测定土壤中总砷的原理是什么? …………… 62
109. 硼氢化钾-硝酸银分光光度法测定土壤中总砷的步骤是什么? …………… 62
110. 二乙基二硫代氨基甲酸银分光光度法测定土壤中总砷的原理是什么? …… 63
111. 二乙基二硫代氨基甲酸银分光光度法测定土壤中总砷的步骤是什么? …… 64
112. 原子荧光法测定土壤中总砷的原理是什么? …………… 65
113. 原子荧光法测定土壤中总砷的步骤是什么? …………… 65
114. 电感耦合等离子体质谱法测定土壤中镍、镉、锌、铅、铬、铜、砷等重金属的原理是什么? …………… 66
115. 电感耦合等离子体质谱法测定土壤中镍、镉、锌、铅、铬、铜、砷等重金属的步骤是什么? …………… 66
116. 气相色谱法测定土壤中六六六和滴滴涕的原理是什么? …………… 67
117. 气相色谱法测定土壤中六六六和滴滴涕的步骤是什么? …………… 67
118. 高效液相色谱法测定土壤中苯并[a]芘的原理是什么? …………… 68
119. 高效液相色谱法测定土壤中苯并[a]芘的步骤是什么? …………… 69
120. 乙酸铵法测定土壤中阳离子交换量的原理是什么? …………… 70
121. 乙酸铵法测定土壤中阳离子交换量的步骤是什么? …………… 70
122. 乙酸铵法测定土壤中阳离子交换量时需要注意哪些事项? …………… 71
123. 怎样测定土壤样品中的含水率? …………… 72
124. 测定土壤含水量时应注意些什么? …………… 73
125. 对马尿酸偶氮氯膦分光光度法测定土壤中氧化稀土总量的原理是什么? …………… 73
126. 对马尿酸偶氮氯膦分光光度法测定土壤中氧化稀土总量的步骤是什么? …………… 74
127. 同位素稀释高分辨气相色谱-高分辨质谱法测定土壤中二噁英类的原理是什么? …………… 74

128. 同位素稀释高分辨气相色谱-高分辨质谱法测定土壤中二噁英类时，如何进行样品的净化? …… 76
129. 同位素稀释高分辨气相色谱-高分辨质谱法测定土壤中二噁英类的步骤是什么? …… 77
130. 吹扫捕集/气相色谱-质谱法测定土壤中挥发性有机物的原理是什么? …… 77
131. 吹扫捕集/气相色谱-质谱法测定土壤中挥发性有机物的步骤是什么? …… 78
132. 吹扫捕集/气相色谱-质谱法测定土壤中挥发性有机物的注意事项是什么? …… 79
133. 气相色谱-质谱法测定土壤中半挥发性有机物的原理是什么? …… 79
134. 气相色谱-质谱法测定土壤中半挥发性有机物的步骤是什么? …… 80
135. 气相色谱-质谱法测定土壤中半挥发性有机物的注意事项是什么? …… 81
136. 气相色谱法测定土壤中的石油烃 C_{10}~C_{40} 的原理是什么? …… 81
137. 气相色谱法测定土壤中的石油烃 C_{10}~C_{40} 的步骤是什么? …… 81
138. 气相色谱法测定土壤中的毒鼠强的原理是什么? …… 82
139. 气相色谱法测定土壤中的毒鼠强的步骤是什么? …… 82
140. 重铬酸钾氧化-分光光度法测定土壤中有机碳的原理是什么? …… 83
141. 重铬酸钾氧化-分光光度法测定土壤中有机碳的步骤是什么? …… 84
142. 玻璃电极法测定土壤中 pH 值的原理是什么? …… 84
143. 玻璃电极法测定土壤中 pH 值的步骤是什么? …… 85
144. 氯化钡提取-滴定法测定土壤中可交换酸度的原理是什么? …… 85
145. 氯化钡提取-滴定法测定土壤中可交换酸度的步骤是什么? …… 85
146. 碱熔-钼锑抗分光光度法测定土壤中总磷的原理是什么? …… 86
147. 碱熔-钼锑抗分光光度法测定土壤中总磷的步骤是什么? …… 87
148. 氯化钾溶液提取-分光光度法测定土壤中的氨氮、亚硝酸盐氮、硝酸盐氮的原理是什么? …… 87
149. 氯化钾溶液提取-分光光度法测定土壤中的氨氮、亚硝酸盐氮、硝酸盐氮的步骤是什么? …… 88
150. 重量法测定土壤中水溶性和酸溶性硫酸盐的原理是什么? …… 89
151. 重量法测定土壤中水溶性和酸溶性硫酸盐时试料如何制备? …… 90
152. 重量法测定土壤中水溶性和酸溶性硫酸盐的步骤是什么? …… 90
153. 重量法测定土壤中水溶性和酸溶性硫酸盐的注意事项是什么? …… 91

三、固体废物的监测 —— 92

（一）样品的采集和预处理 …… 92
154. 采集工业固体废物样品所需的工具有哪些? 采样程序是怎样的? …… 92
155. 采集工业固体废物样品时，怎样确定采样单元数? …… 92
156. 采集工业固体废物样品时，怎样确定采样量? …… 93

157. 采集工业固体废物样品时，有哪些采样方法？ …… 93
158. 怎样采集城市生活垃圾样品？ …… 94
159. 制备固体废物样品包括哪些步骤？ …… 95
160. 怎样制备工业固体废物样品？ …… 95
161. 怎样制备城市生活垃圾样品？ …… 96
162. 怎样运送和保存样品？ …… 97
（二）固体废物有害特性鉴别 …… 98
163. 工业固体废物的监测项目有哪些？ …… 98
164. 如何进行危险废物腐蚀性试验？ …… 98
165. 如何进行危险废物易燃性试验？ …… 99
166. 危险废物反应性的鉴别标准是什么？ …… 100
167. 如何进行危险废物反应性试验？ …… 100
168. 如何进行遇水反应性试验？ …… 100
169. 如何进行释放有害气体试验？ …… 101
170. 如何进行危险废物急性毒性初筛试验？ …… 102
171. 如何进行急性经口毒性试验？ …… 102
172. 如何进行急性经皮毒性试验？ …… 103
173. 如何进行急性吸入毒性试验？ …… 104
174. 浸出毒性鉴别标准值为多少？ …… 105
175. 固体废弃物浸出液监测项目及测定方法是什么？ …… 106
176. 如何进行翻转法和水平振荡法浸出试验？ …… 109
177. 如何进行硫酸硝酸法浸出试验？ …… 110
178. 如何进行醋酸缓冲溶液法浸出试验？ …… 110
（三）固体废物有害成分分析 …… 111
179. 怎样用二苯碳酰二肼分光光度法测定固体废物中总铬和六价铬的含量？ …… 111
180. 怎样用硫酸亚铁铵滴定法测定固体废物中总铬和六价铬的含量？ …… 111
181. 怎样用碱溶液提取-火焰原子吸收分光光度法测定固体废物中六价铬的含量？ …… 112
182. 怎样用直接吸入火焰原子吸收分光光度法测定废物中总铬的含量？ …… 112
183. 怎样用直接吸入火焰原子吸收分光光度法测定固体废物中镍的含量？ …… 113
184. 怎样用丁二酮肟分光光度法测定固体废物中镍的含量？ …… 113
185. 怎样用二乙基二硫代氨基甲酸银分光光度法测定固体废物中砷的含量？ …… 114
186. 怎样用直接吸入火焰原子吸收分光光度法测定固体废物中铜、锌、铅、镉的含量？ …… 114
187. 怎样用 KI-MIBK 萃取火焰原子吸收分光光度法测定固体废物中铅和镉的含量？ …… 115

188. 怎样用冷原子吸收分光光度法测定固体废物中总汞的含量? …………… 115
189. 怎样用原子荧光法测定固体废物中总汞、总砷的含量? ……………… 116
190. 怎样用电感耦合等离子体质谱法测定固体废物中重金属的含量? ……… 117
191. 怎样用离子选择电极法测定固体废物中氟化物的含量? ……………… 117
192. 同位素稀释高分辨气相色谱-高分辨质谱法测定固体废物中的二噁英类时，如何进行样品的前处理? …………………………………… 118
193. 怎样用同位素稀释高分辨气相色谱-高分辨质谱法测定固体废物中的二噁英类? ……………………………………………………… 119
（四）生活垃圾特性分析 ………………………………………………… 120
194. 城市垃圾的监测项目有哪些? …………………………………… 120
195. 怎样测定生活垃圾的物理组成? ………………………………… 120
196. 怎样测定生活垃圾的水分含量? ………………………………… 121
197. 怎样测定生活垃圾的 pH 值? …………………………………… 121
198. 怎样测定生活垃圾的粒度? ……………………………………… 122
199. 怎样测定生活垃圾中的淀粉含量? ……………………………… 122
200. 怎样测定生活垃圾的生物降解度? ……………………………… 122
201. 怎样测定生活垃圾的热值? ……………………………………… 123
202. 怎样分析生活垃圾的化学性质? ………………………………… 123
203. 什么是垃圾渗滤液? 渗滤液有哪些特性? ……………………… 124
204. 渗滤液的分析项目有哪些? ……………………………………… 124
205. 怎样选择垃圾填埋场渗滤液采样点? …………………………… 124
206. 什么是固体废物的渗漏模型试验? ……………………………… 125

四、常用土壤污染物与固体废物监测仪器的操作方法 —— 126

207. 土壤与固体废物监测中常用的仪器设备有哪些? ………………… 126
208. 监测仪器有哪些常涉及的名词术语? …………………………… 127
209. 分析仪器的基本组成部分有哪些? ……………………………… 127
210. 监测分析仪器有什么样的技术指标和要求? …………………… 128
211. 在进行监测之前，如何对仪器进行校准? ……………………… 129
212. 如何保证监测仪器的质量? ……………………………………… 129
213. 如何消除光度分析法中的干扰? ………………………………… 130
214. 紫外-可见分光光度法有什么应用特点? ………………………… 130
215. 紫外-可见分光光度计由哪些部分组成? ………………………… 131
216. 紫外-可见分光光度计有哪些主要性能指标? …………………… 131
217. 紫外-可见分光光度法定量分析的方法有哪些? ………………… 132
218. 实验操作中影响紫外-可见分光光度计精度的因素有哪些? 怎样校正? ……………………………………………………………… 133

219. 紫外-可见分光光度法中如何正确选择溶剂? …… 133
220. 紫外-可见分光光度法中如何正确选择空白溶液? …… 134
221. 紫外-可见分光光度计有哪些类型? …… 134
222. 常用的紫外-可见分光光度计有哪些? …… 135
223. 原子吸收光谱法的分析原理是什么? …… 135
224. 原子吸收光谱法有哪些优点和不足? …… 135
225. 原子吸收分光光度计由哪些部分组成? …… 136
226. 原子吸收光谱分析中有哪些干扰因素? …… 137
227. 怎样选择原子吸收光谱分析的测定条件? …… 138
228. 原子吸收光谱分析有哪些分析方法? …… 139
229. 原子荧光光谱法的基本原理是什么? …… 139
230. 原子荧光光谱法有哪些优缺点? …… 139
231. 原子荧光分析仪由哪些部分组成? …… 140
232. 原子发射光谱法的基本原理是什么? …… 141
233. 原子发射光谱法有哪些优缺点? …… 142
234. 原子发射光谱仪有哪些类型? …… 142
235. 利用原子发射光谱仪进行定性分析时，有哪些分析方法? …… 143
236. 利用原子发射光谱仪摄取定性分析光谱时，应注意哪些问题? …… 143
237. 利用原子发射光谱仪进行半定量分析时，有哪些分析方法? …… 143
238. 利用原子发射光谱仪进行定量分析时，有哪些分析方法? …… 144
239. 利用原子发射光谱仪进行定量分析时，怎样选择工作条件? …… 144
240. 什么是原子发射光谱背景? 其消除的方法有哪些? …… 145
241. 什么是原子发射光谱添加剂? 有哪些种类? …… 145
242. 电感耦合等离子体质谱仪工作的基本原理是什么? …… 146
243. 电感耦合等离子体质谱仪有哪些优缺点? …… 146
244. 电感耦合等离子体质谱仪由哪些部分组成? …… 147
245. 电感耦合等离子体质谱仪有哪些干扰因素? …… 148
246. 气相色谱法有哪些优缺点? …… 149
247. 气相色谱法有哪些类型? …… 149
248. 气相色谱法的一般流程是怎样的? …… 150
249. 气相色谱仪由哪几部分组成? …… 150
250. 气相色谱检测器有哪些类型? …… 151
251. 气相色谱柱有哪些类型? …… 151
252. 气相色谱分析过程中，应如何选择工作温度? …… 152
253. 气相色谱分析过程中，对固定液有什么要求? …… 152
254. 气相色谱分析过程中，固定液有哪些类型? …… 152
255. 气相色谱分析过程中，应怎样选择固定液? …… 153
256. 气相色谱分析中对载体有什么要求? 载体都有哪些类型? …… 153
257. 气相色谱分析中，什么是载体的钝化? …… 154

258. 气相色谱分析中，应怎样选择实验条件？ …… 154
259. 一般情况下，如何操作使用气相色谱仪？ …… 155
260. 在使用气相色谱仪时，有哪些注意事项？ …… 156
261. 怎样应用气相色谱仪进行定性分析？ …… 156
262. 怎样应用气相色谱仪进行定量分析？ …… 158
263. 应用气相色谱法分析时，怎样进行样品的前处理？ …… 159
264. 气相色谱常见故障如何检查诊断？ …… 159
265. 气相色谱-质谱联用法的一般流程是什么？ …… 160
266. 气相色谱-质谱联用法有哪些优缺点？ …… 160
267. 气相色谱-质谱联用仪有哪些组成部分？ …… 161
268. 怎样应用气相色谱-质谱联用仪进行定性分析？ …… 161
269. 怎样应用气相色谱-质谱联用仪进行定量分析？ …… 162
270. 液相色谱与气相色谱相比有什么不同？ …… 163
271. 高效液相色谱法与经典液相色谱法相比有哪些优点？ …… 164
272. 高效液相色谱仪有哪些组成部分？ …… 164
273. 液相色谱法有哪些类型？ …… 165
274. 高效液相色谱检测器有哪些类型？ …… 165
275. 高效液相色谱固定相有哪些类型？ …… 167
276. 什么是吸附色谱？ …… 167
277. 什么是分配色谱？ …… 168
278. 什么是凝胶色谱？ …… 168
279. 什么是离子交换色谱法（IEC）？ …… 169
280. 什么是离子排斥色谱法（ICE）？ …… 169
281. 什么是离子对色谱（IPC）？ …… 170
282. 怎样选择液-固吸附色谱的流动相？ …… 170
283. 怎样选择液-液分配色谱的流动相？ …… 171
284. 怎样选择离子交换色谱的流动相？ …… 171
285. 为什么要进行梯度洗脱？有哪些梯度洗脱方法？ …… 172
286. 怎样选择凝胶色谱的流动相？ …… 173
287. 如何使用高效液相色谱仪？ …… 173
288. 如何选择液相色谱系统？ …… 173

五、各类土壤与固体废物污染的特点及监测要点 —— 175

289. 如何对土壤监测全过程进行质量控制？ …… 175
290. 什么是土壤重金属污染？土壤重金属污染元素有哪些？ …… 176
291. 土壤重金属污染有什么特点？ …… 176
292. 土壤中重金属污染物的来源有哪些？ …… 176
293. 由污水灌溉引起的土壤污染有什么特点？ …… 177

294. 由污水引起的土壤污染监测的要点是什么? …… 178
295. 由农药引起的土壤污染中主要的农药类型有哪些? …… 178
296. 农药在土壤中有哪些迁移转化途径? …… 179
297. 影响土壤吸附能力的因素有哪些? …… 180
298. 影响农药在土壤中残留的因素有哪些? …… 181
299. 由农药化肥引起的土壤污染监测时应注意什么问题? …… 181
300. 酸雨对土壤有什么影响? …… 181
301. 由酸雨引起的土壤污染监测时应注意什么问题? …… 182
302. 什么是医疗废物? …… 182
303. 医疗废物的监测应注意什么问题? …… 182
304. 什么是放射性? 什么是放射性物质? …… 183
305. 放射性的来源有哪些? …… 183
306. 放射性核素对人体有什么危害? …… 184
307. 放射性物质的计量方法有哪些? …… 184
308. 什么是放射性活度? …… 184
309. 什么是照射量? …… 184
310. 什么是吸收剂量? …… 185
311. 照射量与吸收剂量有什么联系与区别? …… 185
312. 什么是当量剂量? …… 185
313. 开放场址土壤中剩余放射性可接受的水平是多少? …… 186
314. 有哪些放射性检测仪器? …… 186
315. 放射性污染监测的监测对象和内容是什么? …… 187
316. 怎样采集放射性样品? …… 187
317. 怎样对放射性样品进行预处理? …… 187
318. 怎样测量土壤中总 α 和总 β 放射性活度? …… 188

附录 …… 189

附录一 中华人民共和国固体废物污染环境防治法 …… 189
附录二 土壤环境质量 农用地土壤污染风险管控标准(试行)(GB 15618—2018) …… 206
附录三 土壤环境质量 建设用地土壤污染风险管控标准(试行)(GB 36600—2018) …… 210
附录四 土壤环境监测技术规范(HJ/T 166—2004) …… 224

参考文献 …… 258

一、基本知识

（一）土壤污染

1 什么是土壤？土壤由哪些基本成分组成？

土壤是连续覆盖于地球陆地表面、具有肥力的疏松物质，是随着气候、生物、母质、地形和时间因素变化而变化的历史自然体，如图 1-1 所示。

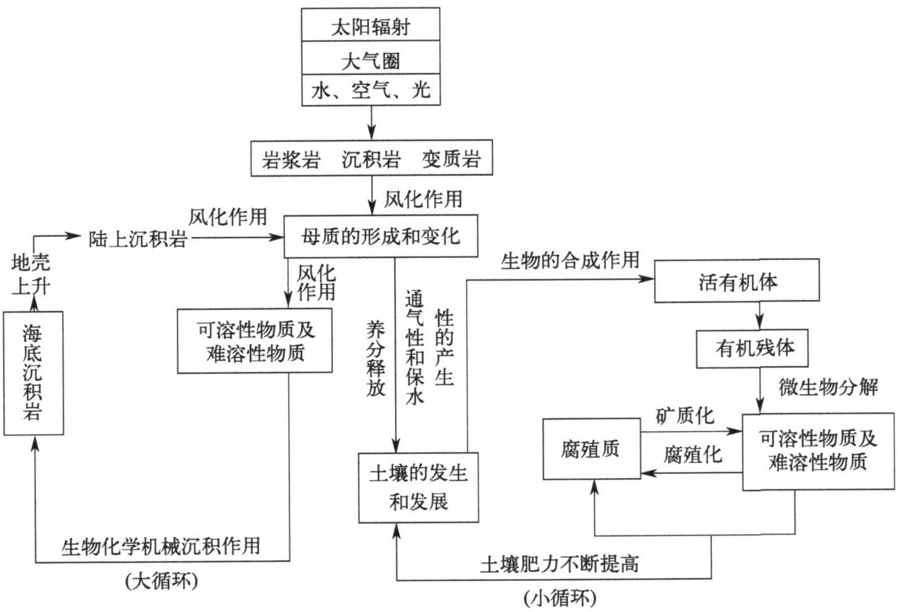

图 1-1 土壤形成的一般过程

土壤的组成十分复杂，如图 1-2 所示。从相态分有固态、液态和气态。其基本组成为矿物质、有机质、水分或溶液、空气和土壤微生物。

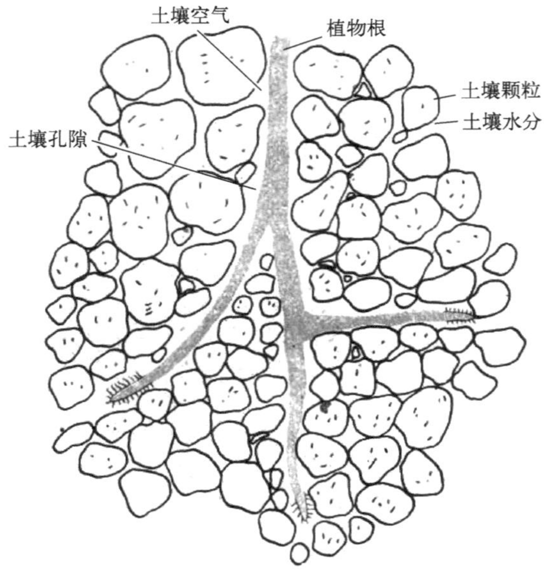

图 1-2 土壤的表土结构状况

2 什么是土壤的机械组成？土壤机械组成的类型有哪些？

土壤的机械组成是指土壤中各种不同大小的颗粒的相对含量。粒径不同，对土壤中污染物的吸附和解吸能力及速度有不同的影响。

土壤的机械组成的分类以土壤中各粒度颗粒含量的相对百分比作为标准。国际制采用三级分类法，根据砂粒（0.02～2mm）、粉砂粒（0.002～0.02mm）和黏粒（<0.002mm）在土壤中的相对含量，将土壤分为砂土、壤土、黏壤土和黏土四大类和12级，见表1-1。中国科学院南京土壤研究所和西北水土保持生物土壤研究所拟定了我国土壤质地的分类方案，见表1-2。

表 1-1 国际制土壤质地分类

质地分类		各级土粒质量/%		
类别	质地名称	黏粒(<0.002mm)	粉砂粒(0.002～0.02mm)	砂粒(0.02～2mm)
砂土	砂土及壤质砂土	0～15	0～15	85～100
壤土	砂质壤土	0～15	0～45	55～85
	壤土	0～15	35～45	40～55
	粉砂质壤土	0～15	45～100	0～55
黏壤土	砂质黏壤土	15～25	0～30	55～85
	黏壤土	15～25	20～45	30～55
	粉砂质黏壤土	15～25	45～85	0～40
黏土	砂质黏土	25～45	0～20	55～75
	壤质黏土	25～45	0～45	10～55
	粉砂质黏土	25～45	45～75	0～30
	黏土	45～65	0～35	0～55
	重黏土	65～100	0～35	0～35

表 1-2　我国土壤质地分类

<table>
<tr><th colspan="2">质地分类</th><th colspan="3">各级土粒质量/%</th></tr>
<tr><th>类别</th><th>质地名称</th><th>砂粒(1～0.05mm)</th><th>粉砂粒(0.05～0.001mm)</th><th>黏粒(＜0.001mm)</th></tr>
<tr><td rowspan="3">砂土</td><td>粗砂土</td><td>＞70</td><td rowspan="3">—</td><td rowspan="3">＜30</td></tr>
<tr><td>细砂土</td><td>60～70</td></tr>
<tr><td>面砂土</td><td>50～60</td></tr>
<tr><td rowspan="5">壤土</td><td>砂粉土</td><td>＞20</td><td rowspan="2">＞40</td><td rowspan="4">＞30</td></tr>
<tr><td>粉土</td><td>＜20</td></tr>
<tr><td>粉壤土</td><td>＞20</td><td>＜40</td></tr>
<tr><td>黏壤土</td><td>＜20</td><td></td></tr>
<tr><td>砂黏土</td><td>＞50</td><td>—</td><td></td></tr>
<tr><td rowspan="3">黏土</td><td rowspan="3">粉黏土
壤黏土
黏土</td><td rowspan="3">—</td><td rowspan="3">—</td><td>30～35</td></tr>
<tr><td>35～40</td></tr>
<tr><td>＞40</td></tr>
</table>

3 什么是土壤矿物质?

土壤矿物质是岩石经过风化作用形成的不同大小的矿物颗粒（砂粒、土粒和胶粒），它是组成土壤的基本物质，约占土壤固体部分总质量的 90%以上，有土壤骨骼之称。土壤矿物质是植物营养元素的重要供给源，其组成和性质还直接影响土壤的物理、化学性质。

土壤矿物质又分为原生矿物质和次生矿物质。

（1）原生矿物质

它是岩石中的原始部分经风化作用后仍遗留在土壤中的一类矿物，主要的原生矿物有硅酸盐类矿物、氟化物类矿物、硫化物类矿物和磷酸盐类矿物。原生矿物构成土壤的骨架（砂粒和粉粒），并提供植物所需的营养物质。土壤中原生矿物丰富，说明土壤非常年轻。随着年龄的增长，原生矿物的含量和种类逐渐减少。

（2）次生矿物质

大多是由原生矿物质经风化后重新形成的新矿物，主要包括各种简单盐类（如碳酸盐、碳酸氢盐、硫酸盐和氯化物等）和次生铝硅酸盐、铁硅酸盐（如高岭土、蒙脱土、多水高岭土和伊利石等）。次生矿物中的简单盐类属水溶性盐，易被淋失，一般土壤中含量较少，多存在于盐渍土中；次生铝硅酸盐、铁硅酸盐是土壤矿物质黏粒，故一般称之为次生黏粒矿物。

4 土壤矿物质有哪些组成成分?

土壤矿物质元素的相对含量与地表平均化学组成相似，如表 1-3 所示。

表 1-3 岩石圈和土壤中的主要化学组成 单位：%

元素或化合物	岩石圈	土壤	元素或化合物	岩石圈	土壤
O	46.4	49.0	Cu	0.01	0.002
Si	28.15	27.6	Zn	0.005	0.005
Al	8.23	7.13	N	0.01	0.01
Fe	4.63	3.8	SiO_3	61.28	64.17
Ca	4.15	1.37	Al_2O_3	15.34	12.86
Na	2.36	0.63	Fe_2O_3	6.29	6.58
K	2.09	1.36	CaO	4.96	1.17
Mg	2.33	0.6	MgO	3.90	0.91
Ti	0.57	0.46	K_2O	3.06	0.95
S	0.09	0.085	Na_2O	3.44	0.58
Mn	0.09	0.085	P_2O_5	0.29	0.11
P	0.08	0.08	TiO_2	0.78	1.25
N	0.01	0.1			

5 什么是土壤有机质？其作用是什么？

土壤有机质是指存在于土壤中的各种含碳的有机物。土壤中各种植物的茎秆、根茬、落叶以及动物残骸和施入土壤的有机肥料等含有大量的有机物质，这些有机物质在物理、化学、生物等因素的作用下，形成一种新的性质相当稳定而复杂的有机化合物，称为土壤有机质。土壤有机质是土壤形成的重要基础，它与土壤矿物质共同构成土壤的固相部分。

尽管土壤中的有机质含量很少，但在土壤肥力上的作用却很大。它不仅含有植物生长所需的各种营养元素，而且是土壤微生物生命活动的能源。此外，它还能改善土壤的物理、化学和生物学性状。土壤有机质主要以腐殖质为主。腐殖质是具有多种功能团、芳香族结构及酸性的高分子化合物，呈黑色或暗棕色液体状，具有吸收性能、土壤缓冲性能以及与土壤重金属的络合性能等，对土壤的结构、性质和质量都有重大影响。如腐殖质对重金属的吸附、络合、离子交换等作用，可使土壤中某些重金属沉积；腐殖质对有机磷和有机氯等农药有极强的吸附作用，可以降低农药的蒸发量，减少农药被水淋洗渗入地下量，从而减少了对大气和水源的污染。另外，在一定条件下，土壤还具有净化解毒作用，但这种净化作用是极不稳定的。

6 什么是土壤水？土壤水的来源有哪些？

土壤水是土壤中各种形态水分的总称，它实际上并非纯水，而是含有复杂溶质的稀溶液。土壤水是土壤的重要组成部分，它除了供给植物生长所需的水分和养分之外，对土壤中物质的转化过程和土壤形成过程都起着决定作用。

土壤水的来源主要有大气降水、降雪和地表径流，若地下水位接近地表面（2～3m），则地下水亦是土壤水的来源之一。土壤水因受土壤中作用力的不同而形成不同的水分类型，主要有吸湿水、膜状水、毛管水、重力水四种，如图 1-3 所示。

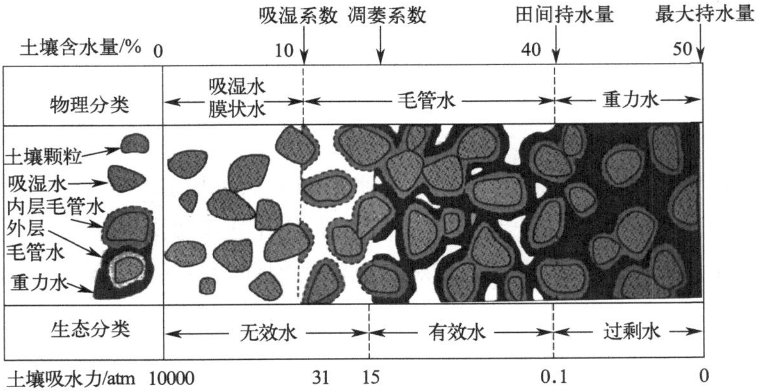

图 1-3 土壤水分类型示意图

（1atm＝101.325kPa）

7 土壤中主要的微生物类型有哪些？微生物在土壤中的作用有哪些？

土壤微生物的种类很多，主要包括细菌、真菌、放线菌、藻类和原生动物等。它们在土壤中个体小、数量大、分布广，是土壤中最活跃的部分。土壤微生物主要分布在 20cm 以内的表层土中，每克表层土中可以有几十亿个细菌。不同的土壤，由于土壤结构、营养物质的分布、酸碱度、氧含量、水分和空气含量以及气候不同，微生物的分布也不同。一旦受到污染，土壤微生物的种类和数量将会锐减，污染严重时，土壤微生物将会消失。可以认为，土壤微生物是土壤质量的灵敏指示剂。

微生物在土壤中的作用如下。

（1）分解有机质

土壤植被的残根败叶和施入土壤的有机肥料，只有经过土壤微生物的作用才能腐烂分解，形成腐殖质，改善土壤的理化性质。

（2）分解矿物质

例如磷酸菌能够分解矿石中的磷，钾细菌能分解矿石中的钾，以利于植被和植物吸收利用。

（3）固定氮素

氮气在空气的组成中占近 4/5，数量很大，但植物不能直接利用。土壤中有一类叫固氮菌的微生物，能利用空气中的氮素作为食物，在它们死亡和分解后，这些氮素就能被作物吸收利用。固氮菌分两种，一种是生长在豆科植物根瘤内的，叫根瘤菌，种豆能够肥田，就是因为根瘤菌的固氮作用增加了土壤中的氮素；另一种单独生活在土壤里就能固定氮气，叫自生固氮菌。另外，有些微生物在土壤中会使土壤中的氮素受到损失，例如反硝化菌，能够把硝酸盐还原成氮气，释放到空气中去。

8 土壤有哪些基本性质?

土壤的基本性质主要有以下几个方面。

（1）吸附性

土壤的吸附性与土壤中存在的胶体物质密切相关。土壤胶体包括无机胶体、有机胶体、有机-无机复合胶体。由于土壤胶体具有巨大的比表面积，胶粒表面带有电荷，分散在水中时界面上产生双电层等，使其对有机污染物和无机污染物有极强的吸附能力或离子交换吸附能力。

（2）酸碱性

土壤的酸碱性是土壤的重要理化性质之一，是土壤在形成过程中受生物、气候、地质、水文等因素综合作用的结果。根据氢离子存在形式，土壤酸度分为活性酸度和潜性酸度两类。活性酸度又称有效酸度，是指土壤相处于平衡状态时，土壤溶液中游离氢离子浓度反映的酸度，通常用 pH 值表示。潜性酸度是指土壤胶体吸附的可交换氢离子和铝离子经离子交换作用后所产生的酸度，氢离子和铝离子处在吸附态时不会表现出酸度，只有转移到土壤溶液中，形成溶液中的氢离子才会表现出酸性。土壤的碱性主要来自土壤中钙、镁、钠、钾的碳酸氢盐、碳酸盐及土壤胶体上交换性钠离子的水解作用。

（3）氧化-还原性

由于土壤中存在着多种氧化性和还原性无机物质及有机物质，使其具有氧化性和还原性。土壤的氧化-还原性也是土壤的一项重要性质，它影响着土壤形成过程中物质的转化、迁移和土壤剖面的发育，控制着土壤元素的形态和有效性，制约着土壤环境中某些污染物的形态、转化和归趋。因此，氧化-还原性在环境土壤学中具有十分重要的意义。

9 什么是土壤污染？土壤污染物有哪些种类?

人类活动或自然过程产生的有害物质进入土壤，致使某种有害成分的含量明显高于土壤原有含量，而引起的土壤环境质量恶化现象就是土壤污染。

土壤污染物一般可分为：

① 有机污染物　主要有农药、三氯乙醛、多环芳烃、多氯联苯、石油、甲烷等。

② 无机污染物　主要有酸、碱、有毒重金属及其氧化物、盐类、硫化物、卤化物，以及含砷、硒、氟的化合物等。

③ 生物污染物　主要包括大量有害的细菌、放线菌、真菌、寄生虫卵及病毒等。

④ 放射性污染物　主要是锶、铯等。

土壤污染物类型如图 1-4 所示。

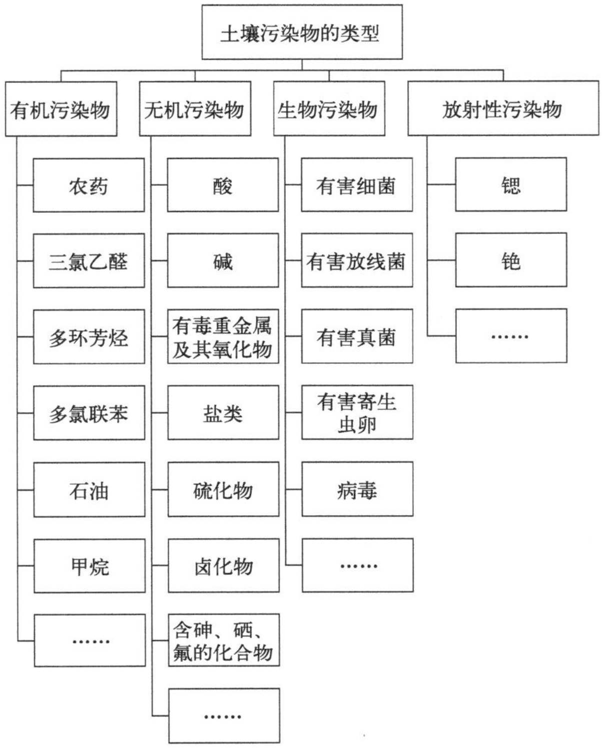

图 1-4　土壤污染物类型

10 土壤污染的污染源有哪些?

土壤是一个开放体系，它与其他环境要素间时刻在进行着物质和能量的交换，因而造成土壤污染的物质来源是极为广泛的，有天然污染源，也有人为污染源，后者是造成土壤污染的主要原因。土壤污染的来源主要有以下几个方面。

(1) 污水灌溉

利用污水灌溉既能节约水资源，又能充分利用污水中的营养元素。但过度污灌或污水浓度过大，则会造成土壤污染。大量的污水若未加处理而直接倾注于环境中，会使灌区土壤中有毒有害物质有明显的积累，从而直接或间接危害人体健康。

(2) 农药和化肥的污染

大量使用农药和化肥，会使许多有毒有害物质进入土壤并积累起来。施在作物上的农药有一半左右流入土壤中，这些农药虽然在生物、光解和化学作用下，有一部分可以降解，但对于像有机氯这样的长效农药来说，降解是十分缓慢的。化肥对土壤的污染主要是过量施用而使土壤养分平衡失调。此外，化肥中的有毒磷肥和重金属也是造成土壤污染的重要原因。

(3) 固体废弃物的污染

大量堆积的固体废弃物经雨水淋洗，会排出含有大量有毒有害物质的渗滤液，如不经处理而流入土壤，将造成土壤的污染。此外，某些固体废弃物的不合理利用也是造成土壤污染的原因之一。例如，生活污水处理厂的污泥中含有一定的养分，因而可用来作为肥料使用，但如混入工业废水或工业废水处理厂的污泥，其成分较生活污泥要复杂得多，特别是金属的含量很高，这样的污泥如在农田中施用不当，势必造成土壤污染。

（4）大气中污染物质的迁移

在大气污染严重的地区，大气中的飘尘自身降落或随雨水进入土壤后，都能造成土壤污染。酸沉降也是土壤污染的重要来源。我国长江以南大部分地区本身就是酸性土壤，在酸雨的作用下，土壤进一步酸化，养分淋溶，结构破坏，肥力降低，作物受损，从而可破坏土壤生产力。此外，尚有多种污染物（包括重金属、非金属有毒有害物质及放射性散落物等）的同时污染。

11 土壤污染的类型有哪些?

土壤污染的类型目前并无严格的划分，如果从污染物的属性来考虑，一般可分为有机物污染、无机物污染、生物污染和放射性物质的污染。

（1）有机物污染

主要是指人工合成有机物的污染，它包括有机废弃物、农药等污染。有机污染物进入土壤后，可危及农作物的生长和土壤生物的生存，如稻田因施用含二苯醚的污泥而造成稻苗大面积死亡和泥鳅、鳝鱼绝迹。人体接触污染土壤后，手脚容易出现红色皮疹，并有恶心、头晕现象。近年来，塑料地膜地面覆盖栽培技术发展很快，由于管理不善，部分膜弃于田间，已成为一种新的有机污染物。

（2）无机物污染

它主要是伴随着自然界中的天然运动（如地壳变迁、火山爆发、岩石风化等）或人类的生产和消费活动（如采矿、冶炼、机械制造、建筑等）而进入土壤的，大量的无机污染物会造成土壤环境质量的下降。

（3）生物污染

造成土壤生物污染的主要物质来源是未经处理的粪便、垃圾、城市生活污水、饲养场和屠宰场的污物等。其中危害最大的是传染病医院未经消毒处理的污水和污物。土壤污染不仅可能危害人体健康，而且有些长期在土壤中存活的植物病原体还能严重地危害植物，造成农业减产。

（4）放射性物质的污染

指人类活动排放出的放射性污染物，使土壤的放射性水平高于天然本底值。这种污染虽然一般程度较轻，但污染的范围较大。土壤被放射性物质污染后，通过放射性衰变，能产生 α、β、γ 射线。这些射线能穿透人体组织，损害细胞或造成外照射损伤，或通过呼吸系统或食物链进入人体，造成内照射损伤。

12 土壤污染有什么危害?

土壤污染主要具有以下危害。

(1) 土壤污染导致严重的直接经济损失——农作物的污染、减产

对于各种土壤污染造成的经济损失，目前尚缺乏系统的调查资料。仅以土壤重金属污染为例，全国每年就因重金属污染而减产粮食1000多万吨，另外被重金属污染的粮食每年也多达1200万吨，合计经济损失至少200亿元。

(2) 土壤污染导致生物品质不断下降

我国部分土壤都受到了不同程度的污染，有些地方的粮食、蔬菜、水果等食物中镉、铬、砷、铅等重金属含量接近临界值。土壤污染除影响食物的卫生品质外，也明显影响到农作物的其他品质。有些地区污灌已经使蔬菜的味道变差，易烂，甚至出现难闻的异味；农产品的储藏品质和加工品质也不能满足深加工的要求。

(3) 土壤污染危害人体健康

土壤污染会使污染物在植（作）物体中积累，并通过食物链富集到人体和动物体中，危害人畜健康，引发癌症和其他疾病等。

(4) 土壤污染导致其他环境问题

土地受到污染后，含重金属浓度较高的污染表土容易在风力和水力的作用下分别进入大气和水体中，导致大气污染、地表水污染、地下水污染和生态系统退化等其他次生生态环境问题。

13 土壤污染有什么特点?

土壤污染具有以下几个方面的特点。

(1) 隐蔽性和滞后性

水和大气的污染比较直观，有时通过人的感觉器官就能发现。土壤的污染则往往先作用在农作物（如粮食、蔬菜、水果等）以及家畜、家禽等食物上，通过食物污染间接进入人体，再通过人体的健康情况反映出来。因此，从开始污染到出现问题，有一段很长的滞后时间。如日本的“痛痛病”事件经过了10～20年的时间才被人们所认识。

(2) 累积性

污染物质在土壤中的迁移速度较慢，因此容易在土壤中不断积累而超标，同时也使土壤污染具有很强的地域性。

(3) 土壤污染难以治理

大气和水体受到污染，切断污染源之后通过稀释作用和自净作用，有可能使污染问题逐渐得到好转，但是积累在污染土壤中的难降解污染物则很难靠稀释作用和自净作用来消除。此外，许多有机化学污染物质需要较长的时间才能被降解，而重金属的污染几乎是不可逆的过程。因此，土壤一旦被污染后很难恢复，且治理需要的成本较高，周期较长。

（4）土壤污染的判定比较复杂

到目前为止，国内外尚未制定出类似于水和大气的判定标准。因为土壤中污染物质的含量与农作物生长发育之间的因果关系十分复杂，有时污染物质的含量超过土壤环境背景值很高，并且影响植物的正常生长；有时植物生长已受影响，但植物内未见污染物的积累。

14 怎样控制和消除土壤污染源?

控制和消除土壤污染源，是防止污染的根本措施。土壤对污染物所具有的净化能力相当于一定的处理能力。控制土壤污染源，即控制进入土壤中的污染物的数量和速度，使其能通过自然净化作用而不致引起土壤污染。

（1）控制和消除工业“三废”排放

大力推广闭路循环，无毒工艺，以减少或消除污染物的排放。对工业“三废”进行回收处理，化害为利。对所排放的“三废”要进行净化处理，并严格控制污染物排放量和浓度，使之符合排放标准。

（2）加强土壤污灌区的监测和管理

对污水进行灌溉的污灌区，要加强对灌溉污水的水质监测，了解水中污染物质的成分、含量及其动态，避免带有不易降解的高残留的污染物随水进入土壤，引起土壤污染。

（3）合理施用化肥和农药

禁止或限制使用剧毒、高残留性农药，大力发展高效、低毒、低残留农药，发展生物防治措施。同时禁止使用虽是低残留，但急性、毒性大的农药。根据农药特性，合理施用，制定使用农药的安全间隔期。采用综合防治措施，既要防治病虫害对农作物的威胁，又要把农药对环境和人体健康的危害限制在最低程度。

（4）增加土壤容量和提高土壤净化能力

增加土壤有机质含量、砂掺黏改良性土壤，以增加和改善土壤胶体的种类和数量，增加土壤对有害物质的吸附能力和吸附量，从而减少微生物在土壤中的活性。发现、分离和培养新的微生物品种，以增强生物降解作用，是提高土壤净化能力的极为重要的一环。

（5）建立监测系统网络，定期对辖区土壤环境质量进行检查

建立系统的档案资料，要规定优先检测的土壤污染物和检测标准方法，这方面可参照有关国际组织的建议和我国国情来制订土壤环境污染的目标，按照优先次序进行调查、研究及实施对策。

15 防治土壤污染的措施有哪些?

防治土壤污染的措施主要有以下几点。

（1）施加改良剂

主要目的是加速有机物的分解和使重金属固定在土壤中，如添加有机质可加速土壤中农药的降解，减少农药的残留量。施用重金属吸收抑制剂（改良剂），即向土壤施加改良抑制物（如石灰、磷酸盐、硅酸钙等），使它与重金属污染物作用生成难溶化合物，降低重金属在土壤及土壤植物体内的迁移能力。这种方法能起到临时性的抑制作用，但时间过长会引起污染物的积累，并在条件变化时重金属又转成可溶性，因而只在污染较轻地区尚能使用。

（2）控制土壤氧化-还原状况

控制土壤氧化-还原条件，也是减轻重金属污染危害的重要措施。据研究，在水稻抽穗到成熟期，无机成分大量向穗部转移，淹水可明显地抑制水稻对镉的吸收，落干则促进水稻对镉的吸收。重金属元素均能与土壤中的硫化氢反应生成硫化物沉淀。因此，加强水浆管理，可有效地减少重金属的危害。但砷相反，它随着土壤氧化-还原电位的降低，毒性增加。

（3）改变耕作制度

通过土壤耕作改变土壤环境条件，可消除某些污染物的危害。例如，DDT（二氯二苯三氯乙烷）在旱田中的降解速度慢，积累明显；在水田中的降解速度加快，利用这一性质实行水旱轮作，是减轻或消除农业污染的有效措施。

（4）客土深翻

土壤污染，特别是重金属的土壤污染，在土壤中产生积累，阻碍作物的生长发育。防治的根本办法是彻底挖去污染土层，换上新土，以根除污染，此法称客土法。但如果是地区性的污染，实际采用客土法是不现实的。耕翻土层，即采用深耕，将上下土层翻动混合，使表层土壤污染物含量减低。这种方法动土量较少，但在严重污染的地区不宜采用。

（5）采用农业生态工程措施

在污染土壤上种植非食用的经济作物或种属，可减少污染物进入食物链的途径。或利用某些特定的动植物和微生物较快地吸走或降解土壤中的污染物质，从而达到净化土壤的目的。

（6）工程治理

即利用物理（机械）、物理化学原理治理污染土壤，主要有隔离法、清洗法、热处理法、电化法等，是一种最为彻底、稳定、治本的措施。但此法投资大，适于小面积的重度污染区。近年来，把其他工业领域，特别是污水、大气污染治理技术引入土壤治理过程中，为土壤污染治理研究开辟了新途径，如磁分离技术、阴阳离子膜代换法、生物反应器等。虽然大多数处于试验探索阶段，但这些方法积极吸收、转化新技术、新材料，在保证治理效果的基础上降低治理成本，提高工程实用性，有很重要的实际意义。

（7）制定农药的容许残留量

根据农药的最大一日容许摄取量乘以安全系数（一般定为1/100），确定容许摄取量（ADI），单位是mg/(kg·d·人)，则

容许残留量＝ADI×体重(kg)/食品系数[kg/(人·d)]

总之，防治土壤污染的措施，必须考虑到因地制宜，采取可行的办法，既消除土壤环境的污染，也不致引起其他环境污染问题。

16 什么是土壤环境背景值?

土壤环境背景值是指区域内很少受人类活动影响和不受或未明显受现代工业污染与破坏的情况下，土壤原来固有的化学组成和元素含量水平。但实际上目前已经很难找到不受人类活动和污染影响的土壤，只能去找影响尽可能少的土壤。不同自然条件下发育的不同土类或同一种土类发育于不同的母质母岩区，其土壤环境背景值也有明显差异；就是同一地点采集的样品，分析结果也不可能完全相同，因此土壤环境背景值是统计性的。

17 我国土壤环境背景值的表达方法有哪些?

我国土壤环境背景值的表达方法主要有两种。

(1) 用土壤样品平均值表示

适用于测定值呈正态分布或近似正态分布的元素，用算术平均值（$\bar{x}$）表示数据分布的集中趋势，用算术均值标准偏差（s）表示数据的分散度，用（$\bar{x} \pm 2s$）表示 95%置信度数据的范围值。

$$\bar{x}=\frac{1}{n}\sum x_i$$

$$s=\sqrt{\frac{1}{n-1}\sum (x_i-\bar{x})^2}=\sqrt{\frac{\sum x_i^2-\frac{(\sum x_i)^2}{n}}{n-1}}$$

式中，$\bar{x}$ 为土壤中某污染物的背景值；x_i 为土壤中某污染物的实测值；n 为样品数量。

(2) 用几何平均值表示

适用于测定值呈对数正态分布或近似对数正态分布的元素，用几何平均值（M）表示数据分布的集中趋势，用几何标准偏差（D）表示数据的分散度，用（$M \pm 2D$）表示 95%置信度数据的范围值。

$$M=\sqrt[n]{x_1x_2\cdots x_n}$$

$$D=\sqrt{\frac{\sum (\lg x_i)^2-\frac{(\sum \lg x_i)^2}{n}}{n-1}}$$

式中，M 为土壤中某污染物的背景值。

18 我国土壤环境背景值为多少?

我国土壤环境背景值见表 1-4。

表 1-4 我国土壤环境（A 层）背景值 单位：mg/kg

元素	算术		几何		95%置信度范围值
	平均值	标准差	平均值	标准差	
As	11.2	7.86	9.2	1.91	2.5～33.5
Cd	0.097	0.079	0.074	2.118	0.0117～0.333
Co	12.7	6.40	11.2	1.67	4.0～31.2
Cr	61.0	31.07	53.9	1.67	19.3～150.2
Cu	22.6	11.41	20.0	1.66	7.3～55.1
F	478	197.7	440	1.5	191～1012
Hg	0.065	0.080	0.040	2.602	0.006～0.272
Mn	583	362.8	482	1.9	130～1786
Ni	26.9	14.36	23.4	1.74	7.7～71.0
Pb	26.0	12.37	23.6	1.54	10.0～56.1
Se	0.290	0.255	0.215	2.146	0.047～0.993
V	82.4	32.68	76.4	1.48	34.8～168.2
Zn	74.2	32.78	67.7	1.54	28.4～161.1
Li	32.5	15.48	29.1	1.62	11.1～76.4
Na	1.02	0.626	0.68	3.186	0.01～2.27
K	1.86	0.463	1.79	1.342	0.94～2.97
Ag	0.132	0.098	0.105	1.973	0.027～0.409
Be	1.95	0.731	1.82	1.466	0.85～3.91
Mg	0.78	0.433	0.63	2.080	0.02～1.64
Ca	1.54	1.633	0.71	4.409	0.01～4.80
Ba	469	134.7	450	1.3	251～809
B	47.8	32.55	38.7	1.98	9.9～151.3
Al	6.62	1.626	6.41	1.307	3.37～9.87
Ge	1.7	0.30	1.7	1.19	1.2～2.4
Sn	2.6	1.54	2.3	1.71	0.8～6.7
Sb	1.21	0.676	1.06	1.676	0.38～2.98
Bi	0.37	0.211	0.32	1.647	0.12～0.88
Mo	2.0	2.54	1.2	2.86	0.1～9.6
I	3.76	4.443	2.38	2.485	0.39～14.71
Fe	2.94	0.948	2.73	1.602	1.05～4.84

注：A 层指土壤表层或耕层。

19 什么是土壤环境容量？

土壤环境容量（或称土壤负载容量）是指一定环境单元、一定时限内遵循环境质量标准，既保证农产品质量和生物学质量，同时也不造成环境污染时，土壤所能容纳污染物的最大负荷量。不同土壤的环境容量不同，同一土壤对不同污染物的容量也不同，这与土壤的净化能力有关。

20 土壤环境容量有哪些表达方法？

土壤环境容量一般有两种表达方式：

① 在满足一半目标值的限度内，特定区域土壤环境容纳污染物的能力，其大小由环境自净能力和特定区域土壤“自净能力”的总量决定；

② 在保证不超出环境目标值的前提下，特定区域土壤环境能够容许的最大允许排放量。

土壤环境容量可分为土壤环境绝对容量（静容量）和土壤年容量（动容量）两类。

（1）土壤环境绝对容量（静容量）

土壤环境绝对容量（W_Q）是土壤能容纳某种污染物的最大负荷量，达到绝对容量没有时间限制，即与年限无关。土壤环境的绝对容量是由土壤环境标准的规定值（W_s）和土壤环境的背景值（B）决定的，即：

$$W_Q = W_s - B$$

（2）土壤年容量（动容量）

土壤年容量（W_A）是某一土壤环境在污染物的积累浓度不超过环境标准规定的最大容许值的情况下，每年所能容纳的某污染物的最大负荷值。年容量的大小除了与环境标准规定值和环境背景值有关外，还与环境对污染物的净化能力有关。由于土壤是一个开放体系，污染物既可以进入土壤，也可以离开土壤。所以，土壤年容量是根据污染物的残留量计算出来的。若某污染物对土壤环境的输入量为 A（单位负荷量），经过一年时间后，被净化的量（年输出量）为 A'，以浓度单位表示的土壤年容量的计算公式如下。

$$W_A = K(W_s - B)$$

式中，K 为某污染物在某一土壤环境中的年净化率。

$$K = \frac{A'}{A} \times 100\%$$

年容量与绝对容量的关系为：

$$W_A = KW_Q$$

21 我国现行的土壤环境质量标准有哪些?

我国现行的土壤环境质量标准见表 1-5。

表 1-5 土壤环境质量标准目录

标准编号	标准名称	实施日期
GB/T 43871.1—2024	生态环境损害鉴定评估技术指南 生态系统 第 1 部分:农田生态系统	2024-07-01
HJ 1185—2021	区域性土壤环境背景含量统计技术导则(试行)	2021-08-01
HJ 25.1—2019	建设用地土壤污染状况调查技术导则	2019-12-05
HJ 25.2—2019	建设用地土壤污染风险管控和修复监测技术导则	2019-12-05
HJ 25.3—2019	建设用地土壤污染风险评估技术导则	2019-12-05
HJ 25.4—2019	建设用地土壤修复技术导则	2019-12-05
HJ 682—2019	建设用地土壤污染风险管控和修复术语	2019-12-05
NY/T 1119—2019	耕地质量监测技术规程	2019-11-01
HJ 964—2018	环境影响评价技术导则 土壤环境(试行)	2019-07-01
GB 15618—2018	土壤环境质量 农用地土壤污染风险管控标准(试行)	2018-08-01
GB 36600—2018	土壤环境质量 建设用地土壤污染风险管控标准(试行)	2018-08-01
GB/T 33469—2016	耕地质量等级	2017-07-01
NY/T 395—2012	农田土壤环境质量监测技术规范	2012-09-01
HJ/T 332—2006	食用农产品产地环境质量评价标准	2007-02-01
HJ/T 333—2006	温室蔬菜产地环境质量评价标准	2007-02-01
HJ/T 166—2004	土壤环境监测技术规范	2004-12-09
HJ/T 53—2000	拟开放场址土壤中剩余放射性可接受水平规定(暂行)	2000-12-01

22 土壤环境质量如何分级?

按照用途可将土壤分为农用地和建设用地。

《土壤环境质量 农用地土壤污染风险管控标准（试行）》（GB 15618—2018）规定了农用地土壤污染风险筛选值和管制值，土壤环境质量类别划分应以此标准为基础，结合食用农产品协同监测结果，依据相关技术规定进行划定。

农用地土壤污染风险筛选值，指农用地土壤中污染物含量等于或者低于该值的，对农产品质量安全、农作物生长或土壤生态环境的风险低，一般情况下可以忽略；超过该值的，对农产品质量安全、农作物生长或土壤生态环境可能存在风险，应当加强土壤环境监测和农产品协同监测，原则上应当采取安全利用措施。

农用地土壤污染风险管制值，指农用地土壤中污染物含量超过该值的，食用农产品不符合质量安全标准等农用地土壤污染风险高，原则上应当采取严格管控措施。

《土壤环境质量 建设用地土壤污染风险管控标准（试行）》（GB 36600—2018）中

规定，城市建设用地根据保护对象暴露情况的不同，可划分为以下两类：

第一类用地：包括《城市用地分类与规划建设用地标准》（GB 50137—2011）规定的城市建设用地中的居住用地（R），公共管理与公共服务用地中的中小学用地（A33）、医疗卫生用地（A5）和社会福利设施用地（A6），以及公园绿地（G1）中的社区公园或儿童公园用地等。

第二类用地：包括《城市用地分类与规划建设用地标准》（GB 50137—2011）规定的城市建设用地中的工业用地（M）、物流仓储用地（W）、商业服务业设施用地（B）、道路与交通设施用地（S）、公用设施用地（U）、公共管理与公共服务用地（A）（A33、A5、A6除外），以及绿地与广场用地（G）（G1中的社区公园或儿童公园用地除外）等。

其他建设用地可参照城市建设用地划分类别。

23 土壤环境质量的风险管制项目有哪些？其标准值如何？

《土壤环境质量　农用地土壤污染风险管控标准（试行）》（GB 15618—2018）中规定，农用地土壤污染风险筛选值的基本项目为必测项目，包括镉、汞、砷、铅、铬、铜、镍、锌，风险筛选值见表 1-6。

表 1-6　农用地土壤污染风险筛选值　　单位：mg/kg

序号	污染物项目①②		风险筛选值			
			pH≤5.5	5.5<pH≤6.5	6.5<pH≤7.5	pH>7.5
1	镉	水田	0.3	0.4	0.6	0.8
		其他	0.3	0.3	0.3	0.6
2	汞	水田	0.5	0.5	0.6	1.0
		其他	1.3	1.8	2.4	3.4
3	砷	水田	30	30	25	20
		其他	40	40	30	25
4	铅	水田	80	100	140	240
		其他	70	90	120	170
5	铬	水田	250	250	300	350
		其他	150	150	200	250
6	铜	果园	150	150	200	200
		其他	50	50	100	100
7	镍		60	70	100	190
8	锌		200	200	250	300

① 重金属和类金属砷均按元素总量计。

② 对于水旱轮作地，采用其中较严格的风险筛选值。

农用地土壤污染风险筛选值的其他项目为选测项目，包括六六六、滴滴涕和苯并

[a] 芘，由地方环境保护主管部门根据本地区土壤污染特点和环境管理需求进行选择。

农用地土壤污染风险管制值项目包括镉、汞、砷、铅、铬，风险管制值见表 1-7。

表 1-7 农用地土壤污染风险管制值

序号	污染物项目	风险管制值			
		pH≤5.5	5.5<pH≤6.5	6.5<pH≤7.5	pH>7.5
1	镉	1.5	2.0	3.0	4.0
2	汞	2.0	2.5	4.0	6.0
3	砷	200	150	120	100
4	铅	400	500	700	1000
5	铬	800	850	1000	1300

《土壤环境质量 建设用地土壤污染风险管控标准（试行）》（GB 36600—2018）中规定，保护人体健康的建设用地土壤污染风险筛选值和管制值（基本项目）见表 1-8。

表 1-8 建设用地土壤污染风险筛选值和管制值（基本项目） 单位：mg/kg

序号	污染物项目	CAS 编号	筛选值		管制值	
			第一类用地	第二类用地	第一类用地	第二类用地
重金属和无机物						
1	砷	7440-38-2	20①	60①	120	140
2	镉	7440-43-9	20	65	47	172
3	铬(六价)	18540-29-9	3.0	5.7	30	78
4	铜	7440-50-8	2000	18000	8000	36000
5	铅	7439-92-1	400	800	800	2500
6	汞	7439-97-6	8	38	33	82
7	镍	7440-02-0	150	900	600	2000
挥发性有机物						
8	四氯化碳	56-23-5	0.9	2.8	9	36
9	氯仿	67-66-3	0.3	0.9	5	10
10	氯甲烷	74-87-3	12	37	21	120
11	1,1-二氯乙烷	75-34-3	3	9	20	100
12	1,2-二氯乙烷	107-06-2	0.52	5	6	21
13	1,1-二氯乙烯	75-35-4	12	66	40	200
14	顺-1,2-二氯乙烯	156-59-2	66	596	200	2000
15	反-1,2-二氯乙烯	156-60-5	10	54	31	163
16	二氯甲烷	75-09-2	94	616	300	2000
17	1,2-二氯丙烷	78-87-5	1	5	5	47
18	1,1,1,2-四氯乙烷	630-20-6	2.6	10	26	100
19	1,1,2,2-四氯乙烷	79-34-5	1.6	6.8	14	50
20	四氯乙烯	127-18-4	11	53	34	183

续表

序号	污染物项目	CAS 编号	筛选值		管制值	
			第一类用地	第二类用地	第一类用地	第二类用地
挥发性有机物						
21	1,1,1-三氯乙烷	71-55-6	701	840	840	840
22	1,1,2-三氯乙烷	79-00-5	0.6	2.8	5	15
23	三氯乙烯	79-01-6	0.7	2.8	7	20
24	1,2,3-三氯丙烷	96-18-4	0.05	0.5	0.5	5
25	氯乙烯	75-01-4	0.12	0.43	1.2	4.3
26	苯	71-43-2	1	4	10	40
27	氯苯	108-90-7	68	270	200	1000
28	1,2-二氯苯	95-50-1	560	560	560	560
29	1,4-二氯苯	106-46-7	5.6	20	56	200
30	乙苯	100-41-4	7.2	28	72	280
31	苯乙烯	100-42-5	1290	1290	1290	1290
32	甲苯	108-88-3	1200	1200	1200	1200
33	间二甲苯+对二甲苯	108-38-3,106-42-3	163	570	500	570
34	邻二甲苯	95-47-6	222	640	640	640
半挥发性有机物						
35	硝基苯	98-95-3	34	76	190	760
36	苯胺	62-53-3	92	260	211	663
37	2-氯酚	95-57-8	250	2256	500	4500
38	苯并[*a*]蒽	56-55-3	5.5	15	55	151
39	苯并[*a*]芘	50-32-8	0.55	1.5	5.5	15
40	苯并[*b*]荧蒽	205-99-2	5.5	15	55	151
41	苯并[*k*]荧蒽	207-08-9	55	151	550	1500
42	䓛	218-01-9	490	1293	4900	12900
43	二苯并[*a*,*h*]蒽	53-70-3	0.55	1.5	5.5	15
44	茚并[1,2,3-*cd*]芘	193-39-5	5.5	15	55	151
45	萘	91-20-3	25	70	255	700

① 具体地块土壤中污染物检测含量超过筛选值，但等于或者低于土壤环境背景值水平的，不纳入污染地块管理。

24 土壤环境监测类型有哪些?

我国《土壤环境监测技术规范》(HJ/T 166—2004) 中，根据土壤监测目的将其分为 4 种主要类型：区域土壤环境背景监测、农田土壤环境质量监测、建设项目土壤环境评价监测和土壤污染事故监测。

其中农田土壤环境质量监测参照《耕地质量监测技术规程》(NY/T 1119—2019)，包括农田气象要素、土壤参数、作物长势及田间作业情况、施肥情况、作物产量等。

建设项目土壤环境评价监测参照《建设用地土壤污染风险管控和修复监测技术导则》(HJ 25.2—2019)，包括地块土壤污染状况调查监测、地块治理修复监测、地块修复效果评估监测、地块回顾性评估监测。

25 开展土壤环境监测前需要搜集哪些资料?

开展土壤检测前需要搜集以下几方面的资料。

① 收集包括监测区域的交通图、土壤图、地质图、大比例尺地形图等资料，供制作采样工作图和标注采样点位用。

② 收集包括监测区域土类、成土母质等土壤信息资料。

③ 收集工程建设或生产过程对土壤造成影响的环境研究资料。

④ 收集造成土壤污染事故的主要污染物的毒性、稳定性以及如何消除等资料。

⑤ 收集土壤历史资料和相应的法律(法规)。

⑥ 收集监测区域工农业生产及排污、污灌、化肥农药施用情况资料。

⑦ 收集监测区域气候资料(温度、降水量和蒸发量)、水文资料。

⑧ 收集监测区域遥感与土壤利用及其演变过程方面的资料等。

26 建设用地土壤污染如何开展调查?

土壤污染状况调查可分为三个阶段，如图 1-5 所示。

第一阶段土壤污染状况调查是以资料收集、现场踏勘和人员访谈为主的污染识别阶段，原则上不进行现场采样分析。若第一阶段调查确认地块内及周围区域当前和历史上均无可能的污染源，则认为地块的环境状况可以接受，调查活动可以结束。

第二阶段土壤污染状况调查是以采样与分析为主的污染证实阶段。若第二阶段土壤污染状况调查表明地块内或周围区域存在可能的污染源，如化工厂、农药厂、冶炼厂、加油站、化学品储罐、固体废物处理等可能产生有毒有害物质的设施或活动；以及由于资料缺失等原因造成无法排除地块内外存在污染源时，进行第二阶段土壤污染状况调查，确定污染物种类、浓度(程度)和空间分布。第二阶段土壤污染状况调查通常可以分为初步采样分析和详细采样分析两步进行，每步均包括制订工作计划、现场采样、数据评估和结果分析等步骤。初步采样分析和详细采样分析均可根据实际情况分批次实施，逐步减少调查的不确定性。根据初步采样分析结果，如果污染物浓度均未超过《土壤环境质量　建设用地土壤污染风险管控标准(试行)》(GB 36600)等国家和地方相关标准以及清洁对照点浓度(有土壤环境背景的无机物)，并且经过不确定性分析确认不需要进一步调查后，第二阶段土壤污染状况调查工作可以结束；否则认为可能存在环境风险，须进行详细调查。标准中没有涉及的污染物，可根据专业知识和经验综合判断。详细采样分析是在初步采样分析的基础上，进一步采样和分析，确定土壤污染程度和范围。

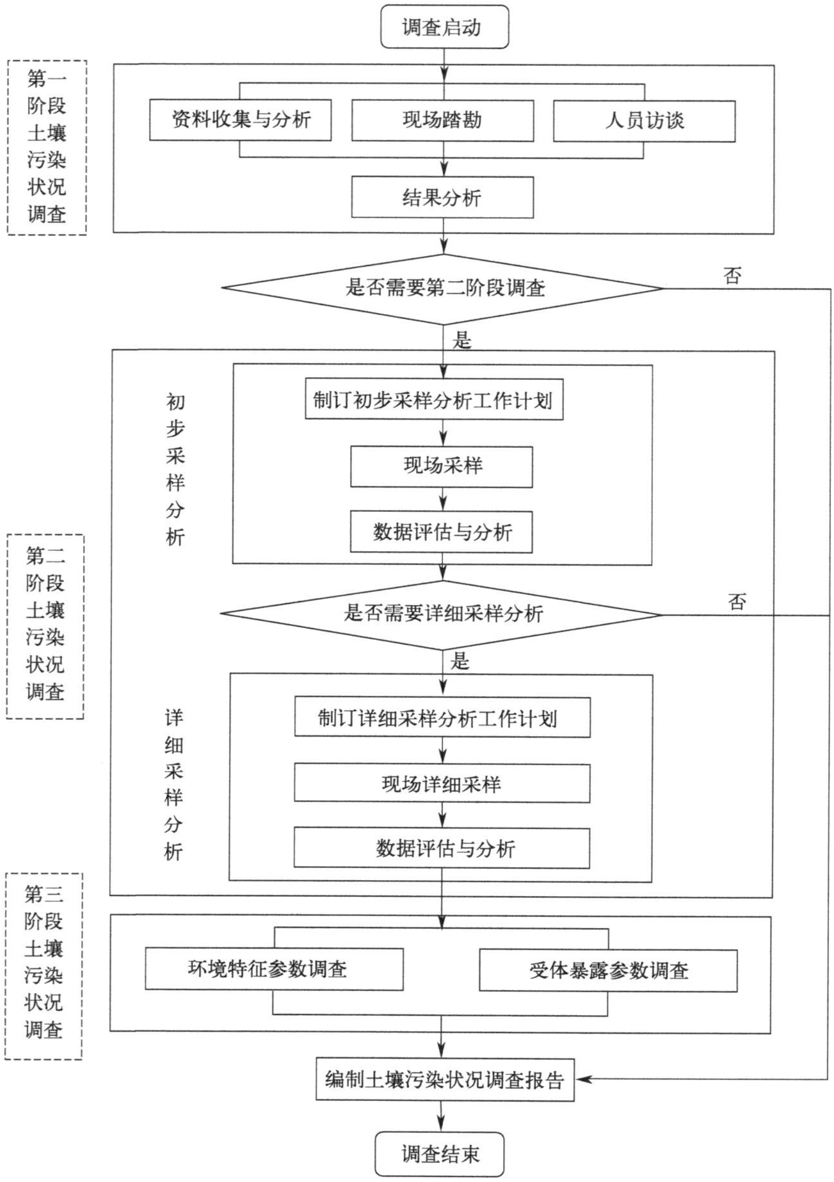

图 1-5　土壤污染状况调查的工作内容与程序

第三阶段土壤污染状况调查以补充采样和测试为主，获得满足风险评估及土壤和地下水修复所需的参数。本阶段的调查工作可单独进行，也可在第二阶段调查过程中同时开展。

27 建设用地土壤污染如何开展风险评估工作?

地块风险评估工作内容包括危害识别、暴露评估、毒性评估、风险表征，以及土壤和地下水风险控制值的计算，如图 1-6 所示。

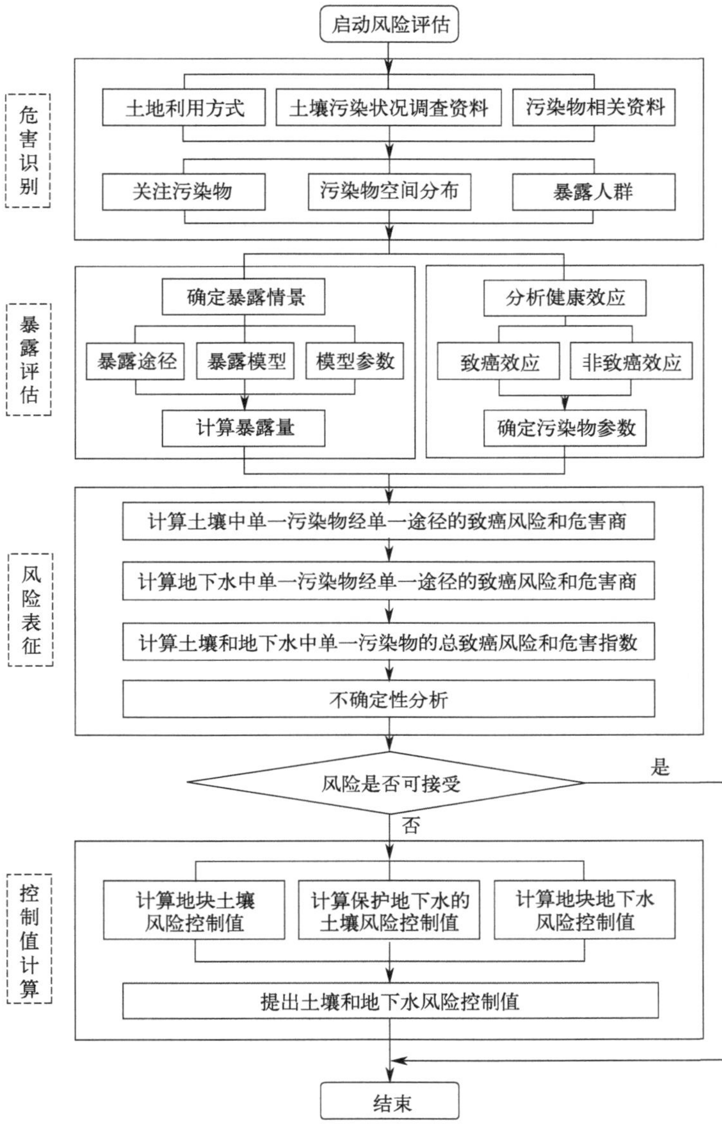

图 1-6 地块风险评估程序与内容

危害识别是收集土壤污染状况调查阶段获得的相关资料和数据，掌握地块土壤和地下水中关注污染物的浓度分布，明确规划土地利用方式，分析可能的敏感受体，如儿童、成人、地下水体等。

暴露评估是在危害识别的基础上，分析地块内关注污染物迁移和危害敏感受体的可能性，确定地块土壤和地下水污染物的主要暴露途径和暴露评估模型，确定评估模型参数取值，计算敏感人群对土壤和地下水中污染物的暴露量。

毒性评估是在危害识别的基础上，分析关注污染物对人体健康的危害效应，包括致癌效应和非致癌效应，确定与关注污染物相关的参数，包括参考剂量、参考浓度、致癌斜率因子和呼吸吸入单位致癌因子等。

风险表征是在暴露评估和毒性评估的基础上，采用风险评估模型计算土壤和地下水中单一污染物经单一途径的致癌风险和危害商（污染物每日摄入剂量与参考剂量的比值），计算单一污染物的总致癌风险和危害指数，进行不确定性分析。

土壤和地下水风险控制值的计算是在风险表征的基础上，判断计算得到的风险值是否超过可接受风险水平。如地块风险评估结果未超过可接受风险水平，则结束风险评估工作；如地块风险评估结果超过可接受风险水平，则计算土壤、地下水中关注污染物的风险控制值；如调查结果表明，土壤中关注污染物可迁移进入地下水，则计算保护地下水的土壤风险控制值。根据计算结果，提出关注污染物的土壤和地下水风险控制值。

（二）固体废物污染

28 什么是固体废物?

根据《中华人民共和国固体废物污染环境防治法》（以下简称《固废法》）中的定义，固体废物是指在生产建设、日常生活和其他活动中产生的丧失原有利用价值或者虽未丧失利用价值但被抛弃或者放弃的固态、半固态和置于容器中的气态的物品、物质，以及法律、行政法规规定纳入固体废物管理的物品、物质。不能排入水体的液态废物和不能排入大气的置于容器中的气态物质，由于多具有较大的危害性，一般归入固体废物管理体系。这里的生产建设是一个广义的概念，泛指国民经济建设大范围内的各种生产建设活动，包括基本建设、工业农业以及各种工矿企业的生产活动；这里的日常生活包括居民的日常生活活动和为了保障人民的居家生活所提供的各种社会服务及设施，如商业、医疗等；这里的其他活动则指国家各级事业单位、管理机关，各类学校、研究机构等非生产性单位的正常活动。

“废物”是一个相对概念，是有一定时空条件的。往往一种过程中产生的废弃物，可以成为另一过程的原料，所以废弃物也有放在错误地点的原料之称。实际上，在具体的生产和生活环节中，人们对自然资源及其产品的利用，总是仅利用所需要的一部分或仅利用一段时间，而剩下的就将其丢弃。而人类所生产的产品的多样性，使得其所用原料也具有多样性，这样在生产与生活中产生的废弃物就有充分的机会被人类重新加以利用。随着时间的推移和技术的进步，人类所产生的废弃物将愈来愈多地被转化为新的原料。因此，从这个意义上讲，它们不是废弃物，而是资源，这就是固体废弃物的二重性。

根据生态环境部、商务部、国家发展改革委、海关总署发布《关于全面禁止进口固体废物有关事项的公告》（2020 年第 53 号），自 2021 年 1 月 1 日起，我国将禁止以任何方式进口固体废物，禁止我国境外固体废物进境倾倒、堆放、处置。

29 固体废物的种类有哪些?

固体废物的分类方法很多，按其组成可分为有机废物和无机废物；按其危害状况可分为危险废物（氰化尾渣、含汞废物等，见《危险废物名录》）、有害废物（指腐蚀、腐败、剧毒、传染、自燃、锋刺、放射性等废物）和一般废物；按其形态可分为固体废物（块状、粒状、粉状）、半固态废物（废机油等）和非常规固态废物（含有气态或液态物质的固态废物，如废油桶、污泥等）；按其来源可分为工业固体废物、矿业固体废物、农业固体废物、城市生活垃圾、危险固体废物、放射性废物和非常规来源固体废物。

30 固体废物如何鉴别?

根据《固体废物鉴别标准 通则》(GB 34330—2017)，固体废物鉴别分为两类，一是依据产生来源的固体废物鉴别，二是利用和处置过程中的固体废物鉴别。

依据产生来源的固体废物鉴别，属于固体废物的物质包括：丧失原有使用价值的物质、生产过程中产生的副产物、环境治理和污染控制过程中产生的物质、其他（法律禁止使用的物质和国务院环境保护行政主管部门认定为固体废物的物质)。

利用和处置过程中的固体废物鉴别，具体分两种情况：在任何条件下，固体废物按照某种方式利用或处置时，仍然作为固体废物管理、利用固体废物生产的产物同时满足某些条件的，不作为固体废物管理，按照相应的产品管理。具体如图 1-7 所示。

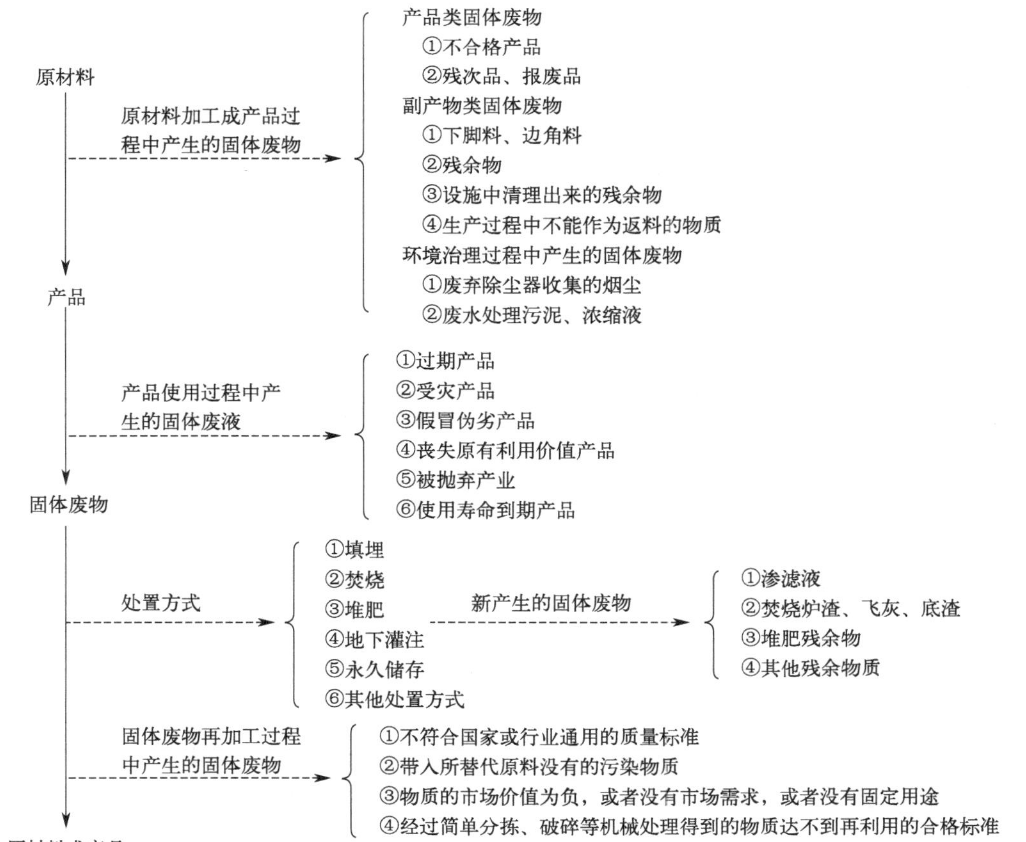

图 1-7 固体废物产生及处置方式

31 固体废物有哪些特点?

固体废物主要有以下三个特点。

(1) 资源和废物的相对性

固体废物具有鲜明的时间和空间特征，是在错误时间放在错误地点的资源。从时间方面讲，它仅仅是在目前的科学技术和经济条件下无法加以利用，但随着时间的推移、科学技术的发展以及人们的要求变化，今天的废物可能成为明天的资源。从空间角度看，废物仅仅是相对于某一过程或某一方面没有使用价值，而并非在一切过程或一切方面都没有使用价值。一种过程的废物，往往可以成为另一种过程的原料。固体废物一般具有某些工业原材料所具有的化学、物理特性，且较废水、废气容易收集、运输、加工处理，因而可以回收利用。

(2) 富集终态和污染源头的双重作用

固体废物往往是许多污染成分的终极状态。例如，一些有害气体或飘尘，通过治理最终富集成为固体废物；一些有害溶质和悬浮物，通过治理最终被分离出来成为污泥或残渣；一些含重金属的可燃固体废物，通过焚烧处理，有害金属浓集于灰烬中。但是，这些“终态”物质中的有害成分，在长期的自然因素作用下，又会转入大气、水体和土壤，成为大气、水体和土壤环境的污染“源头”。

(3) 危害具有潜在性、长期性和灾难性

固体废物对环境的污染不同于废水、废气和噪声。固体废物呆滞性大、扩散性小，它对环境的影响主要是通过水、气和土壤进行的。其中污染成分的迁移转化，如浸出液在土壤中的迁移，是一个比较缓慢的过程，其危害可能在数年以致数十年后才能发现。从某种意义上讲，固体废物，特别是有害废物对环境造成的危害可能要比水、气造成的危害严重得多。

32 固体废物污染对环境与人体有什么危害?

固体废物污染与大气污染、水污染的不同之处在于固体废物自身便是污染物，所以固体废物污染主要指固体废物进入水体、大气等环境，造成环境污染后，直接或间接对人类以及环境要素产生影响和危害。如果对固体废物作合理的处置，使其不污染环境，也就不称其为固体废物污染了。因此我国的立法没有将与固体废物污染防治有关的法律称为“固体废物污染防治法”，而是将其称为“固体废物污染环境防治法”。

固体废物污染对环境与人体的危害性，概括起来主要有以下几点：

① 固体废物要占用大量的土地，并且对土地造成严重污染。截止到 2020 年，我国工业固体废物历年累计堆存量超过 600 亿吨，占地超过 200 万公顷。随着时间的不断向前推移，固体废物堆存量会逐年增多，加剧我国耕地短缺的矛盾。固体废物渗滤液所含的有害物质会改变土壤结构，影响土壤中微生物的活动，妨碍植物根系生长，或在植物

体内积蓄，通过食物链影响人体健康。

② 固体废物直接排入水体，必然造成地表水的污染，固体废物由于腐烂变质渗透而污染地下水体。目前，我国每年有 1000 多万吨固体废物直接排入江河之中，由于向水体投弃固体废物，20 世纪 80 年代江河水面比 50 年代水面减少 2000 多万亩（1 亩＝666.7m^2，下同）。投入水体的固体废物不仅会污染水质，而且还会直接影响和危害水生生物的生存和水资源的利用；堆积的固体废物通过雨水浸淋、自身的分解及渗滤液污染江河湖泊以及地下水。

③ 固体废物的大量堆放，无机固体废物会因化学反应而产生二氧化硫等有害气体，有机固体废物则会因发酵而释放大量可燃、有毒有害的气体，且其存储时，烟尘会随风飞扬，污染大气，例如粉煤灰、尾矿堆场在遇到 4 级以上的风力时，可剥离 1～1.5cm，灰尘飞扬高度可达 20～50m。在对许多固体废物进行堆存分解或焚化的过程中，会不同程度地产生毒气和臭气而直接危害人体健康。

④ 固体废物会寄生或滋生各种有害生物，如鼠、蚊、苍蝇等，导致病菌传播，引起疾病流行，直接对人体健康造成危害。由于固体废物的大量堆存，长期不予清理，会导致腐烂，产生病菌，通过大气传播于人体，对人的生命健康构成巨大威胁。

⑤ 易燃、易爆、传染性的固体废物的乱堆乱存，会导致水灾、爆炸、传染病流行等环境事故，更会造成巨大的经济损失和环境破坏。据不完全统计，全国每年受固体废物污染造成的经济损失超过 90 亿元，大量可利用的固体废物的资源价值不低于 250 亿元。我国固体废物的产生量和累计堆存量呈历年增长趋势，造成了严重的环境危害。

33 固体废物的污染途径有哪些?

固体废物对环境造成污染的途径一般有以下几种。

(1) 污染水体

不少国家把固体废物直接倾倒于河流、湖泊、海洋，甚至以海洋投弃作为一种处置方法。固体废物进入水体，不仅减少江湖面积，而且影响水生生物的生存和水资源的利用，投弃在海洋的废物会在一定海域造成生物的死区。

(2) 大气污染

固体灰渣中的细粒、粉末受风吹日晒产生扬尘，污染周围大气环境。在多风季节平均视程降低 30%～70%。固体废物中的有害物质经长期堆放发生自燃，散发出大量有害气体。长期堆放的煤矸石中如含硫达 1.5%即会自燃，达 3%以上即会着火，散发大量的二氧化硫。多种固体废物本身或在焚烧时能散发毒气和臭味，恶化环境。

(3) 土壤污染

固体废物堆置或垃圾填埋处理，经雨水渗出液中含有的有害成分会改变土质和土壤结构，影响土壤中的微生物活动，妨碍周围植物的根系生长，或在周围机体内积蓄，危害食物链。每堆放 1 万吨渣，需占地 1 亩多，受污染的土地面积往往大于堆渣占地的 1～2 倍。

(4) 生态破坏

① 侵占土地和破坏植被　固体废物的堆放需要占用大量土地，这会直接破坏土地上原有的植被。例如，建设大型垃圾填埋场或者工业废渣堆放场，会砍伐场地内的树木，铲除草本植物，导致植被覆盖率下降，影响生态系统的碳汇功能和生物栖息地。而且，长期堆放固体废物的土地可能会因为土壤污染等原因，难以恢复植被生长，造成土地的生态功能丧失。

② 影响生物多样性　固体废物的污染会对生物多样性产生负面影响。例如，在湿地生态系统中，固体废弃物的倾倒会破坏湿地的生态环境，使湿地鸟类、鱼类和两栖动物等生物的栖息地减少。在一些受到固体废物污染的河流中，鱼类的生存空间被挤占，一些珍稀鱼类品种可能会因为水质恶化、栖息地破坏等原因而灭绝。同时，固体废物中的有害物质可能会在生物体内积累，通过食物链传递，对整个生态系统的生物健康产生危害。

34 固体废物的处理原则是什么?

固体废物处理是指通过物理、化学、生物等不同方法，使固体废物转化成适于运输、储存、资源化利用以及最终处置的一种过程。随着对环境保护的日益重视以及正在出现的全球性的资源危机，工业发达国家开始从固体废物中回收资源和能源，并且将再生资源的开发利用视为“第二矿业”，给予高度重视。我国于 20 世纪 80 年代中期提出了“无害化”“减量化”“资源化”的控制固体废物污染的技术政策，今后的趋势也是从无害化走向资源化。

(1) 无害化

指通过适当的技术对废物进行处理，使其不对环境产生污染，不至对人体健康产生影响。目前，固体废物无害化处理技术有垃圾焚烧、卫生填埋、堆肥、粪便的厌氧发酵、有害废物的热处理和解毒处理等。

(2) 减量化

指通过实施适当的技术，减少固体废物的产生量和容量。这需要从两方面着手：

① 减少固体废物的产生，这属于物质生产过程的前端，需从资源的综合开发和生产过程物质资料的综合利用着手；

② 对固体废物进行处理利用，即固体废物资源化。另外，对固体废物采用压实、破碎、焚烧等处理方法，也可以达到减量和便于运输、处理的目的。

(3) 资源化

指采取各种管理和技术措施，从固体废物中回收具有使用价值的物质和能源，作为新的原料或者能源投入使用。广义的资源化包括物质回收、物质转换和能量转换三个部分。资源化应遵循的原则是：

① 资源化技术是可行的；

② 资源化的经济效益比较好，有较强的生命力；

③ 废物应尽可能在排放源就近利用，以节省废物在储放、运输等过程的投资；

④ 资源化产品应当符合国家相应产品的质量标准，并具有与之相竞争的能力。

35 固体废物环境管理有什么特点?

固体废物与水污染和大气污染相比，在管理方面有自己的特点，主要表现在以下几个方面。

（1）要作最终处置

许多固体废物，特别是废水、废气处理过程所产生的残渣物质，往往最大限度地浓集了多种污染成分。在无法或暂时无法加以综合利用的情况下，为了避免和减少二次污染，必须进行妥善的管理，使其最大限度地与生物圈隔离，这就是安全处置。安全处置主要解决废物的最终归宿问题，它是控制固体废物污染环境的最后关键环节。

（2）要实行妥善的途径管理

安全处置要求合适的水文、地质、气候等条件，要求合理的设计、建造、操作和长期监测。因此，需要将固体废物，特别是有害废弃物从不同的产生地加以收集、包装，集中送到中间转运站，集中送到某一场地，预处理后加以处置。从废物的产生到处置需要经历多种渠道、许多环节。在每一环节上，既可能造成土壤、水体和大气的污染，也可能直接危害人体和其他物种。所以，必须对固体废物实行全过程的污染控制管理，这就是途径管理。

（3）要注意潜在危害

固态的有害废物有长期的滞留性和不可稀释性，一旦造成环境污染，往往很难补救恢复。其中，污染成分的迁移转化，如浸出液在土壤中的迁移是一个缓慢的过程，其危害可能在数年至数十年后才能发现。

上述特点决定了对于固体废物的管理将完全不同于水体、大气污染那样的管理体制。

36 如何对产生工业固体废物的单位实行管理?

（1）环境影响评价

《固废法》第十七条：建设产生、储存、利用、处置固体废物的项目，应当依法进行环境影响评价，并遵守国家有关建设项目环境保护管理的规定。

（2）环保自主验收

《固废法》第十八条：建设单位应当依照有关法律法规的规定，对配套建设的固体废物污染环境防治设施进行验收，编制验收报告，并向社会公开。

（3）储存场所

《固废法》第二十条：产生、收集、储存、运输、利用、处置固体废物的单位和其他生产经营者，应当采取防扬散、防流失、防渗漏或者其他防止污染环境的措施，不得擅自倾倒、堆放、丢弃、遗撒固体废物。

（4）制度台账

《固废法》第三十六条：产生工业固体废物的单位应当建立健全工业固体废物产生、收集、储存、运输、利用、处置全过程的污染环境防治责任制度，建立工业固体废物管理台账，如实记录产生工业固体废物的种类、数量、流向、储存、利用、处置等信息，实现工业固体废物可追溯、可查询，并采取防治工业固体废物污染环境的措施。

（5）排污许可

《固废法》第三十九条：产生工业固体废物的单位应当取得排污许可证。排污许可的具体办法和实施步骤由国务院规定。

37 什么是危险废物？其特性有哪些？

根据《固废法》和《危险废物经营许可证管理办法》，危险废物是指列入《国家危险废物名录》或者根据国家规定的危险废物鉴别标准和鉴别方法认定的具有危险特性的固体废物。

该定义包括两个方面的含义，一是危险废物属于固体废物的一部分（换言之，某种物质如果不属于固体废物，那么该物质肯定不属于危险废物）；二是危险废物必须具有危险特性，危险废物的特性常见有五种，分别为毒性（包括浸出毒性、急性毒性、生物毒性等）、腐蚀性、易燃性、感染性、化学反应性，具有一种或几种危险特性的固体废物属于危险废物。

根据《国家危险废物名录》的定义，危险废物为：具有腐蚀性、毒性、易燃性、反应性或者感染性等一种或者几种危险特性的；不排除具有危险特性，可能对环境或者人体健康造成有害影响，需要按照危险废物进行管理的。

38 什么是含毒性物质的危险废物？

含毒性物质的危险废物是指含有毒性、致癌性、致突变性和生殖毒性物质的固体废物。

① 有毒物质是指经吞食、吸入或皮肤接触后可能造成死亡或严重健康损害的物质。

② 致癌性物质是指可诱发癌症或增加癌症发生率的物质。

③ 致突变性物质是指可引起人类的生殖细胞突变并能遗传给后代的物质。

④ 生殖毒性物质是指对成年男性或女性性功能和生育能力以及后代的发育具有有害影响的物质。

其鉴别标准与分析方法可参照《危险废物鉴别标准　毒性物质含量鉴别》（GB 5085.6）。

39 危险废物对环境有什么危害?

随着我国经济的快速发展和产业结构的多元化，危险废物的产生量增长迅速，种类也变得越来越复杂。由于危险废物的危害性较一般固体废物更大，且具有污染后果难以预测和处置技术难度大等特点，因此一直是世界各国固体废物管理的重点和难点。危险废物具有多种危害特性，主要表现为与环境安全有关的危害性质（如腐蚀性、爆炸性、易燃性、反应性）和与人体健康有关的危害性质（如致癌性、致畸变性、突变性、传染性、刺激性、毒性、放射性）。

危险废物对环境的危害是多方面的，主要是通过下述途径对水体、大气和土壤造成污染。

（1）对水体的污染

废物随天然降水径流流入江、河、湖、海，污染地表水；废物中的有害物质随渗滤液渗入土壤，使地下水污染；较小颗粒随风飘迁，落入地表水，使其污染；将危险废物直接排入江、河、湖、海，会造成更大的污染。

（2）对大气的污染

废物本身蒸发、升华及有机废物被微生物分解而释放出有害气体污染大气；废物中的细颗粒、粉末随风飘逸，扩散到空气中，造成大气的粉尘污染；在废物运输、储存、利用、处理处置过程中，产生有害气体和粉尘；气态废物直接排放到大气中。

（3）对土壤的污染

有害废物的粉尘、颗粒随风飘落在土壤表面，而后进入土壤中污染土壤；液体、半固体（污泥）有害废物在存放过程中或抛弃后洒漏地面，渗入土壤；废物中的有害物质随渗滤液渗入土壤；废物直接掩埋在地下，有害成分混入土壤中污染土壤。

尽管从数量上讲，危险废物产生量仅占固体废物的3%左右。但由于危险废物的种类繁多、成分复杂，并具有毒害性、爆炸性、易燃性、腐蚀性、化学反应性、传染性、放射性等一种或几种以上的危害特性，且这种危害具有长期性、潜伏性和滞后性。如果对危险废物的处理不当，则会因为其在自然界不能被降解或具有很高的稳定性，能被生物富集，能致命或因累积引起有害的影响等原因对人体和环境构成很大威胁。一旦其危害性质爆发出来，产生的灾难性后果将不堪设想。因此，在管理中必须给予高度的重视。

40 危险废物有哪些典型来源?

我国危险废物的产生具有数量上的相对集中性和分布上的广泛性的特点。据《2024年中国生态环境统计年报》数据，全国一般工业固体废物产生量为44.7亿吨，不但占用了大量土地，而且已成为污染环境的一大隐患。

从危险废物产生的行业分布看，危险废物来自国民经济的几乎所有行业，其中，化学原料及化学制品制造业、有色金属冶炼及压延加工业、有色金属矿采选业、造纸及纸制品业、电气机械及器材制造业这 5 个行业的危险废物产生量占危险废物总量的 75.49%。

从产生的危险废物种类看，危险废物名录中所列的 47 类危险废物中碱溶液或固态碱、废酸或固态酸、无机氟化物、含铜废物和无机氰化物废物这 5 种废物的产生量占危险废物总产生量的 57.75%。居民生活中产生的危险废物主要存在于生活垃圾中。有研究表明，居民区及商业机构产生的危险废物量占危险废物总量的 0.075%～0.2%。

41 居民区生活垃圾中的典型危险废物有哪些?

许多日常使用的产品如家用洗涤剂、个人护理用品、涂料等，因为它们的易燃性、腐蚀性和其他毒性而对人体健康和环境有害。居民区生活垃圾中的典型危险废物列于表 1-9。

表 1-9 居民区生活垃圾中的典型危险废物

废物		性质	处置
家庭洗涤用品	擦洗粉	腐蚀性	危险废物处理厂
	喷雾剂	易燃性	危险废物处理厂
	氨基洗涤剂	腐蚀性	危险废物处理厂或少量可稀释
	漂白粉	腐蚀性	危险废物处理厂
	下水道疏通剂	腐蚀性	危险废物处理厂
	家具上光剂	易燃性	危险废物处理厂
	除草剂	易燃性	少量可稀释
	烘箱清洁剂	腐蚀性	危险废物处理厂
	鞋油	易燃性	危险废物处理厂
	金银饰品抛光剂	易燃性	危险废物处理厂
	污迹去除剂	易燃性	危险废物处理厂
	卫生间清洁剂	易燃性	危险废物处理厂
	装潢和地毯清洁剂	易燃和腐蚀性	危险废物处理厂
个人护理用品	洗发水	毒性	少量可稀释后冲入厕所
	护理香波	毒性	少量可稀释后冲入厕所
	指甲油去除剂	毒性和易燃性	危险废物处理厂
	消毒酒精	毒性	少量可稀释后冲入厕所
汽车用品	防冻剂	毒性	危险废物处理厂
	刹车和传动液	易燃性	危险废物处理厂
	汽车电池	腐蚀性	回用中心
	机油	易燃性	回用中心
	煤油	易燃性	回用中心
	汽油	易燃性	危险废物处理厂
	废油	易燃性	回用中心

续表

废物		性质	处置
涂料	磁釉、油基或水基颜料	易燃性	危险废物处理厂
	混杂的其他用品	易燃性	危险废物处理厂
	电池	腐蚀性	危险废物处理厂或回用中心
	相片冲印化学品	腐蚀性、毒性	危险废物处理厂或照相馆
杀虫剂、除草剂和化肥	庭院杀虫剂	易燃性、毒性	危险废物处理厂
	灭蟑螂药	毒性	危险废物处理厂
	化肥	毒性	危险废物处理厂

42 《国家危险废物名录》中规定的50类危险废物是什么?

我国于2021修订了《国家危险废物名录》。共有50类废物列入其中，分别为：医疗废物，医药废物，废药物、药品，农药废物，木材防腐剂废物，有机溶剂废物，热处理含氰废物，废矿物油，油/水、烃/水混物或乳化液，含多氯（溴）联苯废物，精（蒸）馏残渣，染料、涂料废物，有机树脂类废物，新化学品废物，爆炸性废物，感光材料废物，表面处理废物，焚烧处置残渣，含金属羰基化合物废物，含铍废物，含铬废物，含铜废物，含锌废物，含砷废物，含硒废物，含镉废物，含锑废物，含碲废物，含汞废物，含铊废物，含铅废物，无机氟化物废物，无机氰化物废物，废酸，废碱，石棉废物，有机磷化合物废物，有机氰化物废物，含酚废物，含醚废物，废卤化有机溶剂，废有机溶剂，含多氯苯并呋喃类废物，含多氯苯并二噁英废物，含有机卤化物废物，含镍废物，含钡废物，有色金属冶炼废物，其他废物，废催化剂。

43 《巴塞尔公约》中危险废物鉴别法规体系有什么特点?

为了加强对危险废物的管理，使各国共同采取行动防止危险废物非法越境转移，联合国环境规划署于1989年3月通过了《控制危险废物越境转移及其处置巴塞尔公约》(以下简称《巴塞尔公约》)，并于1992年生效。公约由序言、29项条款和6个附件组成，内容包括公约的管理对象和范围、定义、一般义务，缔约国之间危险废物越境转移的管理、非法运输的管制、缔约方的合作和解决争端的办法等。

附件一“应加控制的废物类别”列出了45类受控危险废物，编号为Y1～Y18的废物具有行业来源特征，是以来源命名的，主要有医院临床废物、医药废物、废药品、农药废物、木材防腐剂废物等18类；编号为Y19～Y45的废物具有成分特征，是以危害成分命名的，主要有含金属羰基化合物废物、含铍废物、含铬废物、含有机溶剂废物、废酸、废碱等37类废物。

附件二“需加特别考虑的废物类别”指出，家庭废物和焚烧家庭废物的残渣需要特别注意。巴塞尔公约并未把这类废物视为危险废物，因为它们几乎全部都是一些被扔掉的之前由人们经手处理过的物质，在正常情况下不具有毒害性质的物品。但由于它们当中可能会含有一些有毒有害的物质，家庭废物经焚烧处理后的残灰中也会含有微量的有机含碳物质，它们可以溶于浸出液中，致使地下水和地表水中的污染物聚集，因此，在这里需要对这两种废物谨慎处理。

附件三“危险特性的等级”规定了14类不同性质的危险废物的危险特性，如爆炸物、易燃液体、有机过氧化物、毒性、传染性、腐蚀性等，并对检验方法进行了说明。依照公约，各国应当把本国产生的危险废物减少到最低限度，并用最有利于环境保护的方式尽可能地在本国境内处置；各国必须确保这类废物的越境转移不致危害人类环境，并应把这类转移减少到最低限度。

同时公约还认为，危险废物管理是一项综合性活动，应由废物产生者、转运者、处置者和有关过程中的其他操作者分担责任，以确保工作圆满完成。重要的是不能将废物管理工作视为仅应由废物处置者关心的问题；废物产生者特别在提供资料方面负有重大责任，从而可以就适当的处置方法做出决定，并确保选用无害环境的办法。

虽然“危险废物”常被用作一个泛指而无特定含义的用语，但《巴塞尔公约》把要控制的废物分成了各种类型。公约还规定，危险废物应包括出口、进口或缔约国国内立法规定或认为是危险废物的任何废物。《巴塞尔公约》还论及废物的无害环境管理，指出这种管理工作应“采取一切可行步骤，确保危险废物或其他废物的管理方式得以保护人类健康和环境免受此类废物可能产生的不利影响”。

44 危险废物的鉴别程序是什么？

如图1-8所示，我国的危险废物鉴别应按照如下程序进行：

① 依据《固废法》《固体废物鉴别导则》判断待鉴别的物品、物质是否属于固体废物，不属于固体废物的，则不属于危险废物。

② 经判断属于固体废物的，则依据《国家危险废物名录》判断。凡列入《国家危险废物名录》的，属于危险废物，不需要进行危险特性鉴别（感染性废物根据《国家危险废物名录》鉴别）；未列入《国家危险废物名录》的，应按照③的规定进行危险特性鉴别。

③ 依据GB 5085.1～GB 5085.6鉴别标准进行鉴别，凡具有腐蚀性、毒性、易燃性、反应性等一种或一种以上危险特性的，属于危险废物。

④ 对未列入《国家危险废物名录》或根据危险废物鉴别标准无法鉴别，但可能对人体健康或生态环境造成有害影响的固体废物，由国务院环境保护行政主管部门组织专家认定。

2017年国家修订出台的《固体废物鉴别标准　通则》（GB 34330）上升为国家标准进行发布，在危险废物的属性判别方面，不仅具有强制效力，而且在管理层面上有了更强的可操作性。

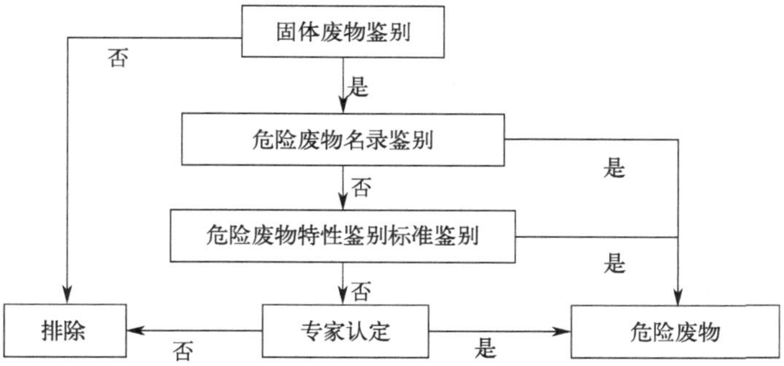

图 1-8　危险废物的鉴别程序

45 危险废物混合后的判定规则是什么?

对于混合后的危险废物，判定规则如下：

① 具有毒性（包括浸出毒性、急性毒性及其他毒性）和感染性等一种或一种以上危险特性的危险废物与其他固体废物混合，混合后的废物属于危险废物。

② 仅具有腐蚀性、易燃性或反应性的危险废物与其他固体废物混合，混合后的废物经 GB 5085.1、GB 5085.4 和 GB 5085.5 鉴别不再具有危险特性的，不属于危险废物。

③ 危险废物与放射性废物混合，混合后的废物应按照放射性废物管理。

46 危险废物处理后的判定规则是什么?

对于处理后的危险废物，其判定规则如下：

① 具有毒性（包括浸出毒性、急性毒性及其他毒性）和感染性等一种或一种以上危险特性的危险废物处理后的废物仍属于危险废物，国家有关法规、标准另有规定的除外。

② 仅具有腐蚀性、易燃性或反应性的危险废物处理后，经 GB 5085.1、GB 5085.4 和 GB 5085.5 鉴别不再具有危险特性的，不属于危险废物。

47 固体废物监测的范围是什么?

由于对固体废物（尤其是危险废物）必须进行全过程的污染控制，所以相应的监测工作也应该是全过程的，也就是要在各个环节追踪废物的来源、走向和归宿。

对污染源的监测包括废物有害性的鉴别并确定其是否属于危险废物，废物的排放量、暂存方式是否符合规定，现场的处理设备的评价，外运废物的包装、标识和登记建档等。

对运输过程的监测主要包括运输路线、运输方式以及废物泄漏应急监测及其管理等。

对处理处置过程的监测主要包括对储存场所、中间处理场所以及最终填埋场的评价，对大气、地表水、地下水以及周围环境的取样分析，对浸出液的量、成分和浓度的监测以及随时间变化和迁移等情况的动态监测等。

48 我国现有固体废物的环境标准有哪些?

我国现有固体废物的环境标准目录见表 1-10。

表 1-10 固体废物环境标准目录

类别	标准编号	标准名称	实施日期
固体废物污染控制标准	GB 39707—2020	医疗废物处理处置污染控制标准	2021-07-01
	GB 18599—2020	一般工业固体废物贮存和填埋污染控制标准	2021-07-01
	GB 9132—2018	低、中水平放射性固体废物近地表处置安全规定	2019-01-01
	GB 13015—2017	含多氯联苯废物污染控制标准	2017-10-10
	GB 18485—2014	生活垃圾焚烧污染控制标准	2014-07-01
	GB 30485—2013	水泥窑协同处置固体废物污染控制标准	2014-03-01
	GB 16889—2008	生活垃圾填埋场污染控制标准	2008-07-01
	GB 19217—2003	医疗废物转运车技术要求(试行)	2003-06-30
	GB 18597—2001	危险废物贮存污染控制标准	2002-07-01
危险废物鉴别标准	HJ 298—2019	危险废物鉴别技术规范	2020-01-01
	GB 5085.7—2019	危险废物鉴别标准　通则	2020-01-01
	GB 18598—2019	危险废物填埋污染控制标准	2020-06-01
	GB 34330—2017	固体废物鉴别标准　通则	2017-10-01
	GB 5085.6—2007	危险废物鉴别标准　毒性物质含量鉴别	2007-10-01
	GB 5085.5—2007	危险废物鉴别标准　反应性鉴别	2007-10-01
	GB 5085.4—2007	危险废物鉴别标准　易燃性鉴别	2007-10-01
	GB 5085.3—2007	危险废物鉴别标准　浸出毒性鉴别	2007-10-01
	GB 5085.2—2007	危险废物鉴别标准　急性毒性初筛	2007-10-01
	GB 5085.1—2007	危险废物鉴别标准　腐蚀性鉴别	2007-10-01
其他相关标准	HJ 1186—2021	废锂离子动力蓄电池处理污染控制技术规范(试行)	2022-01-01
	HJ 519—2020	废铅蓄电池处理污染控制技术规范	2020-03-26
	HJ 662—2013	水泥窑协同处置固体废物环境保护技术规范	2014-03-01
	HJ 2035—2013	固体废物处理处置工程技术导则	2013-12-01
	HJ 561—2010	危险废物(含医疗废物)焚烧处置设施性能测试技术规范	2010-06-01
	环境保护部公告 2009 年第 52 号	地震灾区活动板房拆解处置环境保护技术指南	2009-10-12
	HJ 421—2008	医疗废物专用包装袋、容器和警示标志标准	2008-04-01

续表

类别	标准编号	标准名称	实施日期
其他相关标准	HJ/T 364—2007	废塑料回收与再生利用污染控制技术规范(试行)	2007-12-01
	HJ/T 301—2007	铬渣污染治理环境保护技术规范(暂行)	2007-05-01
	HJ 348—2007	报废机动车拆解环境保护技术规范	2007-04-09
	HJ/T 181—2005	废弃机电产品集中拆解利用处置区 环境保护技术规范(试行)	2005-09-01
	HJ 85—2005	长江三峡水库库底固体废物清理技术规范	2005-06-13
	HJ/T 177—2005	医疗废物集中焚烧处置工程技术规范	2005-05-24
	HJ/T 176—2005	危险废物集中焚烧处置工程建设技术规范	2005-05-24
	GB/T 17221—1998	环境镉污染健康危害区判定标准	1998-10-01
	HJ/T 20—1998	工业固体废物采样制样技术规范	1998-07-01
	GB 15562.2—1995	环境保护图形标志 固体废物贮存(处置)场	1996-07-01

二、土壤污染物的监测

（一）样品的采集和预处理

49 土壤样品采集需要准备哪些采样器具?

土壤样品采集需要准备的采样器具有如下几类。

① 工具类，包括铁锹、铁铲、圆状取土钻、螺旋取土钻、竹片以及适合特殊采样要求的工具等。

② 器材类，包括 GPS、罗盘、照相机、胶卷、卷尺、铝盒、样品袋、样品箱等。

③ 文具类，包括样品标签、采样记录表、铅笔、资料夹等。

④ 安全防护用品，包括工作服、工作鞋、安全帽、药品箱等。

⑤ 采样用车辆。

50 土壤样品的采集一般分几个阶段?

样品采集一般按三个阶段进行。

① 前期采样　根据背景资料与现场考察结果，采集一定数量的样品分析测定，用于初步验证污染物空间分异性和判断土壤污染程度，为制定监测方案（选择布点方式和确定监测项目及样品数量）提供依据，前期采样可与现场调查同时进行。

② 正式采样　按照监测方案，实施现场采样。

③ 补充采样　正式采样测试后，发现布设的样点没有满足总体设计需要，则要增设采样点补充采样。

面积较小的土壤污染调查和突发性土壤污染事故调查可直接采样。

51 怎样选择土壤采样点?

监测点应设在土壤类型、分布面积、地理位置、土壤性状、施肥水平、种植制度等方面都具有代表性的，不受其他耕种、利用和自然因素干扰的地块上。监测点一经设定，如无特殊情况，应保持其稳定性，长期不要变动，必须变动的应报经省监测部门同意。土壤样品采样点布设原则见图 2-1。

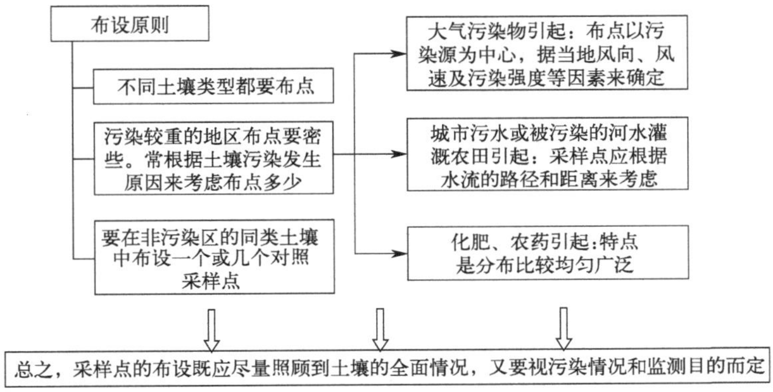

图 2-1　土壤样品采样点布设原则

52 常用的土壤样品采集的采样布点方法有哪些?

常用的采样布点方法有以下几种（图 2-2）。

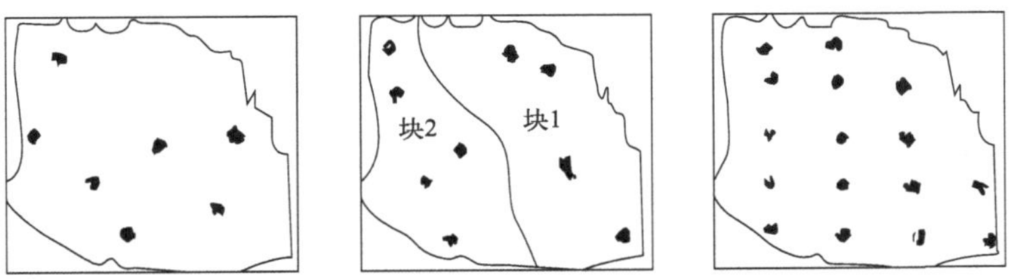

(a) 简单随机布点　(b) 分块随机布点　(c) 系统随机布点

图 2-2　采样布点方法示意

（1）简单随机

将监测单元分成网格，每个网格编上号码，决定采样点样品数后，随机抽取规定的样品数的样品，其样本号码对应的网格号即为采样点。随机数的获得可以利用掷骰子、抽签、查随机数表的方法。这是一种完全不带主观限制条件的布点方法。

（2）分块随机

根据收集的资料，如果监测区域内的土壤有明显的几种类型，则可将区域分为几块，每块内污染物均匀，块间差异较明显。将每块作为一个监测单元，在每个检测单元内再随机布点。在正确分块的前提下，分块布点的代表性比简单随机布点好；但如果分块不正确，分块布点的效果可能会适得其反。

（3）系统随机

将监测区域分成面积相等的几部分（网格划分），每网格内布设一采样点，这种布点称为系统随机布点。如果区域内土壤污染物含量变化较大，系统随机布点比简单随机布点所采样品的代表性要好。

53 如何确定土壤样品采集的布点数量?

土壤监测的布点数量要满足样本容量的基本要求，即上述由均方差和绝对偏差、变异系数和相对偏差计算样品数是样品数的下限数值，实际工作中土壤布点数量还要根据调查目的、调查精度和调查区域环境状况等因素确定。一般要求每个监测单元最少设3个点。区域土壤环境调查按调查的精度要求不同，选择不同的网距网格布点，区域内的网格结点数即为土壤采样点数量。

54 土壤样品的采集原则是什么?

土壤样品采集前要进行现场勘察和有关资料的收集，根据土壤类型、肥力等级和地形等因素将采样范围划分为若干个采样单元，每个采样单元的土壤要尽可能均匀一致。要保证有足够多的采样点，使之能代表采样单元的土壤特性。采样点的多少，取决于采样范围的大小、采样区域的复杂程度和试验所要求的精密度等因素。

采集土壤样品应根据不同的分析项目选择相应的采样与处理方法，确保土样具有代表性和可比性，原则上采土样能对所研究的问题在分析数据中得到应有的反映。按照等量、随机和多点混合的原则沿着设定的线路进行。

55 土壤样品如何采集和保存?

(1) 耕层混合土样的采集

采样时应沿着一定的路线，按照“随机”“等量”和“多点混合”的原则进行采样。

(2) 土壤剖面样品的采集

在能代表研究对象的采样点挖掘长方形土壤剖面坑，较窄的一面向阳，作为剖面观察面。挖出的土应放在土坑两侧，而不放在观察面的上方。土坑的深度根据具体情况确定，一般要求达到母质层或地下水位。

(3) 土壤诊断样品的采集

对土壤诊断样品来说，通过对土壤某些成分进行分析，以查明原因。一般应在发生异常现象的范围内，采集典型土壤样品，多点混合，同时，在附近采集正常土样作为对照。

(4) 土壤盐分动态样品的采集

土壤中盐分的积累规律和动态变化样品的采集，应按垂直深度分层采集。调查盐分在土壤中垂直分布的特点时，用“点取”，即在各取样层的中部位置取样。

(5) 土壤物理性质测定样品的采集

土壤容重和孔隙度等物理性状，须用原状土样，其样品可直接用环刀在各土层中采取。采取土壤结构性的样品，须注意土壤湿度，不宜过干或过湿，应在不粘铲、经接触不变形时分层采取。在取样过程中须保持土块不受挤压、不变形，尽量保持土壤的原状，如有受挤压变形的部分要弃去。土样采集后要小心装入铁盒。其他项目土样根据要求装入铝盒或环刀，带回室内分析测定。

56 区域环境背景监测的采样点应如何选择?

采集这类土壤样品时，采样点的选择必须能够反映区域土壤及环境条件的实际情况，必须能代表区域土壤中的特征且远离污染源。

① 采集土壤环境背景值样品时，应首先确定采样单元。采样单元的划分应根据研究目的、研究范围及实际工作所具有的条件等综合因素确定。我国各省、自治区土壤环境背景值研究中，采样单元以土类和成土母质类型为主，因为不同类型的土类母质其元素组成和含量相差较大。

② 采样点应选在野外，自然景观应符合土壤环境背景值的研究要求。

③ 采样点选在被采土壤类型特征明显，地形相对平坦、稳定，植被良好的地点。

④ 坡角、洼地等具有从属景观特征的地点不设采样点；城镇、住宅、道路、沟渠、粪坑、坟墓附近等处人为干扰大，失去土壤的代表性，不宜设采样点；采样点离铁路、公路至少 300m 以上。

⑤ 采样点以剖面发育完整、层次较清楚、无侵入体为准，不在水土流失严重或表土被破坏处设采样点。

⑥ 选择不施或少施化肥、农药的地块作为采样点，以使采样点尽可能少受人为活动的影响。

⑦ 不在多种土类、多种母质母岩交错分布、面积较小的边缘地区布设采样点。

57 如何确定农田采集混合样的采样点数量和采样深度?

一般农田土壤环境监测采集耕作层土样，种植一般农作物的应采 0～20cm，种植果林类农作物的应采 0～60cm。为了保证样品的代表性，降低监测费用，采取采集混合样的方案。每个土壤单元设 3～7 个采样区，单个采样区可以是自然分割的一个田块，也可以由多个田块所构成，其范围以 200m×200m 左右为宜。每个采样区的样品为农田土壤混合样。混合样的采集主要有以下四种方法（图 2-3）。

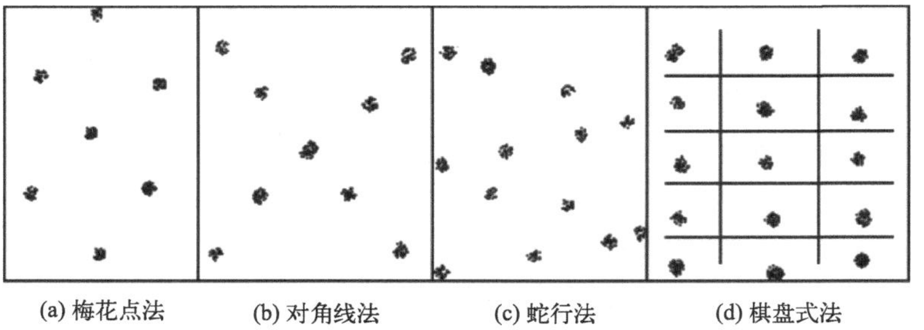

(a) 梅花点法　(b) 对角线法　(c) 蛇行法　(d) 棋盘式法

图 2-3　混合土壤采样点布设示意

① 梅花点法　适用于面积较小，地势平坦，土壤组成和受污染程度相对比较均匀的地块，设分点 5 个左右。

② 对角线法　适用于污灌农田土壤，对角线分 5 等份，以等分点为采样分点。

③ 蛇行法　适用于面积较大、土壤不够均匀且地势不平坦的地块，设分点 15 个左右，多用于农业污染型土壤。各分点混匀后用四分法取 1kg 土样装入样品袋，多余部分弃去。

④ 棋盘式法　适用于中等面积、地势平坦、土壤不够均匀的地块，设分点 10 个左右；受污泥、垃圾等固体废物污染的土壤，分点应设 20 个以上。

58 如何确定建设项目土壤监测的采样点数量和采样深度?

布点数量应当综合考虑代表性和经济可行性原则。鉴于具体地块的差异性，布点的位置和数量应当主要基于专业的判断。原则上：初步调查阶段，地块面积≤5000m^2，土壤采样点位数不少于 3 个；地块面积＞5000m^2，土壤采样点位数不少于 6 个，并可根据实际情况酌情增加。详细调查阶段，对于根据污染识别和初步调查筛选的涉嫌污染的区域，土壤采样点位数每 400m^2 不少于 1 个，其他区域每 1600m^2 不少于 1 个。地下水采样点位数每 6400m^2 不少于 1 个。有以下情形的，可根据实际情况加密布点，如污染历史复杂或信息缺失严重的，水文地质条件复杂的等。

对于每个工作单元，表层土壤和下层土壤垂直方向层次的划分应综合考虑污染物迁移情况、构筑物及管线破损情况、土壤特征等因素确定。采样深度应扣除地表非土壤硬化层厚度，原则上应采集 0～0.5m 表层土壤样品，0.5m 以下下层土壤样品根据判断布点法采集，建议 0.5～6m 土壤采样间隔不超过 2m；不同性质土层至少采集一个土壤样品。同一性质土层厚度较大或出现明显污染痕迹时，根据实际情况在该层位增加采样点。一般情况下，应根据地块土壤污染状况调查阶段性结论及现场情况，确定下层土壤的采样深度，最大深度应直至未受污染的深度为止。

59 如何确定土壤污染事故的采样点数量和采样深度?

污染事故不可预料，接到举报后立即组织采样。现场调查和观察，取证土壤被污染时间，根据污染物及其对土壤的影响确定监测项目，尤其是污染事故的特征污染物是监测的重点。根据污染物的颜色、印渍和气味，并综合考虑地势、风向等因素初步界定污染事故对土壤的污染范围。

如果是固体污染物抛撒污染型，等打扫后采集表层 5cm 土样，采样点数不少于 3 个。如果是液体倾翻污染型，污染物向低洼处流动的同时，向深度方向渗透并向两侧横向方向扩散，每个点分层采样，事故发生点样品点较密，采样深度较深，离事故发生点相对远处样品点较疏，采样深度较浅。采样点不少于 5 个。

如果是爆炸污染型，以放射性同心圆方式布点，采样点不少于 5 个，爆炸中心采分层样，周围采表层土（0～20cm）。

事故土壤监测要设定2～3个背景对照点，各点（层）取1kg土样装入样品袋，有腐蚀性或要测定挥发性化合物，改用广口瓶装样。含易分解有机物的待测定样品，采集后置于低温（冰箱）中，直至运送、移交到分析室。

60 如何确定土壤环境背景值样品采集的采样点数量?

通常采样点的数量与所研究地区范围的大小、研究任务所设定的精度等因素有关。为使布点更趋合理，采样点数应依据统计学原则确定，即在所选定的置信水平下，与所测项目测量值的标准差、要求达到的精密度相关。每个采样单元采样点位数可以通过下列两种方式确定。

（1）由均方差和绝对偏差计算样品数

$$N=\frac{t^2s^2}{D^2}$$

式中，N为样品数；t为选定置信水平（土壤环境监测一般选定为95%）一定自由度下的t值，见HJ/T 166—2004；s^2为均方差，可从先前的其他研究或者从极差R [$s^2=(R/4)^2$] 估计；D为可接受的绝对偏差。

（2）由变异系数和相对偏差计算样品数

$$N=\frac{t^2C_V^2}{m^2}$$

式中，N为样品数；t为选定置信水平（土壤环境监测一般选定为95%）一定自由度下的t值，见HJ/T 166—2004；C_V为变异系数，%，可从先前的其他研究资料中估计；m为可接受的相对偏差，%，土壤环境监测一般限定为20%～30%。

没有历史资料的地区、土壤变异程度不太大的地区，一般C_V可用10%～30%粗略估计，有效磷和有效钾变异系数C_V可取50%。

通常一般类型的土壤应有3～5个采样点，以便检验本底值的可靠性。

61 如何制备无机项目土壤样品? 如何制备有机项目土壤样品?

土壤样品的制备分为有机项目和无机项目。

（1）无机项目制备

在风干室将土样放置于风干盘中，摊成2～3cm的薄层，适时地压碎、翻动，拣出碎石、砂砾、植物残体。在磨样室将风干的样品用木锤敲打，用木滚、木棒等再次压碎，拣出杂质，混匀，根据不同项目内容过相应孔径尼龙筛。过筛后的样品充分搅拌混匀，再采用四分法取其两份，一份交样品库存放，另一份作样品的细磨用。细磨的样品再用四分法分成两份，根据不同分析项目过相应的孔径。研磨混匀后的样品，分别装于样品袋或样品瓶，填写土壤标签一式两份。

在样品的制备过程中应注意以下问题：

① 制样过程中采样时的土壤标签与土壤始终放在一起，严禁混错，样品名称和编码始终不变；

② 制样工具每处理一份样后擦抹（洗）干净，严防交叉污染。

（2）有机项目制备

① 挥发性有机样品制备

a. 低浓度试样的制备：取约 5g（精确到 0.01g）样品于样品瓶中，迅速加入 5mL 水，盖紧瓶盖，摇匀。如浓度偏高可适当减少取样量，但取样量不得低于 1.0g。

b. 高浓度试样，准确称取 5～10g（精确到 0.01g）样品到样品瓶中，迅速加入适量甲醇（1g 样品加入 1～2mL 的甲醇），摇匀，静置 1～2h。

② 不易挥发性有机样品制备　将样品放在搪瓷盘或不锈钢盘上，混匀，除去枝棒、叶片、石子等异物，按照四分法粗分。用于筛选污染物为目的的样品，应对新鲜样品进行处理。自然干燥不影响分析目的时，也可将样品自然干燥。新鲜土壤或沉积物样品可采用冷冻干燥和干燥剂方法干燥。如果土壤或沉积物样品中水分含量较高（大于 30%），应先进行离心分离出水相，再使用冻干法或者干燥剂法进行干燥处理。

62 土壤样品制备环境要求是什么？

制样室应设在向阳（但严防阳光直射样品）、通风、整洁、无扬尘、无易挥发化学物质的房间。为便于晾样，面积最好不小于 $10m^2$。制样所需的工具与容器包括：①晾样用白色搪瓷盘；②敲样用木锤、压样用木棒；③磨样用样品研磨机、玛瑙研磨机或玛瑙研钵、白色搪瓷研钵；④过筛用尼龙筛，规格为 20～100 目；⑤装样用具塞磨口玻璃瓶、具塞无色聚乙烯塑料瓶或特制牛皮纸袋（装样量不低于 200g）；⑥装样用牛角勺；⑦样品标签等。

63 如何保存土壤样品？

根据土壤样品不同的测定项目要求，保存土壤样品一般分以下几类。

（1）新鲜样品的保存

某些土壤成分（如低价铁铵态氮、硝态氮等）在风干过程中会发生显著变化，必须用新鲜样品进行分析。为了能真实地反映土壤在田间自然状态下的某些理化性状，新鲜样品要及时送回室内进行处理和分析。先用粗玻棒或塑料棒将样品弄碎混匀后迅速称样测定。新鲜样品一般不宜储存，如需要暂时储存时，可将新鲜样品装入塑料袋，扎紧袋口，放在冰箱冷藏室或进行速冻固定。

（2）风干样品的保存

风干后的土样按照不同的分析要求研磨过筛，充分混匀后，放入样品瓶中备用。瓶内外各具标签一张，写明编号、采样地点、土壤名称、采样深度、样品粒径、采样日期、采样人及制样时间、制样人等项目。制备好的样品要妥为储存，避免日晒高温、潮湿，并避免酸碱气体的污染。少数有价值需要长期保存的样品，须保存于广口瓶中，用蜡封好瓶口。

(3) 一般化学分析试样的保存

将风干后的样品压碎，根据需要通过相应的孔径筛，未过筛的土粒必须重新碾压过筛，直至全部样品通过要求的孔径筛为止，常温保存即可。

(4) 微量元素分析试样的处理与储存

用于微量元素分析的土样，其处理方法同一般化学分析样品，但保存要特别注意，不要接触可能导致污染的金属器具，以防污染。样品应放在干净容器中保存备用。

(5) 颗粒分析试样的保存

将风干土样反复碾碎后保存，同时将过筛的土样称量，以计算石砾质量百分数，然后将土样混匀后盛于广口瓶内，作为颗粒分析及其他物理性质测定之用。若在土壤中有铁锰结核、石灰结核、铁或半风化体，不能用木棍碾碎，应细心拣出称量保存。

64 土壤样品的预处理方法主要有哪些?

土壤样品的组成是很复杂的，其存在形态往往不符合分析测定的要求，所以在样品分析之前，根据分析项目的不同，首先要对样品进行适当的预处理，以使被测组分适合于测定方法要求的形态、浓度并消除共存组分干扰。常用的预处理方法如下。

① 全分解法　包括普通酸分解法、高压密闭分解法、电热消解法（电热板消解法和石墨电热消解法）、微波消解法、碱融法（包括碳酸钠熔融法和碳酸锂-硼酸、石墨粉坩埚熔样法）。

② 酸溶浸法　包括 HCl-HNO_3 溶浸法，HNO_3-H_2SO_4-$HClO_4$ 溶浸法，HNO_3 溶浸法，Cd、Cu、As 等的 0.1mol/L HCl 溶浸法。

③ 形态分析样品的处理方法　包括有效态的溶浸法（DTPA 浸提、0.1mol/L HCl 浸提、水浸提），碳酸盐结合态、铁-锰氧化结合态等形态的提取（可交换态、碳酸盐结合态、铁锰氧化物结合态、有机结合态、残余态）。

④ 有机污染物的其他普通常规提取方法　包括振荡提取、超声波提取、索氏提取、浸泡回流法、加压流体萃取法等。

65 如何用普通酸分解法处理土壤样品?

准确称取 0.5g 风干土样于聚四氟乙烯坩埚中，用几滴水润湿后，加入 10mL HCl，于电热板上低温加热，蒸发至约剩 5mL 时加入 15mL HNO_3，继续加热蒸至近黏稠状，加入 10mL HF 并继续加热，为了达到良好的除硅效果应经常摇动坩埚。最后加入 5mL $HClO_4$，并加热至白烟冒尽。对于含有机质较多的土样应在加入 $HClO_4$ 之后加盖消解，土壤分解物应呈白色或淡黄色（含铁较高的土壤），倾斜坩埚时呈不流动的黏稠状。用稀酸溶液冲洗内壁及坩埚盖，温热溶解残渣，冷却后，定容至 100mL 或 50mL，最终体积依待测成分的含量而定。所用试剂均为优级纯。

66 如何用高压密闭分解法处理土壤样品?

称取 0.5g 风干土样于内套聚四氟乙烯坩埚中，加入少许水润湿试样，再加入 HNO_3、$HClO_4$ 各 5mL，摇匀后将坩埚放入不锈钢套筒中，拧紧。放在 180℃的烘箱中分解 2h。取出，冷却至室温后，取出坩埚，用水冲洗坩埚盖的内壁，加入 3mL HF，置于电热板上，在 100～120℃加热除硅，待坩埚内剩下约 2～3mL 溶液时，调高温度至 150℃，蒸至冒浓白烟后再缓缓蒸至近干。用稀酸溶液冲洗内壁及坩埚盖，温热溶解残渣，冷却定容后进行测定。所用试剂均为优级纯。

67 如何用微波炉加热分解法处理土壤样品?

微波炉加热分解法是以被分解的土样及酸的混合液作为发热体，从内部进行加热使试样受到分解的方法。

微波加热分解可分为开放系统和密闭系统两种。

① 开放系统可分解量大的试样，且可直接和流动系统相组合实现自动化，但由于要排出酸蒸气，所以分解时使用酸量较大，易受外环境污染，挥发性元素易造成损失，费时间且难以分解多数试样。

② 密闭系统的优点较多，酸蒸气不会逸出，仅用少量酸即可，在分解少量试样时十分有效，不受外部环境的污染。在分解试样时不用观察及特殊操作，由于压力高，所以分解试样很快，不会受外筒金属的污染（因为用树脂做外筒），可同时分解大批量试样。其缺点是需要专门的分解器具，不能分解量大的试样，如果疏忽，会有发生爆炸的危险。

在进行土样的微波分解时，无论使用开放系统或密闭系统，一般使用 HNO_3-HCl-HF-$HClO_4$、HNO_3-HF-$HClO_4$、HNO_3-HCl-HF-H_2O_2、HNO_3-HF-H_2O_2 等体系。当不使用 HF 时（限于测定常量元素且称样量小于 0.1g），可将分解试样的溶液适当稀释后直接测定。若使用 HF 或 $HClO_4$ 对待测微量元素有干扰时，可将试样分解液蒸至近干，酸化后稀释定容。

68 如何用碳酸钠熔融法处理土壤样品?

碳酸钠熔融法适合测定氟、钼、钨 3 种元素。称取 0.5000～1.0000g 风干土样放入预先用少量碳酸钠或氢氧化钠垫底的高铝坩埚中（以充满坩埚底部为宜，以防止熔融物粘底），分次加入 1.5～3.0g 碳酸钠，并用圆头玻璃棒小心搅拌，使其与土样充分混匀，再加入 0.5～1g 碳酸钠，使平铺在混合物表面，盖好坩埚盖。移入马弗炉中，于 900～920℃熔融 0.5h。自然冷却至 500℃左右时，可稍打开炉门（不可开缝过大，否则高铝坩埚骤然冷却会开裂）以加速冷却，冷却至 60～80℃，用水冲洗坩埚底部，然后放入

250mL 烧杯中，加入 100mL 水，在电热板上加热浸提熔融物，用水及 HCl（1＋1）[1]将坩埚及坩埚盖洗净取出，并小心用 HCl(1＋1) 中和、酸化（注意盖好表面皿，以免大量 CO_2 冒泡引起试样的溅失），待大量盐类溶解后，用中速滤纸过滤，用水及 5% HCl 洗净滤纸及其中的不溶物，定容待测。

69 如何用碳酸锂-硼酸、石墨粉坩埚熔样法处理土壤样品?

碳酸锂-硼酸、石墨粉坩埚熔样法适合铝、硅、钛、钙、镁、钾、钠等元素的分析。

土壤矿质全量分析中土壤样品分解常用酸溶试剂，酸溶试剂一般用氢氟酸加氧化性酸分解样品，其优点是酸度小，适用于仪器分析测定，但对某些难熔矿物分解不完全，特别对铝、钛的测定结果会偏低，且不能测定硅（已被除去）。

碳酸锂-硼酸在石墨粉坩埚内熔样，再用超声波提取熔块，分析土壤中的常量元素，速度快，准确度高。

在 30mL 瓷坩埚内充满石墨粉，置于 900℃高温电炉中灼烧半小时，取出冷却，用乳钵棒压出一空穴。准确称取经 105℃烘干的土样 0.2000g 于定量滤纸上，与 1.5g Li_2CO_3-H_3BO_3（Li_2CO_3 ∶ H_3BO_3＝1 ∶ 2）混合试剂均匀搅拌，捏成小团，放入瓷坩埚内石墨粉洞穴中，然后将坩埚放入已升温到 950℃的马弗炉中，20min 后取出，趁热将熔块投入盛有 100mL 4%硝酸溶液的 250mL 烧杯中，立即于 250W 功率清洗槽内超声（或用磁力搅拌），直到熔块完全溶解；将溶液转移到 200mL 容量瓶中，并用 4%硝酸定容。吸取 20mL 上述样品液移入 25mL 容量瓶中，并根据仪器的测量要求决定是否需要添加基体元素及添加浓度，最后用 4%硝酸定容，用光谱仪进行多元素同时测定。

70 如何用 HCl-HNO_3 溶浸法处理土壤样品?

准确称取 2.000g 风干土样，加入 15mL 的 HCl（1＋1）和 5mL 优级纯 HNO_3，振荡 30min，过滤定容至 100mL，用等离子法（ICP 法）测定 P、Ca、Mg、K、Na、Fe、Al、Ti、Cu、Zn、Cd、Ni、Cr、Pb、Co、Mn、Mo、Ba、Sr 等。

或采用下述溶浸方法：准确称取 2.000g 风干土样于干烧杯中，加少量水润湿，加入 15mL HCl(1＋1) 和 5mL 优级纯 HNO_3。盖上表面皿，于电热板上加热，待蒸发至约剩 5mL，冷却，用水冲洗烧杯和表面皿，用中速滤纸过滤并定容至 100mL，用原子吸收法或 ICP 法测定。

71 如何用 HNO_3-H_2SO_4-$HClO_4$ 溶浸法处理土壤样品?

HNO_3-H_2SO_4-$HClO_4$ 溶浸法的特点是 H_2SO_4、$HClO_4$ 沸点较高，能使大部分元

[1] HCl(1＋1) 指浓盐酸和水按体积比 1 ∶ 1 稀释而成的溶液，下同。

素溶出，且加热过程中液面比较平静，没有迸溅的危险。但 Pb 等易与 SO_4^{2-} 形成难溶性盐类，使测定结果偏低。

操作步骤是：准确称取 2.5000g 风干土样于烧杯中，用少许水润湿，加入 HNO_3-H_2SO_4-$HClO_4$ 混合酸（5+1+20)12.5mL，置于电热板上加热，当开始冒白烟后缓缓加热，并经常摇动烧杯，蒸发至近干。冷却，加入 5mL 优级纯 HNO_3 和 10mL 水，加热溶解可溶性盐类，用中速滤纸过滤，定容至 100mL，待测。

72 如何用 HNO_3 溶浸法处理土壤样品？

准确称取 2.0000g 风干土样于烧杯中，加少量水润湿，加入 20mL 优级纯 HNO_3。盖上表面皿，置于电热板或沙浴上加热，若发生迸溅，可采用每加热 20min 关闭电源 20min 的间歇加热法。待蒸发至约剩 5mL，冷却，用水冲洗烧杯壁和表面皿，经中速滤纸过滤，将滤液定容至 100mL，待测。

73 如何用四酸溶浸法处理土壤样品？

称取 0.1～0.2g 过筛后的土壤样品，精确至 0.0001g。将样品置于消解罐中，加入 1mL 盐酸、4mL 硝酸、1mL 氢氟酸和 1mL 双氧水，将消解罐放入微波消解装置进行消解。消解后冷却至室温，小心打开消解罐的盖子，然后将消解罐放在赶酸仪中，于 150°C 敞口赶酸，至内溶物近干，冷却至室温后，用去离子水溶解内溶物，然后将溶液转移至 50mL 容量瓶中，用去离子水定容至 50mL。测定前使用滤膜过滤或取上清液进行测定。

74 如何用 0.1mol/L HCl 溶浸法提取土壤样品中的 Cd、Cu、As 等重金属？

提取 Cd、Cu 的操作步骤是：准确称取 10.0000g 风干土样于 100mL 广口瓶中，加入 0.1mol/L HCl 50.0mL，在水平振荡器上振荡，振荡条件是温度为 30℃、振幅为 5～10cm、振荡频次为 100～200 次/min，振荡 1h，静置后，用倾斜法分离出上层清液，用干滤纸过滤，滤液经过适当稀释后用原子吸收法测定。

提取 As 的操作步骤是：准确称取 10.0000g 风干土样于 100mL 广口瓶中，加入 0.1mol/L HCl 50.0mL，在水平振荡器上振荡，振荡条件是温度为 30℃、振幅为 10cm、振荡频次为 100 次/min，振荡 30min，用干滤纸过滤，取滤液进行测定。

除用 0.1mol/L HCl 溶浸 Cd、Cu、As 以外，还可溶浸 Ni、Zn、Fe、Mn、Co 等重金属元素。0.1mol/L HCl 溶浸法是目前使用最多的酸溶浸方法，此外也有使用 CO_2 饱和的水、0.5mol/L KCl-HAc(pH=3)、0.1mol/L $MgSO_4$-H_2SO_4 等酸性溶浸

方法。

75 如何用碱溶液提取法提取土壤中的六价铬?

用 pH 不小于 11.5 的碱性提取液，提取出样品中的六价铬，喷入空气-乙炔火焰，在高温火焰中形成的铬基态原子对铬的特征谱线产生吸收，在一定范围内，其吸光度值与六价铬的质量浓度成正比。

准确称取 5.0g（精确至 0.01g）样品置于 250mL 烧杯中，加入 50.0mL 碱性提取溶液，再加入 400mg 氯化镁和 0.5mL K_2HPO_4-KH_2PO_4 缓冲溶液。放入搅拌子，用聚乙烯薄膜封口，置于搅拌加热装置上。常温下搅拌样品 5min 后，开启加热装置，加热搅拌至 90～95℃，保持 60min。取下烧杯，冷却至室温。用滤膜抽滤，将滤液置于 250mL 的烧杯中，用硝酸调节溶液的 pH 值至 7.5±0.5。将此溶液转移至 100mL 容量瓶中，用水定容至标线，摇匀，待测。

76 如何用 DTPA 浸提处理土壤样品?

DTPA（二乙三胺五乙酸）浸提剂适用于石灰性土壤和中性土壤，其浸提液可测定有效态 Cu、Zn、Fe 等。浸提液的成分为 0.005mol/L DTPA、0.01mol/L $CaCl_2$、0.1mol/L TEA（三乙醇胺）。称取 1.967g DTPA 溶于 14.92g TEA 和少量水中；再将 1.47g $CaCl_2 \cdot 2H_2O$ 溶于水，一并转入 1000mL 容量瓶中，加水至约 950mL，用 6mol/L HCl 调节 pH 值至 7.30（每升浸提液约需加 6mol/L HCl 8.5mL），最后用水定容。储存于塑料瓶中，几个月内不会变质。

浸提程序：称取 25.00g 风干过 20 目筛的土样放入 150mL 硬质玻璃三角瓶中，加入 50.0mL DTPA 浸提剂，在 25℃用水平振荡机振荡提取 2h，干滤纸过滤，滤液用于分析。

77 如何用 0.1mol/L HCl 浸提处理土壤样品?

酸性土壤适合用 0.1mol/L HCl 浸提。称取 10.00g 风干过 20 目筛的土样放入 150mL 硬质玻璃三角瓶中，加入 50.0mL 1mol/L HCl 浸提液，用水平振荡器振荡 1.5h，干滤纸过滤，滤液用于分析。

78 如何用水浸提处理土壤样品?

土壤中有效硼常用沸水浸提，操作步骤是：准确称取 10.00g 风干过 20 目筛的土样于 250mL 或 300mL 石英锥形瓶中，加入 20.0mL 无硼水，连接回流冷却器后煮沸

5min，立即停止加热并用冷却水冷却，冷却后加入 4 滴 0.5mol/L $CaCl_2$ 溶液，移入离心管中，离心分离出清液备测。

关于有效态金属元素的浸提方法较多，例如，有效态 Mn 用 1mol/L 乙酸铵-对苯二酚溶液浸提；有效态 Mo 用草酸-草酸铵（24.9g 草酸铵与 12.6g 草酸溶解于 1000mL 水中）溶液浸提，固液比为 1∶10；硅用 pH4.0 的乙酸-乙酸钠缓冲溶液、0.02mol/L H_2SO_4、0.025%或 1%的柠檬酸溶液浸提；酸性土壤中有效硫用 H_3PO_4-HAc 溶液浸提，中性或石灰性土壤中有效硫用 0.5mol/L $NaHCO_3$ 溶液（pH8.5）浸提；用 1mol/L NH_4Ac 浸提土壤中有效钙、镁、钾、钠，以及用 0.03mol/L NH_4F-0.025mol/L HCl 或 0.5mol/L $NaHCO_3$ 浸提土壤中有效态磷等。

79 碳酸盐结合态、铁-锰氧化结合态等形态的提取法有哪些?

碳酸盐结合态、铁-锰氧化结合态等形态的提取方法如下。

① 可交换态　在 1g 试样中加入 8mL $MgCl_2$ 溶液（1mol/L $MgCl_2$，pH 值为 7.0）或者乙酸钠溶液（1mol/L NaAc，pH 值为 8.2），室温下振荡 1h。

② 碳酸盐结合态　经①处理后的残余物在室温下用 8mL 1mol/L NaAc 浸提，在浸提前用乙酸把 pH 值调至 5.0，连续振荡，直到估计所有提取的物质全部被浸出为止（一般为 8h 左右）。

③ 铁锰氧化物结合态　在经②处理后的残余物中，加入 20mL 0.3mol/L $Na_2S_2O_3$、0.175mol/L 柠檬酸钠、0.025mol/L 柠檬酸混合液，或者用 0.04mol/L $NH_2OH \cdot HCl$ 在体积比为 20%的乙酸中浸提。浸提温度为（96±3）℃，时间可自行估计，到完全浸提为止，一般为 4h 以内。

④ 有机结合态　在经③处理后的残余物中，加入 3mL 0.02mol/L HNO_3、5mL 30% H_2O_2，然后用 HNO_3 调节 pH 值至 2，将混合物加热至（85±2）℃，保温 2h，并在加热中间振荡几次。再加入 3mL 30% H_2O_2，用 HNO_3 调至 pH=2，再将混合物在（85±2）℃加热 3h，并间断地振荡。冷却后，加入 5mL 3.2mol/L 乙酸铵，用体积比为 20%的 HNO_3 溶液稀释至 20mL，振荡 30min。

⑤ 残余态　经④提取之后，残余物中将包括原生及次生的矿物，它们除了主要组成元素之外，也会在其晶格内夹杂、包藏一些痕量元素，在天然条件下，这些元素不会在短期内溶出。残余态主要用 HF-$HClO_4$ 分解，主要处理过程参见普通酸分解法。

上述各形态的浸提都在 50L 聚乙烯离心试管中进行，以减少固态物质的损失。在互相衔接的操作之间，用 10000r/min(12000g 重力加速度）离心处理 30min，用注射器吸出清液，分析痕量元素。残留物用 8mL 去离子水洗涤，再离心 30min，弃去洗涤液，洗涤水要尽量少用，以防止损失可溶性物质，特别是有机物的损失。离心效果对分离影响较大，要切实注意。

80 提取有机污染物时有机溶剂的选择原则是什么？

根据相似相溶的原理，尽量选择与待测物极性相近的有机溶剂作为提取剂。提取剂必须能与样品很好地分离，且不影响待测物的纯化与测定；不能与样品发生作用，毒性低、价格便宜；此外，还要求提取剂沸点范围在45～80℃之间为好。

溶剂对样品的渗透力也是考虑的因素之一，以便将土样中待测物充分提取出来。当单一溶剂不能成为理想的提取剂时，常用两种或两种以上不同极性的溶剂以不同的比例配成混合提取剂。有机溶剂选定后还需进行纯化。纯化溶剂多用重蒸馏法。纯化后的溶剂是否符合要求，最常用的检查方法是将纯化后的溶剂浓缩100倍，再用与待测物检测相同的方法进行检测，无干扰即可。

81 常用有机溶剂的极性如何？

以水为极性标尺，常用有机溶剂的极性由强到弱的顺序为：（水）、乙酸、硝基甲烷、乙腈、甲醇、丙酮、二氧六环、乙醇、异丙醇、正丁醇、乙酸乙酯、乙醚、二氯甲烷、苯、甲苯、四氯化碳、环己烷、正己烷（石油醚）、正庚烷、二硫化碳。

82 怎样提取土样中的有机污染物？

有机污染物的提取方法主要有振荡提取、超声波提取、索氏提取、浸泡回流法和加压流体萃取法等。

（1）振荡提取

准确称取一定量的土样（新鲜土样加1～2倍量的无水 Na_2SO_4 或 $MgSO_4 \cdot H_2O$ 搅匀，放置15～30min，固化后研成细末），转入标准口三角瓶中，加入约2倍体积的提取剂振荡30min，静置分层或抽滤、离心分出提取液，样品再分别用1倍体积提取液提取2次，分出提取液，合并，待净化。

（2）超声波提取

准确称取一定量的土样（或取30.0g新鲜土样，加30～60g无水 Na_2SO_4 混匀）置于400mL烧杯中，加入60～100mL提取剂，超声振荡3～5min，真空过滤或离心分出提取液，固体物再用提取剂提取2次，分出提取液合并，待净化。

（3）索氏提取

适用于从土壤中提取非挥发及半挥发有机污染物。准确称取一定量土样或取新鲜土样20.0g加入等量无水 Na_2SO_4 研磨均匀，转入滤纸筒中，再将滤纸筒置于索氏提取器中。在有1～2粒干净沸石的150mL圆底烧瓶中加100mL提取剂，连接索氏提取器，加热回流16～24h即可。

（4）浸泡回流法

适用于一些与土壤作用不大且不易挥发的有机物的提取。

（5）加压流体萃取法

将处理后的土壤或沉积物样品加入密闭容器中，选择合适的有机溶剂，在加压、加热条件下，处于液态的有机溶剂与土壤或沉积物样品充分接触，将土壤或沉积物中的有机物提取到有机溶剂中。

（6）其他方法

吹扫蒸馏法（用于提取易挥发性有机物）、超临界提取（SFE）法。SFE法由于其快速、高效、安全性（不需任何有机溶剂），因而是具有很好发展前途的提取法。

83 为什么要净化土样有机污染物提取液？净化方法有哪些？

使待测组分与干扰物分离的过程为净化。当用有机溶剂提取样品时，一些干扰杂质可能与待测物一起被提取出，这些杂质若不除掉将会影响检测结果，甚至使定性定量无法进行，严重时还可使气相色谱的柱效减低、检测器沾污，因而提取液必须经过净化处理。净化的原则是尽量完全除去干扰物，而使待测物尽量少损失。

常用的净化方法有液-液分配法、化学处理法（酸处理法、碱处理法）、吸附柱（氧化铝柱、弗罗里硅土柱、活性炭柱等）层析法三种。

84 怎样用液-液分配法净化有机污染物的提取液？

液-液分配的基本原理是在一组互不相溶的溶剂中溶解某一溶质成分，该溶质以一定的比例分配（溶解）在溶剂的两相中。通常把溶质在两相溶剂中的分配比称为分配系数。在同一组溶剂对中，不同的物质有不同的分配系数；在不同的溶剂对中，同一物质也有着不同的分配系数。利用物质和溶剂对之间存在的分配关系，选用适当的溶剂，通过反复多次分配，就可使不同的物质分离，从而达到净化的目的。采用此法进行净化时，一般可以得到较好的回收率，不过需经多次分配方可完成。

液-液分配过程中若出现乳化现象，可采用如下方法进行破乳：①加入饱和硫酸钠水溶液，以其盐析作用破乳；②加入硫酸（1+1），加入量从10mL逐步增加，直到消除乳化层，此法只适用于对酸稳定的化合物；③离心机离心分离。

液-液分配中常用的溶剂对有：乙腈-正己烷；*N*,*N*-二甲基甲酰胺（DMF）-正己烷；二甲亚砜-正己烷等。通常情况下正己烷可用廉价的石油醚（60～90℃）代替。

85 怎样用化学处理法净化有机污染物的提取液？

用化学处理法净化能有效地去除脂肪、色素等杂质。常用的化学处理法有酸处理法和碱处理法。

（1）酸处理法

采用浓硫酸或（1+1）硫酸。发烟硫酸直接与提取液（酸与提取液体积比1∶10）

在分液漏斗中振荡进行磺化，以除掉脂肪、色素等杂质。其净化原理是脂肪、色素中含有碳-碳双键，如脂肪中不饱和脂肪酸和叶绿素中含一双键的叶绿醇等，这些双键与浓硫酸作用时产生加成反应，所得的磺化产物溶于硫酸，这样便使杂质与待测物分离。这种方法常用于强酸条件下稳定的有机物（如有机氯农药）的净化，而对于易分解的有机磷、氨基甲酸酯农药则不适用。

（2）碱处理法

一些耐碱的有机物（如农药艾氏剂、狄氏剂、异狄氏剂）可采用氢氧化钾-助滤剂柱代替皂化法。提取液经浓缩后通过柱净化，用石油醚洗脱，有很好的回收率。

86 怎样用加压流体萃取法快速提取土壤中有机物?

（1）试样的制备

样品的干燥可依据目标物的性质选择以下不同的方式。测定多氯联苯等不挥发性有机物和非极性有机物的样品，应在室温条件下避光、风干。需要测定新鲜样品时，使用冻干法进行干燥脱水，也可采用干燥剂脱水方法。称取适量的新鲜样品，加入一定量的硅藻土充分混匀、脱水，在研钵中反复研磨成细小颗粒（约 1mm），充分拌匀直至呈散粒状，全部转入萃取池中进行萃取。

（2）萃取池选择

一般情况下，11mL 的萃取池可装 10g 试样，22mL 萃取池可装 20g 试样，34mL 萃取池可装 30g 试样。

（3）试样的装填

取洗净的萃取池拧紧底盖，垂直放在水平台面上。将专用的玻璃纤维滤膜放置于其底部，顶部放置专用漏斗。用小烧杯称取适量试样，如需加入替代物或同位素内标，应一并加入试样中，轻微晃动小烧杯使其混入试样。按编号将试样依次通过专用漏斗小心转移至萃取池，移去漏斗，拧紧顶盖（应避免试样粘在萃取池螺纹上或洒落）。竖直平稳拿起萃取池，再次拧紧两端盖子，将其竖直平稳放入加压流体萃取装置样品盘中。

（4）溶剂的选择

根据目标物推荐使用以下溶剂或混合溶剂。

① 有机磷农药：二氯甲烷；或丙酮-二氯甲烷混合溶液。

② 有机氯农药：丙酮-二氯甲烷混合溶液；或丙酮-正己烷混合溶液。

③ 氯代除草剂：丙酮-二氯甲烷-磷酸溶液的混合溶液。

④ 多环芳烃：丙酮-正己烷混合溶液。

⑤ 多氯联苯：正己烷；或丙酮-二氯甲烷混合溶液；或丙酮-正己烷混合溶液。

⑥ 其他半挥发性有机物：丙酮-二氯甲烷混合溶液；或丙酮-正己烷混合溶液。

（5）试样的自动萃取

条件设置后，启动程序，仪器自动完成萃取。萃取结束后，依次取下接收瓶，按分析方法要求进行萃取液浓缩、净化等后续处理和分析。

（6）空白试验

取相同质量的石英砂替代试样，按照与试样萃取相同的步骤进行操作。

（二）监测项目分析

87 农用地监测项目有哪些？监测频次如何？

农用地土壤污染风险筛选值的基本项目为必测项目，包括镉、汞、砷、铅、铬、铜、镍、锌。农用地土壤污染风险筛选值的其他项目为选测项目，包括六六六、滴滴涕和苯并［a］芘。其他项目由地方环境保护主管部门根据本地区土壤污染特点和环境管理需求进行选择。

当土壤中污染物含量等于或者低于规定的风险筛选值时，农用地土壤污染风险低，一般情况下可以忽略；高于规定的风险筛选值时，可能存在农用地土壤污染风险，应加强土壤环境监测和农产品协同监测。

88 建设用地监测项目有哪些？

建设用地监测项目分为地块土壤污染状况调查监测项目和地块治理修复、修复效果评估及回顾性评估监测项目。

（1）地块土壤污染状况调查监测项目

分初步采样监测项目和详细采样监测项目两种：

① 初步采样监测项目应根据 GB 36600 要求（包括基本项目和其他项目）、前期土壤污染状况调查阶段性结论与本阶段工作计划确定。可能涉及的危险废物监测项目应参照 GB 5085 中相关指标确定。

② 详细采样监测项目包括土壤污染状况调查确定的地块特征污染物和地块特征参数，应根据 HJ 25.1 相关要求确定。

（2）地块治理修复、修复效果评估及回顾性评估监测项目

主要为土壤的监测项目，土壤的监测项目为土壤污染风险评估确定的需治理修复的各项指标。地下水、地表水及环境空气的监测项目应根据治理修复的技术要求确定。监测项目还应考虑地块治理修复过程中可能产生的污染物，具体应根据地块治理修复工艺技术要求确定，可参见 HJ 25.4 中相关要求。

89 土壤样品的分析方法有哪些？

① 第一方法：标准方法（即仲裁方法），按土壤环境质量标准中选配的分析方法。

② 第二方法：由权威部门规定或推荐的方法。

③ 第三方法：根据各地实情，自选等效方法，但应作标准样品验证或比对实验，其检出限、准确度、精密度不低于相应的通用方法要求水平或待测物准确定量的要求。

90 在测定土壤中的各种金属含量时，应如何制备样品?

将采集的土壤样品（一般不少于 500g）混匀后用四分法缩分至约 100g。缩分后的土样经风干（自然风干或冷冻干燥）后，除去土样中石子和动植物残体等异物，用木棒（或玛瑙棒）研压，通过 2mm 尼龙筛（除去 2mm 以上的砂砾），混匀。用玛瑙研钵将通过 2mm 尼龙筛的土样研磨至全部通过孔径 0.15mm（100 目）尼龙筛，混匀后备用。

此方法适用于土壤中各种金属含量的测定。

91 石墨炉原子吸收分光光度法测定土壤样品中铅和镉的原理是什么?

石墨炉原子吸收分光光度法测定土壤样品中铅和镉的原理是：采用盐酸-硝酸-氢氟酸-高氯酸全消解的方法，彻底破坏土壤的矿物晶格，使试样中的待测元素全部进入试液。然后，将试液注入石墨炉中。经过预先设定的干燥、灰化、原子化等升温程序使共存基体成分蒸发除去，同时在原子化阶段的高温下铅、镉化合物离解为基态原子蒸气，并对空心阴极灯发射的特征谱线产生选择性吸收。在选择的最佳测定条件下，通过背景扣除，测定试液中铅、镉的吸光度。此方法中铅的特征谱线为 283.3nm、镉的特征谱线为 228.8nm。石墨炉原子化器结构原理如图 2-4 所示。

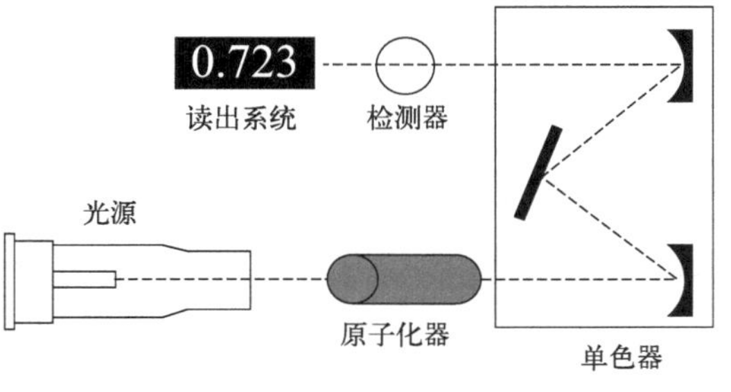

图 2-4 石墨炉原子化器结构原理

此方法的检出限（按称取 0.5g 试样消解定容至 50mL 计算）为：铅 0.1mg/kg，镉 0.01mg/kg。

92 石墨炉原子吸收分光光度法测定土壤样品中铅和镉的步骤是什么？

石墨炉原子吸收分光光度法测定土壤样品中铅和镉的步骤如下。

（1）试液的制备

准确称取 0.1～0.3g（精确至 0.0002g）制备好的试样于 50mL 聚四氟乙烯坩埚中，用水润湿后加入 5mL 盐酸，于通风橱内的电热板上低温加热，使样品初步分解，当蒸发至约 2～3mL 时，取下稍冷，然后加入 5mL 硝酸、4mL 氢氟酸、2mL 高氯酸，加盖后于电热板上中温加热 1h 左右，然后开盖，继续加热除硅，当加热至冒浓厚高氯酸白烟时，加盖，使黑色有机碳化物充分分解。待坩埚上的黑色有机物消失后，开盖、驱赶白烟并蒸至内容物呈黏稠状。视消解情况，可再加入 2mL 硝酸、2mL 氢氟酸、1mL 高氯酸，重复上述消解过程。当白烟再次基本冒尽且内容物呈黏稠状时，取下稍冷，用水冲洗坩埚盖及内壁，并加入 1mL（1＋5）的硝酸溶液温热溶解残渣。然后将溶液转移至 25mL 容量瓶中，加入 3mL 磷酸氢二氨溶液冷却后定容，摇匀备测。

由于土壤种类多，所含有机质差异较大，在消解时，应注意观察，各种酸的用量可视消解情况酌情增减。土壤消解液应呈白色或淡黄色（含铁较高的土壤），没有明显沉淀物存在。注意电热板温度不宜太高，否则会使聚四氟乙烯坩埚变形。

（2）测定

按照仪器使用说明书调节石墨炉原子吸收分光光度计（带有背景扣除装置）至最佳工作条件，测定试液的吸光度。用水代替试样，在同样条件下制备全程序空白溶液，并进行测定。每批样品至少制备 2 个以上的空白溶液。

配制铅、镉混合标准使用液系列，按由低到高浓度顺次测定标准溶液的吸光度，用减去空白的吸光度与相对应的元素含量（μg/L）分别绘制铅、镉的校准曲线。

（3）计算

以试液吸光度减去空白试验的吸光度，然后在校准曲线上查得铅、镉的含量，即可计算出土壤中铅、镉的含量。

93 KI-MIBK 萃取原子吸收分光光度法测定土壤中铅和镉的原理是什么？

KI-MIBK（碘化钾-甲基异丁基甲酮）萃取原子吸收分光光度法测定土壤样品中铅和镉的原理是：采用盐酸-硝酸-氢氟酸-高氯酸全分解的方法，彻底破坏土壤的矿物晶格，使试样中的待测元素全部进入试液中。然后，在约 1％的盐酸介质中，加入适量的 KI，试液中的 Pb^{2+}、Cd^{2+} 与 I^- 形成稳定的离子缔合物，可被 MIBK 萃取。将有机相喷入火焰，在火焰的高温下，铅、镉化合物离解为基态原子，该基态原子蒸气对相应的空心阴极灯发射的特征谱线产生选择性吸收。在选择的最佳测定条件下，测定铅、镉的吸光度。此方法中铅的特征谱线为217.0nm、镉的特征谱线为228.8nm。

当盐酸浓度为1%～2%、碘化钾浓度为0.1mol/L时，MIBK对铅、镉的萃取率分别是99.4%和99.3%以上。在浓缩试样中铅、镉的同时，还达到与大量共存成分铁、铝及碱金属、碱土金属分离的目的。

此方法的检出限（按称取0.5g试样消解定容至50mL计算）为：铅0.2mg/kg、镉0.05mg/kg。

94 KI-MIBK萃取原子吸收分光光度法测定土壤样品中铅和镉的步骤是什么？

KI-MIBK萃取原子吸收分光光度法测定土壤样品中铅和镉的步骤如下。

（1）消解

准确称取0.2～0.5g（精确至0.0002g）制备好的试样于50mL聚四氟乙烯坩埚中，用水润湿后加入10mL盐酸，于通风橱内的电热板上低温加热，使样品初步分解，待蒸发至约剩3mL左右时，取下稍冷，然后加入5mL硝酸、5mL氢氟酸、3mL高氯酸，加盖后于电热板上中温加热1h左右，然后开盖，继续加热除硅，当加热至冒浓厚高氯酸白烟时，加盖，使黑色有机物充分分解。待坩埚壁上的黑色有机物消失后，开盖，驱赶白烟并蒸至内容物呈黏稠状。视消解情况，可再加入3mL硝酸、3mL氢氟酸、1mL高氯酸，重复上述消解过程。当白烟再次冒尽且内容物呈黏稠状时，取下稍冷，用水冲洗坩埚盖及内壁，并加入1mL(1＋1)的盐酸溶液温热溶解残渣。然后全量转移至100mL分液漏斗中，加水至约50mL处。

由于土壤种类多，所含有机质差异较大，在消解时，应注意观察，各种酸的用量可视消解情况酌情增减。土壤消解液应呈白色或淡黄色（含铁较高的土壤），没有明显沉淀物存在。注意电热板温度不宜太高，否则会使聚四氟乙烯坩埚变形。

（2）萃取

在分液漏斗中，加入2.0mL抗坏血酸溶液和2.5mL碘化钾溶液，摇匀。然后，准确加入5.00mL MIBK，振摇1～2min，静置分层。取有机相备测。由于MIBK的密度比水小，分层后可直接喷入火焰，不一定必须与水相分离。因此，在实际操作中可以用50mL比色管替代分液漏斗。

（3）测定

按照仪器使用说明书调节原子吸收分光光度计（带有背景校正装置）至最佳工作条件，测定有机相试液（MIBK）的吸光度。用去离子水代替试样，采用相同的步骤和试剂，制备全程序空白溶液，并进行测定。每批样品至少制备2个以上的空白溶液。

配制铅、镉混合标准使用液系列，其浓度范围应包括试样中铅、镉的浓度。然后加入1mL(1＋1)的盐酸溶液，加水至50mL左右，在相同的条件下由低浓度到高浓度顺次测定标准溶液的吸光度。用减去空白的吸光度与相对应的元素含量（mg/L）绘制校准曲线。

（4）计算

以试液吸光度减去空白试验的吸光度，然后在校准曲线上查得铅、镉的含量，即可计算出土壤中铅、镉的含量。

95 火焰原子吸收分光光度法测定土壤中铜、锌的原理是什么?

火焰原子吸收分光光度法测定土壤中铜、锌的原理（图 2-5）是：土壤样品经酸消解后，试样中铜和锌在空气-乙炔火焰中原子化，其基态原子分别对铜和锌的特征谱线产生选择性吸收，其吸收强度在一定范围内与铜和锌的浓度成正比。此方法中铜的特征谱线为 324.7nm、锌的特征谱线为 213.0nm。此方法的检出限（按称取 0.2g 试样消解定容至 25mL 计算）为：铜为 1mg/kg，锌为 1mg/kg。

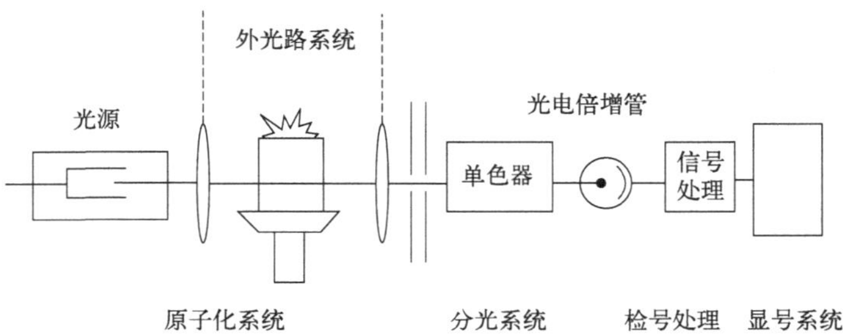

图 2-5　火焰原子吸收分光光度法测定土壤中铜、锌的原理

当土壤消解液中铁含量大于 100mg/L 时，抑制锌的吸收，加入硝酸镧可消除共存成分的干扰；含盐类高时，往往出现非特征吸收，此时可用背景校正加以克服。

96 火焰原子吸收分光光度法测定土壤中铜、锌的步骤是什么?

火焰原子吸收分光光度法测定土壤中铜、锌的步骤如下。

（1）试液的制备

与 KI-MIBK 萃取原子吸收分光光度法测定土壤样品中铅和镉的方法基本相同。不同之处是，温热溶解残渣用的是 1mL(1+1) 的硝酸溶液，然后加入 5mL 5%的硝酸镧 $[La(NO_3)_3 \cdot 6H_2O]$水溶液，冷却后定容至 50mL。

（2）测定

按照仪器使用说明书调节火焰原子吸收分光光度（带有背景校正装置）至最佳工作条件，测定试液的吸光度。用水代替试样，在同样条件下制备全程序空白溶液，并进行测定。每批样品至少制备 2 个以上的空白溶液。

用 0.2% 的硝酸溶液配制铜、锌的混合标准使用液（至少 5 个），定容前先各加入 5mL 5% 的硝酸镧[$La(NO_3)_3$]水溶液，其浓度范围应包括试液中铜、锌的浓度。按相同的步骤由低浓度到高浓度测定其吸光度。用减去空白的吸光度与相对应的元素含量（mg/L）绘制校准曲线。

（3）计算

以试液吸光度减去空白试验的吸光度，然后在校准曲线上查得铜、锌的含量，即可计算出土壤中铜、锌的含量。

97 火焰原子吸收分光光度法测定土壤中镍的原理和步骤是什么?

火焰原子吸收分光光度法测定土壤中镍的原理和步骤与测定土壤中铜、锌的基本相同，见问题 95 和问题 96。不同之处有以下几点。

① 镍的特征谱线是 232.0nm，此方法的检出限（按称取 0.5g 试样消解定容至 50mL 计算）为 5mg/kg。

② 制备试液和配置标准使用液时，测定镍无需加硝酸镧[$La(NO_3)_3$]水溶液，直接定容至 50mL 即可。

③ 绘制标准曲线时，测定铜、锌使用的是混合标准液，测定镍使用的是纯镍溶液，其浓度与铜、锌混合溶液的总浓度相同。

98 火焰原子吸收分光光度法测定土壤和沉积物中铜、锌、铅、镍、铬的原理是什么?

土壤和沉积物经酸消解后，试样中铜、锌、铅、镍和铬在空气-乙炔火焰中原子化，其基态原子分别对铜、锌、铅、镍和铬的特征谱线产生选择性吸收，其吸收强度在一定范围内与铜、锌、铅、镍和铬的浓度成正比。

99 火焰原子吸收分光光度法测定土壤和沉积物中铜、锌、铅、镍、铬的步骤是什么?

火焰原子吸收分光光度法测定土壤和沉积物中铜、锌、铅、镍、铬的步骤如下。

（1）试液的制备

① 电热板消解法　称取 0.2～0.3g（精确至 0.1mg）样品于 50mL 聚四氟乙烯坩埚中，用水润湿后加入 10mL 盐酸（1.19g/mL），于通风橱内电热板上 90～100℃ 加热，使样品初步分解，待消解液蒸发至剩余约 3mL 时，加入 9mL 硝酸（1.42g/mL），

加盖加热至无明显颗粒，加入5～8mL氢氟酸（1.49g/mL），开盖，于120℃加热飞硅30min，稍冷，加入1mL高氯酸（1.68g/mL），于150～170℃加热至冒白烟，加热时应经常摇动坩埚。若坩埚壁上有黑色碳化物，加入1mL高氯酸加盖继续加热至黑色碳化物消失，再开盖，加热赶酸至内容物呈不流动的液珠状（趁热观察）。加入3mL硝酸溶液（1+99），温热溶解可溶性残渣，全量转移至25mL容量瓶中，用硝酸溶液定容至标线，摇匀，保存于聚乙烯瓶中，静置，取上清液待测。于30d内完成分析。

② 石墨电热板消解法　称取0.2～0.3g（精确至0.1mg）样品于50mL聚四氟乙烯消解管中，用水润湿后加入5mL盐酸，于通风橱内石墨电热消解仪上100℃加热45min。加入9mL硝酸加热30min，加入5mL氢氟酸加热30min，稍冷，加入1mL高氯酸，加盖120℃加热3h；开盖，150℃加热至冒白烟，加热时需摇动消解管。若消解管内壁有黑色碳化物，加入0.5mL高氯酸加盖继续加热至黑色碳化物消失，开盖，160℃加热赶酸至内容物呈不流动的液珠状（趁热观察）。加入3mL硝酸溶液，温热溶解可溶性残渣，全量转移至25mL容量瓶中，用硝酸溶液定容至标线，摇匀，保存于聚乙烯瓶中，静置，取上清液待测。于30d内完成分析。

③ 微波消解法　准确称取0.2～0.3g（精确至0.1mg）样品于消解罐中，用少量水润湿后加入3mL盐酸、6mL硝酸、2mL氢氟酸，消解样品。试样定容后，保存于聚乙烯瓶中，静置，取上清液待测。于30d内完成分析。

（2）测定配置铬标准使用液系列

用硝酸溶液稀释铬元素标准使用液（1000mg/L）。用标准曲线零浓度点调节仪器零点，由低浓度到高浓度依次测定标准系列的吸光度，以各元素标准系列质量浓度为横坐标，相应的吸光度为纵坐标，建立标准曲线。

（3）计算

以试液吸光度减去空白试验的吸光度，然后在校准曲线上查得铬的含量，即可计算出土壤中总铬的含量。每测定约10个样品要进行一次仪器零点校正，并吸入1.00mg/L的标准溶液检查灵敏度是否发生了变化。

100 火焰原子吸收分光光度法测定土壤中六价铬的原理是什么？

用pH≥11.5的碱性提取液，提取出样品中的六价铬，喷入空气-乙炔火焰，在高温火焰中形成的铬基态原子对铬的特征谱线产生吸收，在一定范围内，其吸光度值与六价铬的质量浓度成正比。

101 火焰原子吸收分光光度法测定土壤中六价铬的步骤是什么？

（1）试样的制备

准确称取5.0g（精确至0.01g）样品置于250mL烧杯中，加入50.0mL碱性提取溶液，再加入400mg氯化镁和0.5mL磷酸氢二钾-磷酸二氢钾缓冲溶液。放入搅拌子，用聚乙烯薄膜封口，置于搅拌加热装置上。常温下搅拌样品 5min 后，开启加热装置，加热搅拌至 90～95℃，保持 60min。取下烧杯，冷却至室温。用滤膜抽滤，将滤液置于 250mL 的烧杯中，用硝酸调节溶液的 pH 值至 7.5±0.5。将此溶液转移至 100mL 容量瓶中，用水定容至标线，摇匀，待测。不加样品，按照与试样制备相同的步骤制备空白试样。

（2）测定

原子吸收分光光度计型号不同，最佳测定条件也不同，可根据仪器使用说明书自行选择。按照试样制备的步骤，制备工作曲线溶液，以空白试样调仪器零点，按浓度由低到高顺序依次测定其吸光度。以六价铬浓度为横坐标、吸光度为纵坐标，建立工作曲线。按照与工作曲线的建立相同的分析条件进行试样及空白试样的测定。

102 冷原子吸收分光光度法测定土壤中总汞的原理是什么？

冷原子吸收分光光度法测定土壤中总汞的原理是，汞原子蒸气对波长为 253.7nm 的紫外光具有强烈的吸收作用，汞蒸气浓度与吸光度成正比。通过氧化分解试样中以各种形式存在的汞，使之转化为可溶态汞离子进入溶液，用盐酸羟胺还原过剩的氧化剂，用氯化亚锡将汞离子还原成汞原子，用净化空气作载气将汞原子载入冷原子吸收测汞仪的吸收池进行测定。

此方法的检出限视仪器型号的不同而异，最低检出限为 0.005mg/kg（按称取 2g 试样计算）。易挥发的有机物和水蒸气在 253.7nm 处有吸收而产生干扰。易挥发有机物在样品消解时可除去，水蒸气用无水氯化钙、过氯酸镁除去。

103 冷原子吸收分光光度法测定土壤中总汞时，如何消解试液？

冷原子吸收分光光度法测定土壤中总汞时，有以下两种消解试液的方法。

（1）硫酸-硝酸-高锰酸钾消解法

称取制备好的土壤样品 0.5～2g（准确至 0.0002g）于 150mL 锥形瓶中，用少量无汞蒸馏水（二次蒸馏水或电渗析去离子水，也可将蒸馏水加盐酸酸化至 pH=3，然后通过巯基棉纤维管除汞）润湿样品，加（1+1）硫酸-硝酸混合液 5～10mL，待剧烈反应停止后，加无汞蒸馏水 10mL，2%高锰酸钾溶液 10mL，在瓶口插一小漏斗，置于低温电热板上加热至近沸，保持 30～60min。分解过程中若紫色褪去，应随时补加高锰酸钾溶液，以保持有过量的高锰酸钾存在。取下冷却。在临测定前，边摇边滴加 20%盐酸羟胺溶液，直至刚好使过剩的高锰酸钾及器壁上的水合二氧化锰全部褪色为止。对有机质含量较多的样品，可预先用硝酸加热回流消解，然后再加硫酸和高锰酸钾继续消解。

（2）硝酸-硫酸-五氧化二钒消解法

称取制备好的土壤样品 0.5～2g（准确至 0.0001g）于 150mL 锥形瓶中，用少量无汞蒸馏水润湿样品，加入五氧化二钒约 50mg，硝酸 10～20mL，硫酸 5mL，玻璃珠

3～5粒，摇匀。在瓶口插一小漏斗置于电热板上加热至近沸，保持30～60min。取下稍冷，加无汞蒸馏水20mL，继续加热煮沸15min，此时试样为浅灰白色（若试样色深，应适当补加硝酸再进行分解）。取下冷却，滴加2%的高锰酸钾溶液至紫色不褪。在临测定前，边摇边滴加20%的盐酸羟胺溶液，直至刚好使过剩的高锰酸钾及器壁上的水合二氧化锰全部褪色为止。

104 冷原子吸收分光光度法测定土壤中总汞的步骤是什么?

冷原子吸收分光光度法测定土壤中总汞时，消解完试液后，可按以下步骤测定总汞的含量。

（1）仪器的准备

主要是连接载气净化系统。可根据不同测汞仪特点及具体条件，参考图2-6进行连接。

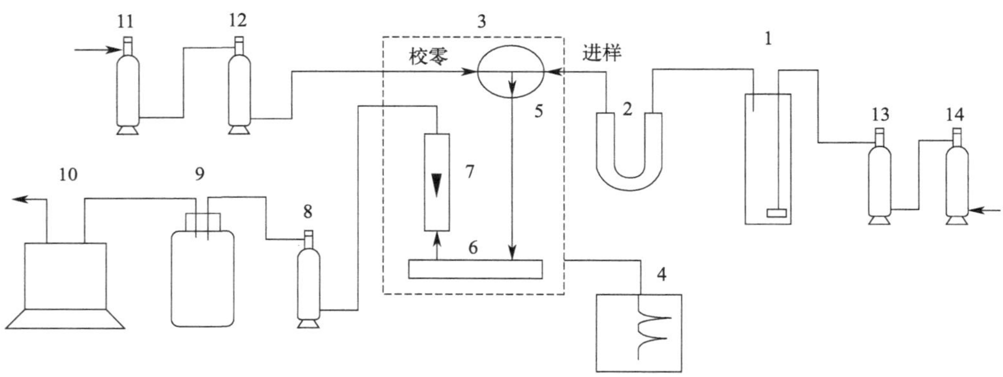

图2-6　测汞装置气路连接示意

1—汞还原器；2—U形管；3—测汞仪；4—记录仪；5—三通阀；6—吸收池；
7—流量控制器；8,12,13—汞吸收塔；9—气体缓冲瓶（10L）；
10—机械真空泵；11,14—空气干燥塔（内盛变色硅胶）

测定前，更换U形管中的变色硅胶，按说明书调试好测汞仪及记录仪，选择好灵敏度挡及载气流速。将三通阀旋至“校零”端。

（2）消解

取出汞还原器吹气头，将试液（含残渣）全部移入汞还原瓶，用蒸馏水洗涤锥形瓶3～5次，洗涤液并入还原瓶，加蒸馏水至100mL。加入1mL含有盐酸的氯化亚锡溶液，迅速插入吹气头，然后将三通阀旋至“进样”端，使载气通入汞还原器。此时试液中汞被还原并气化成汞蒸气，随载气流入测汞仪的吸收池，表头指针和记录笔迅速上升，记下最高读数或峰高。待指针和记录笔重新回零后，将三通阀旋至“校零”端，取出吹气头，弃去废液，用无汞蒸馏水清洗汞还原器2次，再用配好的稀释液洗一次，以氧化可能残留的二价锡，然后进行另一试样的测定。每分析一批试样，按相同步骤制备至少两份空白试样，测定其吸光度。

配制汞标准使用溶液系列，加（1+1）硫酸-硝酸混合液 4mL、2%的高锰酸钾溶液 5 滴和无汞蒸馏水 20mL，摇匀。测定前滴加盐酸羟胺溶液还原，在同样条件下测定吸光度。以吸光度为纵坐标，对应的汞含量（μg）为横坐标，绘制校准曲线。

（3）计算

以试液吸光度减去空白试验的吸光度，然后在校准曲线上查得总汞的含量，即可计算出土壤中总汞的含量。

105 原子荧光法测定土壤中总汞的原理是什么?

用硝酸-盐酸混合试剂在沸水浴中加热消解土壤试样，再用硼氢化钾（KBH_4）或硼氢化钠（$NaBH_4$）将样品中所含汞还原成原子态汞，由载气（氩气）导入原子化器中，在特制汞空心阴极灯照射下，基态汞原子被激发至高能态，在去活化回到基态时，发射出特征波长的荧光，其荧光强度与汞的含量成正比。与标准系列比较，求得样品中汞的含量，一般检出限为 0.002mg/kg。

106 原子荧光法测定土壤中总汞的步骤是什么?

原子荧光法测定土壤中总汞的步骤如下。

（1）试样制备

称取经风干、研磨并过合适孔径筛的土壤样品于 50mL 具塞比色管中，加少许水润湿样品，加入王水，加塞后摇匀，于沸水浴中消解 2h，取出冷却，立即加入保存液，用稀释液稀释至刻度，摇匀后放置，取上清液待测。同时做空白试验。

（2）空白溶液制备

采用相同的试剂和步骤，制备全程序空白溶液。每批样品至少制备 2 个以上空白溶液。

（3）校准曲线

分别准确吸取不同体积汞标准工作液，分别置于容量瓶中，加入保存液，用稀释液稀释至刻度，摇匀，即得不同含汞量的标准系列溶液。此标准系列适用于一般样品的测定。

（4）测定

将仪器调至最佳工作条件，在还原剂和载液的带动下，测定标准系列各点的荧光强度（校准曲线是减去标准空白后的荧光强度对浓度绘制的校准曲线），然后测定空白样品、试样的荧光强度。

操作中要注意检查全程序的试剂空白，发现试剂或器皿沾污，应重新处理，严格筛选，并妥善保管，防止交叉污染。样品消解完毕，通常要加保存液并以稀释液定容，以防止汞的损失。样品试液宜尽早测定，一般情况下只允许保存 2～3d。

107 如何提纯盐酸羟胺溶液?

盐酸羟胺试剂中常含有汞，必须提纯。当汞含量较低时，可采用巯基棉纤维管除汞法；汞含量高时，先用萃取法除掉大量汞后再用巯基棉纤维管除汞。此方法也适用于制备无汞蒸馏水。

(1) 巯基棉纤维管除汞法

在内径6～8mm、长100mm左右、一端拉细的玻璃管，或500mL分液漏斗放液管中，填充0.1～0.2g巯基棉纤维，将待净化试剂以10mL/min速度流过1～2次即可除尽汞。

巯基棉纤维的制备方法是：于棕色磨口广口瓶中，依次加入100mL硫代乙醇酸、60mL乙酸酐、40mL 36%乙酸、0.3mL硫酸，充分混匀，冷却至室温后，加入30g长纤维脱脂棉，使之浸泡完全，用水冷却，待反应热散去后，放入(40±2)℃烘箱中2～4d后取出，用耐酸过滤漏斗抽滤，用无汞蒸馏水充分洗涤至中性后，摊开，于30～35℃下烘干，成品放于棕色磨口广口瓶中，避光，较低温度下保存。

(2) 萃取法

取250mL盐酸羟胺溶液注入500mL分液漏斗中，每次加入15mL含二苯基硫巴腙(双硫腙$C_{13}H_{12}N_4S$) 0.1g/L的四氯化碳溶液，反复萃取，直至含双硫腙中的四氯化碳溶液保持绿色不变为止。然后用四氯化碳萃取，以除去多余的双硫腙。

108 硼氢化钾-硝酸银分光光度法测定土壤中总砷的原理是什么?

硼氢化钾-硝酸银分光光度法测定土壤中总砷的原理是，通过化学氧化分解试样中以各种形式存在的砷，使之转化为可溶态砷离子进入溶液。硼氢化钾(或硼氢化钠)在酸性的溶液中产生新生态的氢，在一定酸度下，可使五价砷还原为三价砷，三价砷还原成气态砷化氢(胂)。用硝酸-硝酸银-聚乙烯醇-乙醇溶液为吸收液，银离子被砷化氢还原成单质银，使溶液呈黄色，在波长400nm处测量吸光度。本方法的检出限为0.2mg/kg(按称取0.5g试样计算)。

能形成共价氢化物的锑、铋、锡、硒和碲的含量为砷的20倍时，可用二甲基甲酰胺-乙醇胺浸渍的脱脂棉除去，否则不能使用本方法。硫化物对测定有正干扰，在试样氧化分解时，硫化物已被硝酸氧化分解，不再有影响。试剂中可能存在的少量硫化物，可用乙酸铅脱脂棉吸收除去。

109 硼氢化钾-硝酸银分光光度法测定土壤中总砷的步骤是什么?

硼氢化钾-硝酸银分光光度法测定土壤中总砷的步骤如下。

(1) 试液的制备

称取制备好的土壤样品0.1～0.5g(准确至0.0002g)于100mL锥形瓶中，用少量蒸馏水润湿后，加 6mL 盐酸、2mL 硝酸、2mL 高氯酸。在瓶口插一小三角漏斗。在电热板上加热分解，待剧烈反应停止后，用少量蒸馏水冲洗小漏斗，然后取下小漏斗，小心蒸至近干。冷却后，加入 20mL 0.5mol/L 的盐酸溶液，加热 3～5min，冷却后，加 0.2g 抗坏血酸，使 Fe^{3+} 还原为 Fe^{2+}。将试液移至 100mL 砷化氢发生器中，加入 0.1%甲基橙指示液 2 滴，用（1+1）的氨水溶液调至溶液变黄，加蒸馏水至 50mL，供测试。

（2）测定

于盛有试液的砷化氢发生器中，加 5mL 200g/L 的酒石酸溶液，摇匀。取 4mL 砷化氢吸收液至吸收管中，插入导气管。按照图 2-7 连接好砷化氢发生装置，加一片硼氢化钾于盛有试液的砷化氢发生瓶中，立即盖好橡皮塞，保证反应器密闭。砷化氢剧毒，整个反应应在通风橱内或通风良好的室内进行。

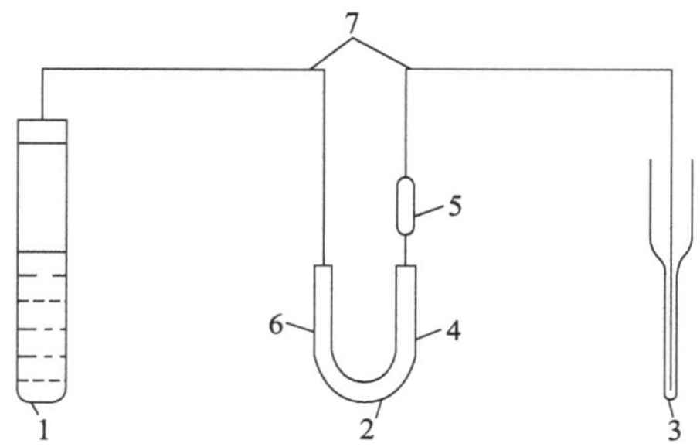

图 2-7 砷化氢吸收与发生装置

1—砷化氢发生器（管径以 30mm，液面为管高的 2/3 为宜）；2—U 形管（消除干扰用，管径为 10mm）；3—吸收管（液面以 90mm 高为宜）；4—装有 1.5mL DMF 混合液脱脂棉 0.3g；5—内装吸附有硫酸钠-硫酸氢钾混合粉脱脂棉的聚乙烯管；6—乙酸铅脱脂棉 0.3g；7—导气管（内径为 2mm）

待反应完毕后（3～5min），用 10mm 比色皿，以砷化氢吸收液为参比溶液，在 400nm 波长处测量样品吸收液的吸光度。每分析一批试样，按相同的步骤制备至少两份空白试样，并进行测定。

配制砷标准使用溶液系列于七支砷化氢发生器中，并用蒸馏水稀释到 50mL，在相同条件下进行测定。将测得的吸光度为纵坐标，对应的砷含量（μg）为横坐标，绘制校准曲线。

（3）计算

以试液吸光度减去空白试验的吸光度，然后在校准曲线上查得总砷的含量，即可计算出土壤中总砷的含量。

110 二乙基二硫代氨基甲酸银分光光度法测定土壤中总砷的原理是什么?

二乙基二硫代氨基甲酸银分光光度法测定土壤中总砷的原理是：通过化学氧化分解试样中以各种形式存在的砷，使之转化为可溶态砷离子进入溶液。锌与酸作用，产生新生态氢。在碘化钾和氯化亚锡存在下，使五价砷还原为三价砷，三价砷被新生态氢还原成气态砷化氢（胂）。用二乙基二硫代氨基甲酸银-三乙醇胺的三氯甲烷溶液吸收砷化氢，生成红色胶体银，在波长 510nm 处，测定吸收液的吸光度。

本方法的检出限为 0.5mg/kg（按称取 1g 试样计算）。锑和硫化物对测定有正干扰。锑在 300μg 以下，可用 KI-$SnCl_2$ 掩蔽。在试样氧化分解时，硫已被硝酸氧化分解，不再有影响。试剂中可能存在的少量硫化物，可用乙酸铅脱脂棉吸收除去。

111 二乙基二硫代氨基甲酸银分光光度法测定土壤中总砷的步骤是什么？

二乙基二硫代氨基甲酸银分光光度法测定土壤中总砷的步骤如下。

（1）试液的制备

称取制备好的土壤样品 0.5～2g（准确至 0.0002g）于 150mL 锥形瓶中，加 7mL（1+1）硫酸溶液、10mL 硝酸、2mL 高氯酸，置电热板上加热分解，破坏有机物（若试液颜色变深，应及时补加硝酸），蒸至冒白色高氯酸浓烟。取下放冷，用水冲洗瓶壁，再加热至冒浓白烟，以驱尽硝酸。取下锥形瓶，瓶底仅剩下少量白色残渣（若有黑色颗粒物，应补加硝酸继续分解），加蒸馏水至约 50mL。

（2）测定

于盛有试液的砷化氢发生瓶中，加 4mL 15%的碘化钾溶液，摇匀，再加 2mL 含有盐酸的氯化亚锡溶液，混匀，放置 15min。取 5.00mL 吸收液至吸收管中，插入导气管（图 2-8），吸收液柱高保持 8～10cm。加 1mL 配制好的硫酸铜溶液和 4g 无砷锌粒于砷化氢发生瓶中，并立即将导气管与砷化氢发生瓶连接，保证反应器密闭。

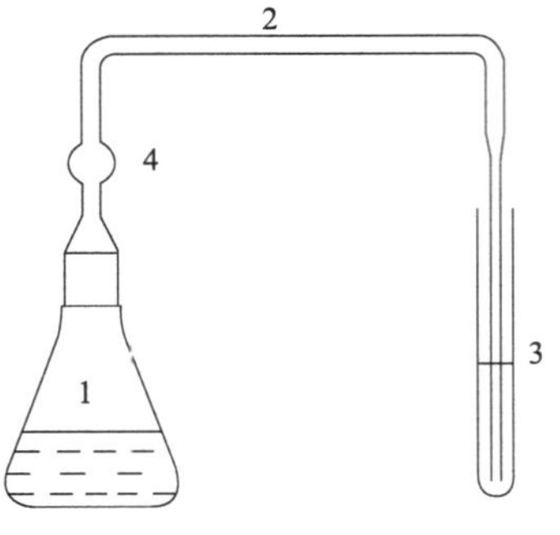

图 2-8 砷化氢发生与吸收装置

1—砷化氢发生瓶；2—导气管；3—吸收管；4—乙酸铅棉花

在室温下，维持反应 1h，使砷化氢完全释出。加三氯甲烷将吸收液体积补充至 5.0mL。砷化氢剧毒，整个反应应在通风橱内进行。在完全释放砷化氢后，红色生成物在 2.5h 内是稳定的，用 10mm 比色皿，以吸收液为参比液，在 510nm 波长下测量吸收液的吸光度。每分析一批试样，按同样步骤制备至少两份空白试样，并进行测定。

配制砷标准使用溶液系列于八个砷化氢发生瓶中，并用蒸馏水稀释至 50mL。加入 7mL（1+1）硫酸溶液，在相同条件下测定吸光度，以吸光度为纵坐标，对应的砷含量（μg）为横坐标，绘制校准曲线。

（3）计算

以试液吸光度减去空白试验的吸光度，然后在校准曲线上查得总砷的含量，即可计算出土壤中总砷的含量。

112 原子荧光法测定土壤中总砷的原理是什么?

原子荧光法测定土壤中总砷的原理：样品中的砷经加热消解后，加入硫脲使五价砷还原为三价砷，再加入硼氢化钾将其还原为砷化氢，由氩气导入石英原子化器进行原子化分解为原子态砷，在特制砷空心阴极灯的发射光激发下产生原子荧光，产生的荧光强度与试样中被测元素含量成正比，与标准系列比较，求得样品中砷的含量，一般检出限为 0.01mg/kg。

113 原子荧光法测定土壤中总砷的步骤是什么?

（1）试液的制备

称取经风干、研磨并过合适的孔径筛的土壤样品于具塞比色管中，加少许水润湿样品，加入王水，加塞摇匀于沸水浴中消解 2h，中间摇动几次，取下冷却，用水稀释至刻度，摇匀后放置。吸取一定量的消解试液于一定体积的比色管中，加盐酸、硫脲溶液、抗坏血酸溶液，用水稀释至刻度，摇匀放置，取上清液待测。同时做空白试验。

（2）空白试验

采用和（1）相同的试剂和步骤，制备全程序空白溶液。每批样品制备 2 个以上空白溶液。

（3）校准曲线

分别准确吸取不同体积的砷标准工作溶液置于容量瓶中，分别加入盐酸、硫脲溶液、抗坏血酸溶液，然后用水稀释至刻度，摇匀，即得含不同浓度梯度的砷的标准系列溶液。此标准系列适用于一般样品的测定。

（4）测定

将仪器调节至最佳工作条件，在还原剂和载液的带动下，测定标准系列各点的荧光强度（校准曲线是减去标准空白后荧光强度对浓度绘制的校准曲线），然后依次测定空白样品、试样的荧光强度。

114 电感耦合等离子体质谱法测定土壤中镍、镉、锌、铅、铬、铜、砷等重金属的原理是什么?

土壤和沉积物样品经电热板或微波消解仪消解后，用电感耦合等离子体质谱仪进行检测，试样由载气带入雾化系统进行雾化后，目标元素以气溶胶形式进入等离子体的轴向通道，在高温和惰性气体中被充分蒸发、解离、原子化和电离，转化成带电荷的正离子，经离子采集系统进入质谱仪，质谱仪根据元素的质谱图或特征离子进行定性，内标法定量。在一定浓度范围内，离子的质荷比所对应的响应值与其浓度成正比。

115 电感耦合等离子体质谱法测定土壤中镍、镉、锌、铅、铬、铜、砷等重金属的步骤是什么?

（1）制备样品

称取待测样品 0.1g（精确至 0.0001g），置于聚四氟乙烯密闭消解罐中，加入适量酸。将消解罐安置于消解罐支架，放入微波消解仪中进行消解，消解结束后冷却至室温。打开密闭消解罐，用慢速定量滤纸将提取液过滤收集于 50mL 容量瓶中。待提取液滤尽后，用少量硝酸溶液清洗聚四氟乙烯消解罐的盖子内壁、罐体内壁和滤渣至少 3 次，洗液一并过滤收集于容量瓶中，用实验用水定容至刻度。

（2）仪器调谐

点燃等离子体后，仪器预热稳定 30min。用质谱仪调谐液对仪器的灵敏度、氧化物和双电荷进行调谐，在仪器的灵敏度、氧化物和双电荷满足要求的条件下，质谱仪给出的调谐液中所含元素信号强度的相对标准偏差应≤5%。在涵盖待测元素的质量范围内进行质量校正和分辨率校验，如质量校正结果与真实值差值超过±0.1amu（原子质量单位）或调谐元素信号的分辨率在10%峰高处所对应的峰宽超过 0.6～0.8amu 的范围，应按照仪器使用说明书对质谱仪进行校正。

（3）标准曲线的绘制

分别移取一定体积的多元素标准使用液于同一组 100mL 容量瓶中，用硝酸溶液稀释定容至刻度，混匀。以硝酸溶液为标准系列的最低浓度点，另制备至少 5 个浓度点的标准系列。内标标准使用液可直接加入标准系列中，也可通过蠕动泵在线加入。内标应选择试样中不含有的元素，或浓度远大于试样本身含量的元素。而后将标准系列从低浓度到高浓度依次导入雾化器进行分析，以各元素的质量浓度为横坐标，对应的响应值和内标响应值的比值为纵坐标，建立标准曲线。标准曲线的浓度范围可根据测定实际需要进行调整。

（4）试样的测定

每个试样测定前，用硝酸溶液冲洗系统直至信号降至最低，待分析信号稳定后开始测定。按照与建立标准曲线相同的仪器参考条件和操作步骤进行试样的测定。若试样中待测目标元素浓度超出标准曲线范围，须经稀释后重新测定，稀释液使用硝酸溶液，稀释倍数为 f。

(5) 计算

以试样浓度减去空白试验的浓度，然后在校准曲线上查得各元素的含量，即可计算出土壤中各元素的含量。

116 气相色谱法测定土壤中六六六和滴滴涕的原理是什么?

气相色谱法测定土壤中六六六（六氯环己烷）和滴滴涕（二氯二苯三氯乙烷），是采用丙酮-石油醚萃取水中六六六、滴滴涕，以浓硫酸净化后，用带电子捕获检测器气相色谱仪测定，其原理见图 2-9。当所用仪器不同时，方法的检出范围不同。γ-六六六通常检测至 5ng/L，滴滴涕可检测至 200ng/L。

样品中的有机磷农药、不饱和烃以及邻苯二甲酸酯等有机化合物在电子捕获鉴定器上也有响应，这些干扰物质可用浓硫酸除掉。

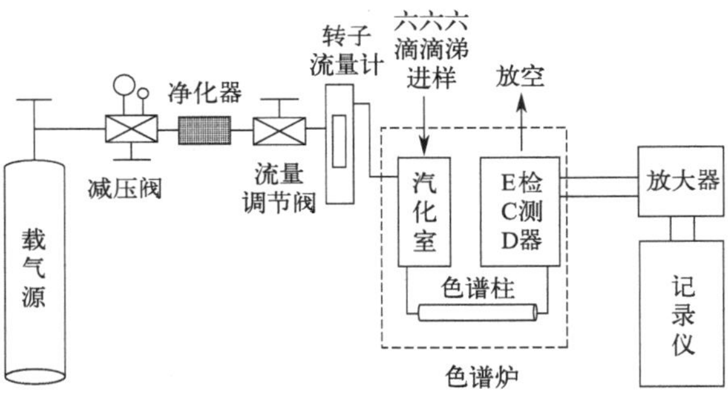

图 2-9 气相色谱法测定土壤中六六六和滴滴涕的原理

117 气相色谱法测定土壤中六六六和滴滴涕的步骤是什么?

气相色谱法测定土壤中六六六和滴滴涕的步骤如下。

(1) 试样的提取

准确称取 20g 采集到的土壤置于小烧杯中，加蒸馏水 2mL、硅藻土 4g，充分混匀，无损地移入滤纸筒内，上部盖一片滤纸，将滤纸筒装入索氏提取器中，加 100mL 石油醚-丙酮（1∶1），用 30mL 浸泡土样 12h 后，在 75～95℃的恒温水浴上加热提取 4h，待冷却后，将提取液移入 300mL 的分液漏斗中，用 10mL 石油醚分三次冲洗提取器及烧瓶，将洗液并入分液漏斗中，加入 100mL 20g/L 硫酸钠溶液，振摇 1min，静止分层后，弃去下层丙酮水溶液，留下石油醚提取液待净化。

(2) 提取液净化

采用浓硫酸净化法，适用于土壤、生物样品。在分液漏斗中加入石油醚提取液体积 1/10 的浓硫酸，振摇 1min，静置分层后，弃去硫酸层，按上述步骤重复数次，直至二相界面清晰均呈无色透明时止。然后向弃去硫酸层的石油醚提取液中加入其体积量一半左右的 20g/L 的硫酸钠溶液，振摇十余次。待其静置分层后弃去水层。如此重复至提取液呈中性时止（一般为 2～4 次），石油醚提取液再经装有少量无水硫酸钠的筒型漏斗脱水，滤入适当规格的容量瓶中，定容，供气相色谱测定。

用硫酸净化过程中，要防止发热爆炸，加硫酸后，开始要慢慢振摇，不断放气，然后再剧烈振摇。

（3）测定

按仪器说明书调整气相色谱到最佳工作状态，配制标准样品和标准工作液，注射进样进行分析。标准样品与试样尽可能同时分析。标准的色谱图见图 2-10。

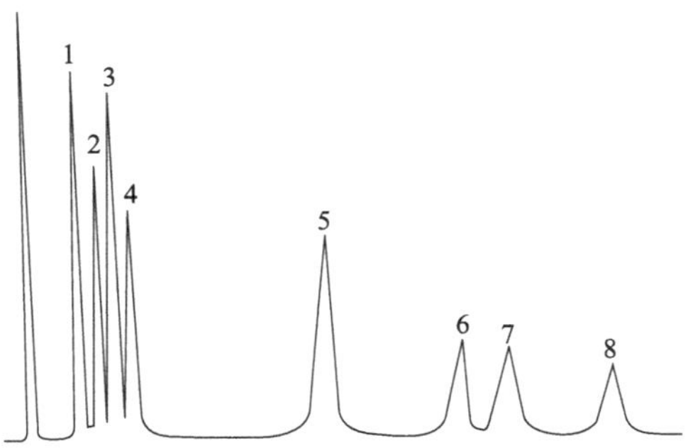

图 2-10　六六六、滴滴涕气相色谱图

1—α-六六六；2—γ-六六六；3—β-六六六；4—δ-六六六；
5—p，p'-DDE；6—c，p'-DDT；7—p，p'-DDD；8—p，p'-DDT

以峰的起点和终点的连线作为峰底，从峰高极大值对时间轴作垂线，对应的时间即为保留时间。此线从峰顶至底间的线段即为峰高。按照标准溶液中组分的峰高和浓度，以及试样中组分的峰高，计算试样中的组分浓度。

$$R_i=\frac{h_i W_{is} V}{h_{is} V_i G}$$

式中，R_i 为样品中 i 组分农药的浓度，mg/kg；h_i 为样品中 i 组分农药的峰高，cm；W_{is} 为标样中 i 组分农药的绝对量，ng；V 为样品的定容体积，mL；h_{is} 为标样中 i 组分农药的峰高，cm；V_i 为样品的进样量，μL；G 为样品的质量，g。

118 高效液相色谱法测定土壤中苯并[a]芘的原理是什么？

土壤和沉积物样品中的苯并[a]芘用合适的萃取方法（索氏提取、加压流体萃取等）提取，根据样品基体干扰情况采取合适的净化方法（硅胶层析柱、硅胶或硅酸镁固相萃取柱等）对萃取液进行净化、浓缩、定容。由泵将储液瓶中的溶剂吸入色谱系统，然后输出，经流量与压力测量之后，导入进样器。被测物由进样器注入，并随流动相通过色谱柱，在柱上进行分离后进入检测器，用配备紫外/荧光检测器的高效液相色谱仪分离检测，检测信号由数据处理设备采集与处理，并记录色谱图，以保留时间定性，外标法定量。其工作原理如图 2-11 所示。

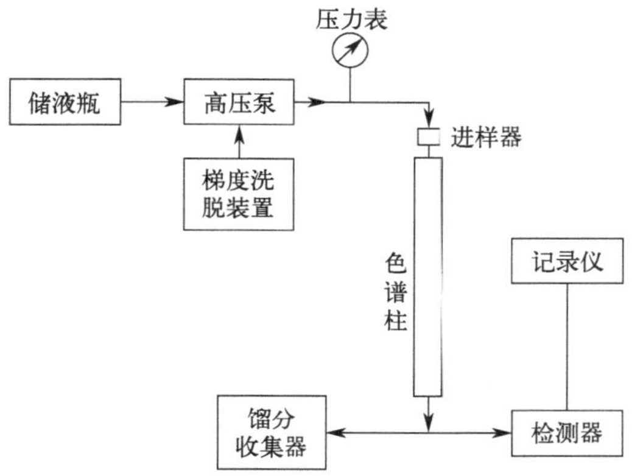

图 2-11 高效液相色谱法工作原理

119 高效液相色谱法测定土壤中苯并[a]芘的步骤是什么？

（1）试样的制备和提取

称取样品 10g，加入适量无水硫酸钠，研磨均化成流沙状。如果使用加压流体提取，则用粒状硅藻土脱水。也可采用冷冻干燥的方式对样品脱水，将冻干后的样品研磨、过筛，均化处理成约 1mm 的颗粒。将制备好的试样放入玻璃套管或纸质套管内，加入 50.0μL 十氟联苯使用液，将套管放入索氏提取器中。加入 100mL 丙酮-正己烷混合溶液，以每小时不小于 4 次的回流速度提取 16～18h。

（2）过滤和脱水

在玻璃漏斗上垫一层玻璃棉或玻璃纤维滤膜，加入约 5g 无水硫酸钠，将提取液过滤到浓缩器皿中。用适量丙酮-正己烷混合溶液洗涤提取容器 3 次，再用适量丙酮-正己烷混合溶液冲洗漏斗，洗液并入浓缩器皿。

（3）浓缩

氮吹浓缩法：开启氮气至溶剂表面有气流波动（避免形成气涡），用正己烷多次洗涤氮吹过程中已经露出的浓缩器壁，将过滤和脱水后的提取液浓缩至约 1mL，如不需净化，加入约 3mL 乙腈，再浓缩至约 1mL，将溶剂完全转化为乙腈。如需净化，加入约 5mL 正己烷并浓缩至约 1mL，重复此浓缩过程 3 次，将溶剂完全转化为正己烷，再浓缩至约 1mL，待净化。

（4）标准曲线的绘制

分别量取适量的多环芳烃标准使用液，用乙腈稀释，制备至少 5 个浓度点的标准系列，同时取 50.0μL 十氟联苯使用液，加入至标准系列中任一浓度点，十氟联苯的质量浓度为 2.00μg/mL，储存于棕色进样瓶中，待测。由低浓度到高浓度依次对标准系列溶液进样，以标准系列溶液中目标组分浓度为横坐标，以其对应的峰面积（峰高）为纵坐标，建立校准曲线。校准曲线的相关系数≥0.995，否则重新绘制校准曲线。

(5) 试样的测定

按照与绘制校准曲线相同的仪器分析条件进行试样的测定。与试样测定相同的仪器分析条件进行空白试样的测定。以目标化合物的保留时间定性，必要时可采用标准样品添加法、不同波长下的吸收比、紫外谱图扫描等方法辅助定性。

(6) 计算

以目标化合物的保留时间定性，必要时可采用标准样品添加法、不同波长下的吸收比、紫外谱图扫描等方法辅助定性，外标法定量。

120 乙酸铵法测定土壤中阳离子交换量的原理是什么?

乙酸铵法测定土壤中阳离子交换量的原理是，土壤中交换性阳离子与乙酸铵溶液中的铵离子进行等量交换，土壤形成铵质土。过量的乙酸铵用乙醇洗去，然后加固体氧化镁，采用定氮蒸馏的方法，将蒸馏出的氨用硼酸溶液吸收，以标准盐酸溶液滴定氨量，即可计算出土壤阳离子交换量。

此方法适用于测定中性和酸性土壤。

121 乙酸铵法测定土壤中阳离子交换量的步骤是什么?

乙酸铵法测定土壤中阳离子交换量的步骤如下。

(1) 离子交换

取通过 60 目筛的风干土 2g(精确到 0.01g)，放入 100mL 离心管中，沿管壁加入 1mol/L 的乙酸铵溶液约 60mL，用橡皮头玻璃棒搅拌样品，使样品与溶液充分混合，便于进行交换作用，然后用 1mol/L 乙酸铵溶液洗净橡皮头玻璃棒与管壁上黏附的土粒。

将离心管成对地在粗天平上平衡，再对称地放入离心机中，以 3000r/min 左右转速离心 3～5min，弃去管中清液，如此反复处理 3～4 次，直到提取液中无钙离子反应为止。钙离子检查方法为：取出澄清液 20mL 左右，加 pH 10 的氯化铵-氨水缓冲溶液 3.5mL，摇匀。再加入少量钙、镁混合指示剂，如呈蓝色，表示无钙离子；如呈紫色，表示有钙离子。

(2) 去铵离子

将载土的离心管管口向下，用自来水冲洗外部，再用不含铵离子的 95%乙醇洗去过量的乙酸铵，洗至无铵离子反应为止。铵离子的检查方法为：滴少量离心液于白瓷点滴板上，加纳氏试剂一滴，无黄色产生即无铵离子，可用乙醇作空白对照。

最后用自来水冲洗管外壁后，在管内放入少量去离子水，以橡皮头玻璃棒搅成糊状，并洗入 150mL 开氏瓶中，洗入体积控制在 80～100mL 左右，加液状石蜡 2mL (或固体石蜡 2g)、氧化镁 1g 左右，然后在普通定氮蒸馏装置或定氮仪上进行蒸馏。

（3）蒸馏

将盛有2%硼酸吸收溶液25mL的锥形瓶，加定氮混合指示剂1滴，用缓冲管接在冷凝管的下端，缓冲管的下端应浸入锥形瓶的液面下。先将蒸汽发生器内的水加热至沸腾，然后打开螺丝夹，通入蒸汽，随后摇动开氏瓶，使其中浆液混合均匀，打开加热电炉，接通自来水冷凝装置。用螺丝夹调节蒸汽流速，使其均匀一致。蒸20min后，检查蒸馏是否完全，方法为：取下缓冲管，在冷凝管下端取1滴蒸出液于白色瓷滴板上，加纳氏试剂1滴，如无黄色，即表示蒸馏完全；如有黄色，应再继续蒸馏，直至蒸出液与纳氏试剂反应无黄色为止。

（4）滴定

将缓冲管连同锥形瓶取下，用少量蒸馏水冲洗缓冲管（洗入锥形瓶中），然后用0.05mol/L盐酸标准溶液滴定，溶液由蓝色变为微红色即达终点。

（5）计算

$$\text{阳离子交换量(毫克当量/100g 干土)}=\frac{N(V-V_0)}{W}\times 100$$

式中，N为标准盐酸溶液的浓度，mol/L；V为滴定待测液所消耗的标准盐酸溶液量，mL；V_0为滴定空白消耗的标准盐酸溶液量，mL；W为扣去土壤水分的干土样质量，g。

122 乙酸铵法测定土壤中阳离子交换量时需要注意哪些事项?

乙酸铵法测定土壤中阳离子交换量时需要注意以下几点。

① 某些耕种红壤，由于施用石灰时混合不匀，往往会有小粒游离石灰残留，则出现pH值低而盐基饱和度却很高的反常现象。因此在测定前，需先测定土壤pH值，如pH值在6左右，需用（1+3）盐酸溶液检验有无气泡发生，如有气泡，说明有石灰，需用1mol/L氯化铵溶液处理，方法为：将2g土样放入100mL高型烧杯中，加入1mol/L氯化铵溶液50mL，盖上表面皿放在电炉上低温煮沸，直到无氨味为止（如烧杯内剩余溶液较少且尚有氨味，则补加一定量的氯化铵溶液继续煮沸）。对含碳酸钙的石灰性土壤，也可用同样的方法进行预处理。

② 用乙醇洗剩余的铵离子时，一般洗三次即可，但个别样品洗至最后可能出现混浊现象，必须增加离心机转速，使其澄清。如仍有混浊，则不能继续离心。

③ 含有机质多或较黏重的土壤，蒸馏时常发生泡沫。这种情况除多加石蜡外，还应控制蒸汽流速，并经常摇动开氏瓶，否则泡沫容易冲过定氮球。有机质多的土壤不仅蒸馏时易产生泡沫，而且较简单的有机氮素也可能被氧化镁水解，使结果偏高。同时这种氮素是缓慢放出的，蒸馏时间加长还有蒸不完的现象。遇此情况应减少样品称量，重新操作。

④ 质地较砂的土壤，蒸馏时砂子易积于开氏瓶底部，引起局部过热而发生跳动。遇此情况可以适当多加氧化镁，同时使通蒸汽的玻璃管接近开氏瓶底部，这样容易把沉

在底部的砂子搅起来。

⑤ 通入蒸汽量必须均匀，冷凝必须均匀。否则，通汽过猛易使蒸馏液冲过定氮球吸入锥形瓶中，或者来不及冷凝，致使已吸收的氨挥发。

⑥ 蒸馏时只能用氧化镁而不能用氢氧化钠，因为氢氧化钠碱性过强，能使土壤中部分有机态氮素水解成铵态氮，致使结果偏高。

⑦ 加氧化镁蒸馏时，应尽快将开氏瓶装好后才能摇动，以防气态氨损失。最好用糊状氧化镁从定氮装置的 Y 管加入。

123 怎样测定土壤样品中的含水率?

土壤样品在（105±5)℃烘至恒重时的失重，即为土壤样品所含水分的质量。此方法用于测定除石膏性土壤和有机土（含有机质 20%以上的土壤）以外的各类土壤的水分含量。测定步骤如下。

（1）试样的选取和制备

① 风干土样　取适量新鲜土壤样品平铺在干净的搪瓷盘或玻璃板上，避免阳光直射，且环境温度不超过 40℃，自然风干，去除石块、树枝等杂质，过 2mm 样品筛。将>2mm 的土块粉碎后过 2mm 样品筛，混匀，待测。

② 新鲜土样　取适量新鲜土壤样品撒在干净、不吸收水分的玻璃板上，充分混匀，去除直径大于 2mm 的石块、树枝等杂质，待测。注意，当测定样品中的微量有机污染物时不能去除石块、树枝等杂质。

（2）水分测定

① 风干土样　具盖容器和盖子于（105±5)℃下烘干 1h，稍冷，盖好盖子，然后置于干燥器中至少冷却 45min，测定带盖容器的质量 m_0，精确至 0.01g。用样品勺将 10～15g 风干土壤试样转移至已称重的具盖容器中，盖上容器盖，测定总质量 m_1，精确至 0.01g。取下容器盖，将容器和风干土壤试样一并放入烘箱中，在（105±5)℃下烘干至恒重，同时烘干容器盖。盖上容器盖，置于干燥器中至少 45min，取出后立即测定带盖容器和烘干土壤的总质量 m_2，精确至 0.01g。

② 新鲜土样　测定时取新鲜土壤 30～40g，具体操作与风干土样的测定类似。注意应尽快分析待测试样，以减少其水分的蒸发。

（3）计算土壤样品中的干物质含量 W_{dm} 和水分含量 W_{H_2O}

分别按照下列公式计算，测定结果精确至 0.1%。

$$W_{dm}=\frac{m_2-m_0}{m_1-m_0}\times 100\%$$

$$W_{H_2O}=\frac{m_1-m_2}{m_2-m_0}\times 100\%$$

式中，W_{dm} 为土壤样品中的干物质质量，%；W_{H_2O} 为土壤样品中的水分含量，%；m_0 为带盖容器的质量，g；m_1 为带盖容器及风干土壤试样或带盖容器及新鲜土壤试样的总质量，g；m_2 为带盖容器及烘干土壤的总质量，g。

测定风干土壤样品，当干物质含量>96%，水分含量≤4%时，两次测定结果之差的绝对值应≤0.2%（质量比）；当干物质含量≤96%，水分含量>4%时，两次测定结果的相对偏差应≤0.5%。

测定新鲜土壤样品，当水分含量≤30%时，两次测定结果之差的绝对值应≤1.5%（质量比）；当水分含量>30%时，两次测定结果的相对偏差应≤5%。

124 测定土壤含水量时应注意些什么？

测定土壤含水量时应注意以下事项。

① 试验过程中应避免具盖容器内土壤细颗粒被气流或风吹出。

② 一般情况下，在（105±5)℃下有机物的分解可以忽略。但是对有机质含量>10%（质量比）的土壤样品（如泥炭土），应将干燥温度改为50℃，然后干燥至恒重，必要时，可抽真空，以缩短干燥时间。

③ 一些矿物质（如石膏）在105℃干燥时会损失结晶水。

④ 如果样品中含有挥发性（有机）物质，问题123中的方法无法准确测定其水分含量。

⑤ 如果待测样品中含有石膏，测定含有石子、树枝等的新鲜潮湿土壤，以及其他影响测定结果的内容，均应在检测报告中注明。

⑥ 土壤水分含量是基于干物质量计算的，所以其结果可能超过100%。

125 对马尿酸偶氮氯膦分光光度法测定土壤中氧化稀土总量的原理是什么？

对马尿酸偶氮氯膦分光光度法测定土壤中氧化稀土总量的原理是：试样以氢氧化钠、过氧化钠熔融，用三乙醇胺浸取以分离铁、钛、锰、硅、磷等。沉淀用盐酸溶解后，再经氨水沉淀稀土以分离钙、镍等，最后在0.2～0.24mol/L的盐酸介质中，稀土与对马尿酸偶氮氯膦生成的蓝绿色络合物，在波长675nm附近有特征吸收，可用分光光度计测定其吸光度，即可计算出氧化稀土总量。

此方法适用于一般土壤中氧化稀土总量的测定，测定范围为0.01%～0.05%。不适用于ThO_2/氧化稀土总量>10%的试样的分析。

对马尿酸偶氮氯膦的结构式为：

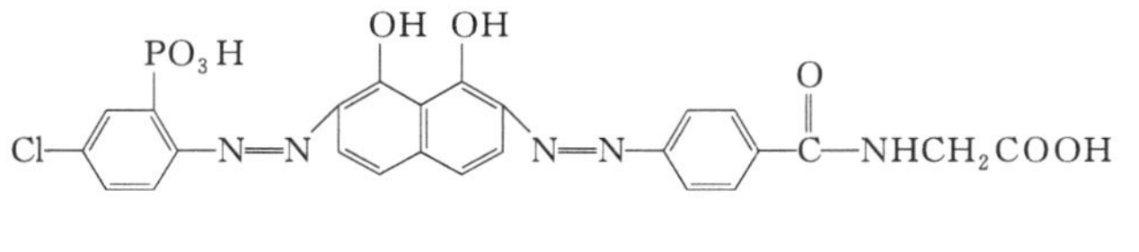

126 对马尿酸偶氮氯膦分光光度法测定土壤中氧化稀土总量的步骤是什么?

对马尿酸偶氮氯膦分光光度法测定土壤中氧化稀土总量的步骤如下。

(1) 试样预处理

将所需样品全部通过筛孔为 0.097mm 的筛 (160 目), 且预先在 105~110℃烘 2h, 置于干燥器中冷却至室温。称取 0.5g (准确至 0.0001g) 试样 3 份进行测定。

(2) 提取

将试样置于盛有 3g 氢氧化钠的坩埚中, 加 2g 过氧化钠, 盖上坩埚盖并稍留缝隙, 置于电炉上驱除水分。移入 680~720℃高温炉内熔融 10min, 取出冷却。

用滤纸擦净坩埚外壁, 置于烧杯中, 加 5mL 三乙醇胺, 盖上表面皿, 从杯嘴加入 100mL 近沸水浸取。将坩埚用水洗净后取出 (如果坩埚内壁呈黄色, 需加盐酸洗), 缓慢加入 2mL 氯化镁溶液。盖上表面皿, 加热煮沸 1~2min, 取下静置。待沉淀物沉降后, 用中速定性滤纸过滤, 沉淀用加热的 2% 的氢氧化钠溶液洗 4~5 次。

将沉淀连同滤纸放回原烧杯中, 加 30mL 6mol/L 盐酸, 盖上表面皿, 低温加热至滤纸完全破碎, 煮沸 1~2min。加热水至体积为 150mL, 缓慢加入 20mL 14mol/L 的氨水, 煮沸 1~2min, 冷却至室温, 用中速定性滤纸过滤。用 0.28mol/L 的氨水洗烧杯及沉淀 3~4 次, 用 20mL 80℃左右 6mol/L 的盐酸分 4 次溶解滤纸上的沉淀, 滤液接于原烧杯中。用 80℃左右的热水洗滤纸 4~5 次, 待滤液冷却至室温后转移到 100mL 容量瓶中, 用水稀释至刻度, 摇匀。

(3) 比色

取 5mL 上述滤液于 25mL 比色管中, 依次加 10mL 水、1mL 2%的氟化铵溶液、1mL 5%的草酸溶液和 4mL 0.03%的对马尿酸偶氮氯膦溶液, 用水稀释至刻度, 摇匀, 放置 20min 后用 3cm 比色皿, 以按同样步骤进行的空白为参比, 于分光光度计波长 675nm 处测吸光度。

用包头或陇南混合稀土工作液系列, 按同样的步骤测定吸光度, 以吸光度为纵坐标、氧化稀土总量为横坐标绘制标准曲线, 在曲线上可查出试样中的氧化稀土总量。

127 同位素稀释高分辨气相色谱-高分辨质谱法测定土壤中二噁英类的原理是什么?

二噁英类是多氯代二苯并对二噁英 (PCDDs) 和多氯代二苯并呋喃 (PCDFs) 的统称。

采用同位素稀释高分辨气相色谱-高分辨质谱法测定土壤及沉积物中的二

噁英类，按相应采样规范采集样品并干燥，加入提取内标后使用盐酸处理。分别对盐酸处理液和盐酸处理后样品进行液液萃取和索氏提取，萃取液和提取液溶剂置换为正己烷后合并，进行净化、分离及浓缩操作。加入进样内标后，使用高分辨色谱-高分辨质谱法（HRGC-HRMS）进行定性和定量分析，二噁英类分析流程见图 2-12。

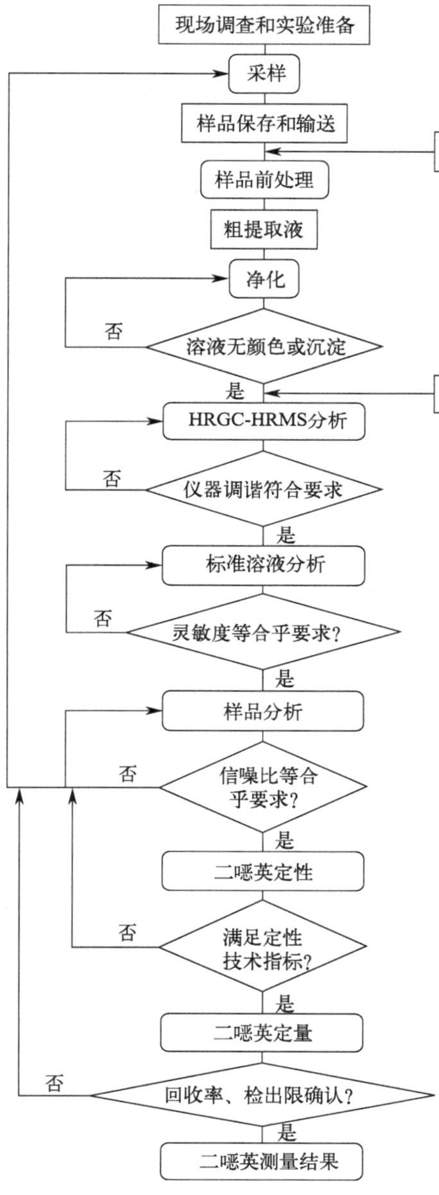

图 2-12 二噁英类分析流程图

方法检出限取决于所使用的分析仪器的灵敏度、样品中的二噁英类质量分数以及干扰水平等多种因素。2,3,7,8-T4CDD 仪器检出限应低于 0.1pg，当土壤及沉积物取样量为 100g 时，本方法对 2,3,7,8-T4CDD 的最低检出限应低于 0.05ng/kg。

128 同位素稀释高分辨气相色谱-高分辨质谱法测定土壤中二噁英类时，如何进行样品的净化?

样品的净化可以选择硫酸处理-硅胶柱净化或多层硅胶柱净化方法。对干扰物的分离净化可以选择氧化铝柱净化或活性炭硅胶柱净化方法。具体方法如下。

(1) 硫酸处理-硅胶柱净化

将样品溶液浓缩至 1～2mL。使用分液漏斗，加入适量浓硫酸振荡分层，弃去硫酸层。根据硫酸层颜色的深浅重复操作 1～3 次。正己烷层加水洗涤至中性，经无水硫酸钠脱水，浓缩至 1～2mL。填充柱底部垫石英棉，用 10mL 正己烷冲洗内壁。在烧杯中加入 3g 硅胶和 10mL 正己烷，倒入填充柱，硅胶层稳定后，填充约 10mm 厚的无水硫酸钠，用正己烷冲洗管壁。加入浓缩液，用 150mL 正己烷淋洗，洗出液浓缩至 1～2mL。

(2) 多层硅胶柱净化

在填充柱底部垫一小团石英棉，用 10mL 正己烷冲洗内壁。依次装填无水硫酸钠 4g、硅胶 0.9g、2%氢氧化钾硅胶 3g、硅胶 0.9g、44%硫酸硅胶 4.5g、22%硫酸硅胶 6g、硅胶 0.9g、10%硝酸银硅胶 3g、无水硫酸钠 6g，用 100mL 正己烷淋洗硅胶柱。将样品溶液浓缩至 1～2mL。将浓缩液定量转移到多层硅胶柱上，用 200mL 正己烷淋洗，调节淋洗速度为约 2.5mL/min（大约 1 滴/s）。洗出液浓缩至 1～2mL。

(3) 氧化铝柱净化

在填充柱底部垫一小团石英棉，用 10mL 正己烷冲洗内壁。在烧杯中加入 10g 氧化铝和 10mL 正己烷，倒入填充柱，氧化铝层稳定后再填充约 10mm 厚的无水硫酸钠，用正己烷冲洗管壁。将经过初步净化的样品浓缩液定量转移到氧化铝柱上。首先用 100mL 的 2%二氯甲烷-正己烷溶液淋洗，洗出液为第一组分。后用 150mL 的 50%二氯甲烷-正己烷溶液淋洗，洗出液为第二组分，该组分含有分析对象二噁英类。将第二组分洗出液浓缩至 1～2mL。

(4) 活性炭硅胶柱净化

在填充柱底部垫一小团石英棉，用 10mL 正己烷冲洗内壁。干法填充约 10mm 厚的无水硫酸钠和 1.0g 活性炭硅胶。注入 10mL 正己烷，再填充约 10mm 厚的无水硫酸钠，用正己烷冲洗管壁。将样品浓缩液定量转移到活性炭硅胶柱上。首先用 200mL 的 25%二氯甲烷-正己烷溶液淋洗，洗出液为第一组分。后用 200mL 甲苯淋洗活性炭硅胶柱，得到的洗出液为第二组分，该组分含有分析对象二噁英类。将第二组分洗出液浓缩至 1～2mL。

(5) 其他样品净化方法

可以使用凝胶渗透色谱（GPC）、高压液相色谱（HPLC）、自动样品处理装置以及其他净化方法或装置等进行样品的净化处理。使用前应用标准样品或标准溶液进行分离和净化效果试验，并确认满足本方法质量保证/质量控制要求。

129 同位素稀释高分辨气相色谱-高分辨质谱法测定土壤中二噁英类的步骤是什么？

利用同位素稀释高分辨气相色谱-高分辨质谱法测定土壤中二噁英类的步骤如下。

（1）上机样品制备

将经过前处理和净化的洗出液用高纯氮吹除多余的溶剂，浓缩至微湿。添加0.4～2.0ng进样内标，加入壬烷（或癸烷、甲苯）定容至适当体积，使进样内标质量浓度与制作相对响应因子的标准曲线进样内标质量浓度相同，转移至进样瓶后作为最终分析样品。

（2）仪器分析

设定合适的高分辨气相色谱及质谱的条件，使用SIM法选择待测化合物的两个监测峰离子进行监测。导入质量校准物质（PFK），得到稳定的响应后，优化质谱仪器参数并进行质量校正。进行样品分析及数据处理，按各化合物的离子荷质比记录谱图。配制标准溶液系列，对每个质量浓度应重复3次进样测定。标准溶液序列中最低质量浓度的化合物信噪比（S/N）应大于10。

（3）数据处理

确定进样内标，分析样品中进样内标的峰面积应不低于标准溶液中进样内标峰面积的70%。在色谱图上，二噁英类同类物的两个监测离子在指定保留时间窗口内同时存在，并且其离子丰度比与理论离子丰度比一致，可定性为二噁英类物质。

采用内标法计算分析样品中被检出的二噁英类化合物的绝对量，并计算出样品中的待测化合物质量分数。

130 吹扫捕集/气相色谱-质谱法测定土壤中挥发性有机物的原理是什么？

样品中的挥发性有机物经高纯氦气（或氮气）吹扫富集于捕集管中，将捕集管加热并以高纯氦气反吹，被热脱附出来的组分进入气相色谱并分离后，用质谱仪进行检测。通过与待测目标物标准质谱图相比较和保留时间进行定性，内标法定量。当样品量为5g，用标准四级杆质谱进行全扫描分析时，目标物的方法检出限为0.2～3.2μg/kg，测定下限为0.8～12.8μg/kg。其原理如图2-13所示。

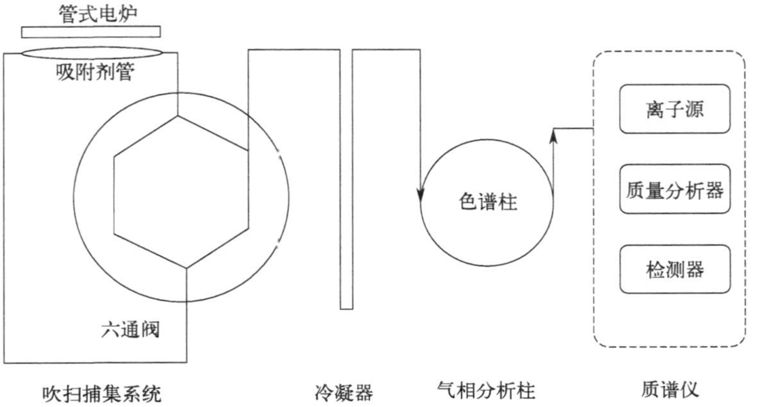

图 2-13 吹扫捕集/气相色谱-质谱法测定土壤中有机物的原理

131 吹扫捕集/气相色谱-质谱法测定土壤中挥发性有机物的步骤是什么？

利用吹扫捕集/气相色谱-质谱法测定土壤中挥发性有机物的步骤如下。

（1）仪器条件设定与校准

分别设定吹扫捕集装置、气相色谱及质谱的合适条件。利用 4-溴氟苯（BFB）溶液进行仪器性能检查，所得到的关键离子丰度应符合标准中的规定，否则需对质谱仪的参数进行调整或者考虑清洗离子源。

（2）测定

配制目标物和替代物的标准溶液系列，在相同的仪器条件下，从低浓度到高浓度依次测定。记录标准系列目标物及相对应内标的保留时间、定量离子的响应值。以目标物和相对应内标的响应值比为纵坐标，浓度比为横坐标，用最小二乘法绘制校准曲线。

测定前，先使样品温度恢复至室温。若初步判定样品中挥发性有机物含量小于 200μg/kg 时，用 5g 样品直接测定；若浓度在 200～1000μg/kg 之间时，用 1g 样品直接测定；若浓度大于 1000μg/kg 的样品，需对提取液进行稀释后测定。在样品瓶中用气密性注射器量取 5.0mL 空白试剂水，用微量注射器分别量取 10.0μL 内标和 10.0μL 替代物加入样品瓶中，按照设定好的仪器条件进行测定。

（3）计算

目标物以相对保留时间与标准物质质谱图比较进行定性，根据目标物和内标第一特征离子的响应值进行计算。当测定结果小于 100μg/kg 时，保留小数点后 1 位；当测定结果大于等于 100μg/kg 时，保留 3 位有效数字。

132 吹扫捕集/气相色谱-质谱法测定土壤中挥发性有机物的注意事项是什么？

利用吹扫捕集/气相色谱-质谱法测定土壤中挥发性有机物要注意如下事项：

① 主要污染来自溶剂、试剂、不纯的惰性吹扫气体、玻璃器皿和其他样品处理设备。应使用纯化后的溶剂、试剂和惰性吹扫气体，样品储存和分析时应当尽量避免实验室中其他溶剂的污染，玻璃器皿和其他样品处理设备应清洗干净，不应使用非聚四氟乙烯密封垫圈、塑料管或橡胶组分的流量控制器，气相色谱载气管线及吹扫气管应是不锈钢管或铜管，实验室分析人员的衣物不应有溶剂污染，特别是二氯甲烷污染。

② 在分析完高含量样品后，应分析一个或多个空白试验样品检查交叉污染。

③ 若样品中含有大量水溶性物质、悬浮物、高沸点有机化合物或高含量有机化合物，在分析完后需用肥皂水和空白试剂水清洗吹扫装置和进样针，然后在烘箱中 105℃ 烘干。

④ 若样品中有些高沸点有机化合物被吹脱出来，它们将在目标物之后流出色谱柱。在程序升温完成后，气相色谱应有烘烤时间，确保高沸点有机化合物流出色谱柱。

⑤ 酮类物质的吹扫温度升至 80℃，吹扫捕集效率和回收率可明显提高。

133 气相色谱-质谱法测定土壤中半挥发性有机物的原理是什么？

土壤或沉积物中半挥发性有机物采用适合的萃取方法（索氏提取、加压流体萃取等）提取，根据样品基体干扰情况选择合适的净化方法（凝胶渗透色谱或柱净化）对提取液净化（见表 2-1）、浓缩、定容，多组分混合物经气相色谱气化、分离，各组分按保留时间顺序依次进入质谱仪，各组分的气体分子在离子源中被电离，生成不同质荷比的带正电荷的离子，经加速电场的作用形成离子束，进入质量分析器后按质荷比的大小进行分离，最后由检测器检测离子束流转变成的电信号，这些信号经计算机处理后可以得到色谱图、质谱图及其他多种信息。根据保留时间、碎片离子质荷比及其丰度定性，内标法定量。气相色谱-质谱联用仪组成部分见图 2-14。

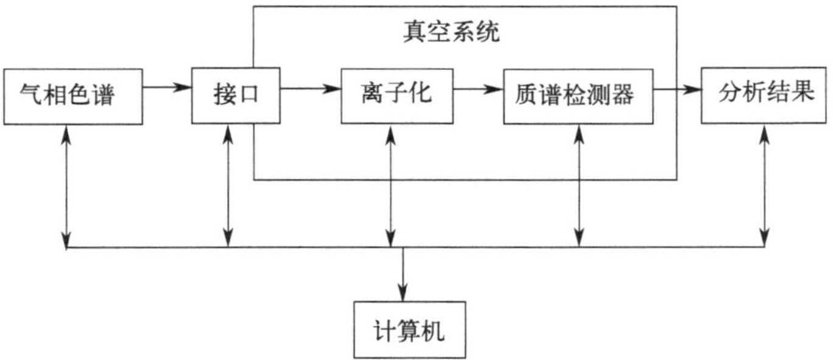

图 2-14 气相色谱-质谱联用仪组成部分

表 2-1 目标分析物类别及适用净化方法

目标化合物	氧化铝柱	硅酸镁柱	硅胶柱	凝胶渗透色谱
苯胺和苯胺衍生物		√		
苯酚类			√	√
邻苯二甲酸酯类	√	√		√
亚硝基胺类	√	√		√
有机氯农药	√	√	√	√
硝基芳烃和环酮类		√		√
多环芳烃类	√	√	√	√
卤代醚类		√		√
氯代烃类		√		√
其他半挥发性有机物				√

134 气相色谱-质谱法测定土壤中半挥发性有机物的步骤是什么?

(1) 试样的制备和提取

除去样品中的枝棒、叶片、石子等异物，用于筛选污染物为目的的样品，应对新鲜样品进行处理。自然干燥不影响分析目的时，也可将样品自然干燥。新鲜土壤或沉积物样品可采用冷冻干燥和干燥剂方法干燥。如果土壤或沉积物样品中水分含量较高（大于30%），应先离心分离出水相，再进行干燥处理。取适量混匀后样品，放入真空冷冻干燥仪中进行干燥脱水。干燥后的样品需研磨、过 0.25mm 孔径的筛子，均化处理成 250μm（60 目）左右的颗粒。然后称取 20g（精确到 0.01g）样品，全部转移至提取器中待用。

(2) 浓缩及净化

在室温条件下，开启氮气至溶剂表面有气流波动（避免形成气涡），用二氯甲烷多次洗涤氮吹过程中已露出的浓缩器管壁。浓缩至约 2mL，停止浓缩。当选用凝胶渗透色谱法净化时，加入约 5mL 凝胶渗透色谱流动相进行溶剂转换，再浓缩至约 1mL，待净化。当分析的目的是筛查全部半挥发性有机物时，应选用凝胶渗透色谱净化方法。

(3) 标准曲线的绘制

取 5 个 5mL 容量瓶，预先加入 2mL 二氯甲烷溶剂，分别量取适量的半挥发性有机物标准中间液、替代物中间液和内标中间液，用二氯甲烷溶剂定容后混匀，配制成至少 5 个浓度点的标准系列。按照仪器参考条件，从低浓度到高浓度依次进样分析。以目标化合物浓度为横坐标，以目标化合物与内标化合物定量离子响应值的比值和内标化合物质量浓度的乘积为纵坐标，绘制校准曲线。校准曲线的相关系数≥0.995，否则应重新绘制校准曲线。

(4) 试样的测定

按照与绘制校准曲线相同的仪器分析条件进行试样的测定。与试样测定相同的仪器分析条件进行空白试样的测定。以目标化合物的保留时间定性，必要时可采用标准样品添加法、不同波长下的吸收比、紫外谱图扫描等方法辅助定性。

（5）计算

在对目标物定性判断的基础上，根据定量离子的峰面积，采用内标法进行定量。

135 气相色谱-质谱法测定土壤中半挥发性有机物的注意事项是什么？

① 未知高浓度样品在分析前，应先在相同色谱柱的气相色谱仪（FID 检测器）或者气相色谱仪（ECD 检测器）上进行初步检查，防止高浓度有机物对气相色谱-质谱系统的污染。

② 六氯环戊二烯在气相色谱仪进样口处会发生热分解，在丙酮溶液中发生化学反应以及光化学分解：*N*-二甲基亚硝胺易与溶剂共流出，与二苯胺难以分离，且在气相色谱仪入口处易发生热分解，回收率不稳定。

③ 彻底清洗所用的任何玻璃器皿，以消除干扰物质。先用热水加清洁剂清洗，再用自来水和不含有机物的试剂水淋洗，在 130℃ 下烘 2～3h，或用甲醇淋洗后晾干。干燥的玻璃器皿必须在干净的环境中保存。

136 气相色谱法测定土壤中的石油烃 C_{10}~C_{40} 的原理是什么？

气相色谱法测定土壤中的石油烃 C_{10}～C_{40} 的原理是，土壤和沉积物中的石油烃（C_{10}～C_{40}）经提取、净化、浓缩、定容后，用带氢火焰离子化检测器（FID）的气相色谱仪检测，根据石油烃（C_{10}～C_{40}）保留时间窗对目标化合物进行定性，即从正癸烷（包含）出峰开始时开始，到正四十烷（包含）出峰结束时进行积分，计算石油烃（C_{10}～C_{40}）的总峰面积。根据建立的校准曲线，石油烃（C_{10}～C_{40}）的总峰面积（此处的总峰面积为扣除柱流失后的总峰面积），外标法定量。当取样量为 10.0g 时，此方法测定石油烃（C_{10}～C_{40}）的方法检出限为 6mg/kg，测定下限为 24mg/kg。

137 气相色谱法测定土壤中的石油烃 C_{10}~C_{40} 的步骤是什么？

利用气相色谱法测定土壤中石油烃 C_{10}～C_{40} 的步骤如下。

① 称取约 10g 样品于研钵中，加入适量无水硫酸钠，研磨均化成流砂状，如使用加压流体萃取，则用硅藻土脱水。

② 将样品全部转移至滤筒中，将滤筒放入索式提取器中，加入100mL正己烷-丙酮混合溶剂，提取16～18h，回流速率控制在10次/h左右，冷却后收集所有提取液，待净化。也可选用正己烷作提取剂。使用氮吹仪浓缩时，温度控制在35℃，浓缩至1.0mL。亦可使用K-D浓缩、旋转蒸发浓缩等其他等效的浓缩方法。依次用10mL正己烷-二氯甲烷混合溶剂、10mL正己烷活化硅酸镁净化柱，待柱上正己烷近干时，将浓缩液全部转移至净化柱中，用约2mL正己烷洗涤收集瓶，洗涤液一并上柱，用12mL正己烷进行洗脱，收集洗脱液，将洗脱液浓缩至1.0mL，转移至进样瓶中，待测。按与试样制备相同步骤进行空白试样的制备。

③ 取1.0μL定性标准溶液，按照气相色谱参考条件进行保留时间窗的确定。以正癸烷的出峰开始时间为石油烃（C_{10}～C_{40}）的开始时间，正四十烷结束时间为石油烃（C_{10}～C_{40}）的结束时间。用微量注射器分别移取适量的石油烃（C_{10}～C_{40}）标准溶液，用正己烷稀释，混匀。配制成石油烃（C_{10}～C_{40}）标准系列。按照气相色谱参考条件，从低浓度到高浓度依次测定。

以浓度为横坐标，以确定的保留时间窗内所有色谱峰的峰面积和为纵坐标，建立校准曲线。试样按照与校准曲线建立相同的仪器参考条件进行测定。空白按照与试样测定相同步骤进行测定。

138 气相色谱法测定土壤中的毒鼠强的原理是什么?

用乙酸乙酯提取土壤中的毒鼠强，提取液经净化浓缩后，以气相色谱分离，氮磷检测器检测，以保留时间定性，外标法定量。当取样量为5g时，方法的检出限为3.5μg/kg，测定下限为14μg/kg。

139 气相色谱法测定土壤中的毒鼠强的步骤是什么?

利用气相色谱法测定土壤中毒鼠强的步骤如下。

（1）试样的制备

称取5g（精确至0.01g）处理好的土壤样品，加入同等重量的无水硫酸钠，充分混匀。用滤纸包好，放入索氏提取器中，加入100mL乙酸乙酯，水浴温度在85～90℃时，以回流4次/h提取12～16h。将提取液转移至150mL分液漏斗中，用20mL乙酸乙酯分别清洗索氏提取器两次，与提取液合并。

安装净化装置（图2-15），控制流速为4～6mL/min，用具塞磨口三角瓶收集洗脱液。用10mL乙酸乙酯清洗玻璃层析柱，将洗脱液合并。将上述洗脱液移入200mL氮吹管中，在60℃水浴温度时，用高纯氮气吹扫浓缩至0.5mL左右，用少量乙酸乙酯清洗氮吹管，再用乙酸乙酯定容至1.0mL，然后转移至2mL螺口玻璃样品瓶中，密封，待测。

用石英砂代替样品，按与试样的制备相同的步骤制备空白试样。

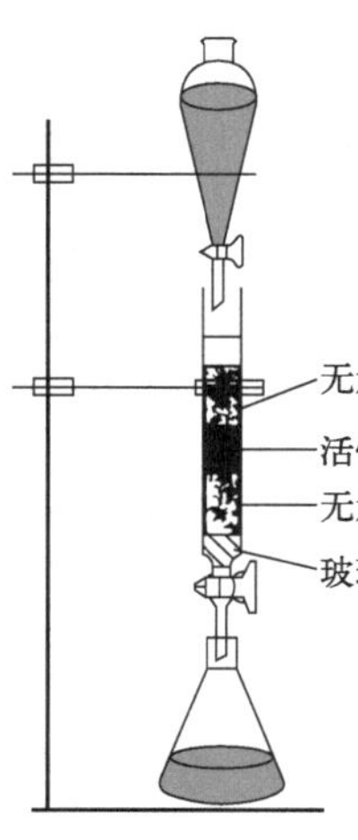

图 2-15　净化装置图

（2）分析

设定合适的色谱条件。配制毒鼠强标准浓度系列，在设定好的色谱条件下，依次从低浓度到高浓度进行分析，并绘制校准曲线，其相关系数 $r \geqslant 0.995$。

量取 1.0μL 试样注入气相色谱仪，按照相同条件进行测定，记录色谱峰的保留时间和峰高。根据标准色谱图毒鼠强的保留时间进行定性，对于能检出毒鼠强的样品，应按照设定的色谱条件，改用规定的第 2 根色谱柱进行定性再分析，避免产生假阳性。

（3）计算

用外标法定量计算样品中的毒鼠强浓度。测定结果小于 100μg/kg 时，保留小数点后 1 位，测定结果大于等于 100μg/kg 时，保留 3 位有效数字。

要注意，毒鼠强属于剧毒化学品，实验结束后，实验所用器具应用乙酸乙酯洗涤干净，实验过程中产生的所有废液应置于密闭容器中保存，委托相关单位进行处理。

140 重铬酸钾氧化-分光光度法测定土壤中有机碳的原理是什么？

在加热条件下，土壤样品中的有机碳被过量重铬酸钾-硫酸溶液氧化，重铬酸钾中的六价铬被还原为三价铬，其含量与样品中有机碳的含量成正比，于 585nm 波长处测定，根据三价铬的含量计算出有机碳含量。当样品量为 0.5g 时，方法的检出限为 0.06%（以干重计），测定下限为 0.24%（以干重计）。

土壤中的亚铁离子（Fe^{2+}）会导致有机测定结果偏高。可在试样制备过程中将土壤摊成 2～3cm 厚的薄层，在空气中充分暴露，使亚铁离子（Fe^{2+}）氧化成三价铁离子（Fe^{3+}）以消除干扰。

土壤中的氯离子（Cl^-）会导致土壤有机碳的测定结果偏高，可以通过加入适量硫酸汞以消除干扰。本方法不适用于氯离子含量大于 2.0×10^4 mg/kg 的盐渍化土壤或盐碱化土壤的测定。

141 重铬酸钾氧化-分光光度法测定土壤中有机碳的步骤是什么?

利用重铬酸钾氧化-分光光度法测定土壤中有机碳的步骤如下。

(1) 试样的制备

准确称取适量试样，小心加入至 100mL 具塞消解玻璃管中，避免沾壁。分别加入 0.1g 硫酸汞和 5.00mL 重铬酸钾溶液，摇匀。再缓慢加入 7.5mL 硫酸，轻轻摇匀。

开启恒温加热器，设置温度为 135℃。当温度升至接近 100℃时，将上述具塞消解玻璃管开塞放入恒温加热器中，以仪器温度显示 135℃时开始计时，加热 30min。取出具塞消解玻璃管，水浴冷却至室温。用水定容至 100mL 刻线，加塞摇匀。静置 1h，取约 80mL 上清液至离心管中，以 2000r/min 离心分离 10min，再静置至澄清；或在具塞消解玻璃管内直接静置至澄清。最后取上清液用于测定。土壤有机碳含量与试样取样量的关系见表 2-2。

表 2-2 土壤有机碳含量与试样取样量的关系

土壤有机碳含量/%	0.00～4.00	4.00～8.00	8.00～16.00
试样取样量/g	0.4000～0.5000	0.2000～0.2500	0.1000～0.1250

(2) 测定

制备葡萄糖标准浓度系列，于波长 585nm 处，用 10mm 比色皿，以水为参比，测量吸光度，并绘制校准曲线。按相同方法测定样品的吸光度。每分析一批试样，按同样步骤制备至少两份空白试样，并进行测定。

(3) 计算

以试样吸光度减去空白试验的吸光度，然后在校准曲线上查得总有机碳的含量，即可计算出土壤中总有机碳的含量。

需要注意，为保证恒温加热器加热温度的均匀性，样品进行消解时，在没有样品的加热孔内放入装有 15mL 硫酸的具塞消解玻璃管，避免恒温加热器空槽加热。此外，由于硫酸具有较强的化学腐蚀性，操作时应按规定要求佩带防护器具，避免接触皮肤和衣物。样品消解应在通风橱内进行操作。检测后的废液应妥善处理。

142 玻璃电极法测定土壤中 pH 值的原理是什么?

以玻璃电极为指示电极，以 Ag/AgCl 等为参比电极合在一起组成 pH 复合电极。利用 pH 复合电极电动势随氢离子活度变化而发生偏移来测定样品 pH。复合电极 pH

计均有温度补偿装置，用以校正温度对电极的影响。当规定的指示电极和参比电极浸入土壤悬浊液时，构成原电池，其电动势与悬浊液的 pH 有关，通过测定原电池的电动势即可得到土壤的 pH。

143 玻璃电极法测定土壤中 pH 值的步骤是什么?

利用玻璃电极法测定土壤中 pH 值的步骤如下。

① 称取 10.0g 土壤样品，置于 50mL 的高型烧杯或其他适宜的容器中，加入 25mL 水。将容器用封口膜或保鲜膜密封后，用磁力搅拌器剧烈搅拌 2min 或用水平振荡器剧烈振荡 2min。静置 30min，在 1h 内完成测定。

② 依照仪器说明书，至少使用两种 pH 标准缓冲溶液进行 pH 计的校正。将盛有缓冲溶液并内置搅拌子的烧杯置于磁力搅拌器上，开启磁力搅拌器。用温度计测量缓冲溶液（或土壤悬浊液）的温度，并将 pH 计的温度补偿旋钮调节到该温度上。平稳后将电极插入缓冲溶液中，待读数稳定后读取 pH。仪器示值与该标准缓冲溶液的 pH 值之差应≤0.02 个 pH 单位。否则应重新校准。

③ 控制试样的温度为 (25±1)℃，与标准缓冲溶液的温度之差不应超过 2℃。将电极插入试样的悬浊液，电极探头浸入液面下悬浊液垂直深度的 1/3～2/3 处，轻轻摇动试样。待读数稳定后，记录 pH 值。每个试样测完后，立刻用水冲洗电极，并用滤纸将电极外部水吸干，再测定下一个试样。

144 氯化钡提取-滴定法测定土壤中可交换酸度的原理是什么?

用适量氯化钡溶液提取土壤试样，使得土壤可交换铝和可交换氢被钡离子交换，形成三价铝离子和氢离子进入溶液。取一部分试料，用氢氧化钠标准溶液直接滴定，所得结果为可交换酸度。另取一部分试料，加入适量氟化钠溶液，使氟离子与铝离子形成络合物，铝离子被充分络合，再用氢氧化钠标准溶液滴定，所得结果为可交换氢。当试样量为 2.50g，提取定容至 100mL 时，方法的检出限为 0.50mmol/kg，测定下限为 2.00mmol/kg。

145 氯化钡提取-滴定法测定土壤中可交换酸度的步骤是什么?

利用氯化钡提取-滴定法测定土壤中可交换酸度的步骤如下。

（1）试料的制备

在 50mL 聚乙烯离心管中加入 2.50g 制备好的土壤样品和 0.1mol/L 的氯化钡溶液 30.00mL，放入振荡器上振荡 1h，然后在离心机上以转速 3000r/min 离心 10min，取下离心管。将上清液移入 100mL 容量瓶中。再重复提取两次，并将所有上清液合并至上述 100mL 容量瓶中，最后用 0.1mol/L 的氯化钡溶液定容，待测。

(2) 测定

① 可交换酸度的测定　量取 50.00mL 试料于 100mL 烧杯中，加入磁力搅拌子，置于磁力搅拌器上，插入 pH 计电极，直接用 0.0020mol/L 的氢氧化钠标准溶液滴定至 pH=7.8；或使用酚酞做指示剂，滴定至颜色刚刚变为粉红色，并保持 30s 不变色时为终点。记录消耗氢氧化钠标准溶液的用量 V_1 (mL)。同时，量取 50.00mL 空白试料代替试料进行空白试验，记录消耗氢氧化钠标准溶液的用量 $V_{空}$ (mL)。

② 可交换氢的测定　步骤与可交换酸度的测定类似，只是在插入 pH 电极后，先加入 1.0mol/L 的氟化钠溶液 2.5mL。记录消耗氢氧化钠标准溶液的用量 V_2 (mL)。同时，量取 50.00mL 空白试料代替试料进行空白试验，记录消耗氢氧化钠标准溶液的用量 V_0 (mL)。

每分析一批试样，按同样步骤制备至少两份空白试样，并进行测定。

(3) 计算

土壤样品的可交换酸度 (mmol/kg) 按照下式进行计算。

$$E_A=\frac{(V_1-V_{空})\times c_{NaOH}\times 1000V}{V_s m}\times(1+w)$$

式中，E_A 为土壤样品的可交换酸度，mmol/L；V_1 为直接滴定试料消耗氢氧化钠标准溶液的体积，mL；$V_{空}$ 为直接滴定空白试料消耗氢氧化钠标准溶液的体积，mL；c_{NaOH} 为氢氧化钠标准溶液的浓度，mol/L；V 为提取液的定容体积，mL；V_s 为直接滴定时量取试料的体积，mL；m 为试样量，g；w 为试样所含水分。

土壤样品的可交换氢 (mmol/kg) 按照下列公式进行计算。

$$E_{H^+}=\frac{(V_2-V_0)\times c_{NaOH}\times 1000V}{V_s m}\times(1+w)$$

式中，E_{H^+} 为土壤样品的可交换氢，mmol/kg；V_2 为加入氟化钠后滴定试料时消耗氢氧化钠标准溶液的体积，mL；V_0 为加入氟化钠后滴定空白试料消耗氢氧化钠标准溶液的体积，mL。

需要注意：如测定结果低于 2.00mmol/kg 或大于 400mmol/kg，试样量可适当增加或减少；氯化钡为高毒物质，操作人员应做好个人防护，避免氯化钡溶液接触皮肤和摄入口腔；若选择酚酞做指示剂滴定终点，应在检测报告中注明；实验过程中产生的废液可加入硫酸钠反应后，使用安全掩埋法处置，或置于密闭容器中保存，委托相关单位进行处理。

146 碱熔-钼锑抗分光光度法测定土壤中总磷的原理是什么?

经氢氧化钠熔融，土壤样品中的含磷矿物及有机磷化合物全部转化为可溶性的正磷酸盐，在酸性条件下与钼锑抗显色剂反应生成磷钼蓝，在波长 700nm 处测量吸光度。在一定浓度范围内，样品中的总磷含量与吸光度值符合朗伯-比尔定律。当试样量为

0.2500g，采用 30mm 比色皿时，本方法的检出限为 10.0mg/kg，测定下限为 40.0mg/kg。

147 碱熔-钼锑抗分光光度法测定土壤中总磷的步骤是什么？

利用碱熔-钼锑抗分光光度法测定土壤中总磷的步骤如下。

（1）试料的制备

称取 0.2500g 制备好的土壤样品于镍坩埚底部，用几滴无水乙醇湿润样品；然后加入 2g 氢氧化钠平铺于样品的表面，将样品覆盖，盖上坩埚盖；将坩埚放入马弗炉中升温，当温度升至 400℃左右时，保持 15min；然后继续升温至 640℃，保持 15min，取出冷却。再向坩埚中加入 10mL 水加热至 80℃，待熔块溶解后，将坩埚内的溶液全部转入 50mL 离心杯中，再用 10mL 硫酸溶液分三次洗涤坩埚，洗涤液转入离心杯中，然后再用适量水洗涤坩埚 3 次，洗涤液全部转入离心杯中，以 2500～3500r/min 离心分离 10min，静置后将上清液全部转入 100mL 容量瓶中，用水定容，待测。注意，当处理大批样品时，应将加入氢氧化钠后的坩埚暂放入大干燥器中以防吸潮。

（2）测定

量取 10.0mL 试料于 50mL 具塞比色管中，加水至刻度。向比色管中加入 2～3 滴 2,4-二硝基酚（或 2,6-二硝基酚）指示剂，再用 0.5mol/L 的硫酸溶液和 2mol/L 的氢氧化钠溶液调节 pH 值为 4.4 左右，使溶液刚呈微黄色，再加入 0.1g/mL 的抗坏血酸溶液 1.0mL，混匀。30s 后加入 2.0mL 钼酸盐溶液，充分混匀，于 20～30℃下放置 15min。用 30mm 比色皿，于 700nm 波长处，以水为参比，测量吸光度。配制磷标准浓度系列，在相同条件下测定吸光度，并绘制校准曲线。每分析一批试样，按同样步骤制备至少一份空白试样，并进行测定。

（3）计算

以试液吸光度减去空白试验的吸光度，然后在校准曲线上查得总磷的含量，即可计算出土壤中总磷的含量。

148 氯化钾溶液提取-分光光度法测定土壤中的氨氮、亚硝酸盐氮、硝酸盐氮的原理是什么？

氯化钾溶液提取-分光光度法测定土壤中的氨氮、亚硝酸盐氮、硝酸盐氮的原理如下。

（1）氨氮氯化钾溶液

提取土壤中的氨氮，在碱性条件下，提取液中的氨离子在有次氯酸根离子存在时与苯酚反应生成蓝色靛酚染料，在 630nm 波长处具有最大吸收。在一定浓度范围内，氨氮浓度与吸光度值符合朗伯-比尔定律。

（2）亚硝酸盐氮氯化钾溶液

提取土壤中的亚硝酸盐氮，在酸性条件下，提取液中的亚硝酸盐氮与磺胺反应生成重氮盐，再与盐酸 *N*-(1-萘基)-乙二胺偶联生成红色染料，在 543nm 波长处具有最大吸收。在一定浓度范围内，亚硝酸盐氮浓度与吸光度值符合朗伯-比尔定律。

（3）硝酸盐氮氯化钾溶液

提取土壤中的硝酸盐氮和亚硝酸盐氮，提取液通过还原柱，将硝酸盐氮还原为亚硝酸盐氮，在酸性条件下，亚硝酸盐氮与磺胺反应生成重氮盐，再与盐酸 *N*-(1-萘基)-乙二胺偶联生成红色染料，在波长 543nm 处具有最大吸收，测定硝酸盐氮和亚硝酸盐氮总量。硝酸盐氮和亚硝酸盐氮总量与亚硝酸盐氮含量之差即为硝酸盐氮含量。

当样品量为 40.0g 时，本方法测定土壤中氨氮、亚硝酸盐氮、硝酸盐氮的检出限分别为 0.10mg/kg、0.15mg/kg、0.25mg/kg，测定下限分别 0.40mg/kg、0.60mg/kg、1.00mg/kg。

149 氯化钾溶液提取-分光光度法测定土壤中的氨氮、亚硝酸盐氮、硝酸盐氮的步骤是什么？

利用氯化钾溶液提取-分光光度法测定土壤中的氨氮、亚硝酸盐氮、硝酸盐氮的步骤如下。

（1）试料的制备

称取 40.0g 制备好的土壤样品放入 500mL 聚乙烯瓶中，加入 1mol/L 氯化钾溶液 200mL，在（20±2）℃的恒温水浴振荡器中振荡提取 1h。转移约 60mL 提取液于 100mL 聚乙烯离心管中，在 3000r/min 的条件下离心分离 10min。然后将约 50mL 上清液转移至 100mL 比色管中，制得试料，待测。注意，提取液也可以在 4℃下，以静置 4h 的方式代替离心分离，制得试料。

加入 200mL 氯化钾溶液于 500mL 聚乙烯瓶中，按照与试料制备的相同步骤制备空白试料。试料需要在一天之内分析完毕，否则应在 4℃下保存，保存时间不超过一周。

（2）测定

① 氨氮的测定　量取 10.0mL 试料至 100mL 具塞比色管中，加水至 10.0mL。加入 40mL 硝普酸钠-苯酚显色剂，充分混合，静置 15min。然后分别加入 1.00mL 二氯异氰尿酸钠显色剂，充分混合，在 15～35℃条件下至少静置 5h。于 630nm 波长处，以水为参比，测量吸光度。

② 亚硝酸盐氮　量取 1.00mL 试料至 25mL 比色管中，加入 20mL 水，摇匀。向每个比色管中加入 0.20mL 显色剂，充分混合，静置 60～90min，在室温下显色。于 543nm 波长处，以水为参比，测量吸光度。

③ 硝酸盐氮　制备好还原柱，量取 1.00mL 试料至还原柱中，向还原柱中加入 10mL 氯化铵缓冲溶液使用液，然后打开活塞，以 1mL/min 的流速通过还原柱，用 50mL 具塞比色管收集洗脱液。当液面达到顶部棉花时再加入 20mL 氯化铵缓冲溶液使用液，收集所有流出液，移开比色管。最后用 10mL 氯化铵缓冲溶液使用液清洗还原

柱。向上述比色管中加入 0.20mL 显色剂，充分混合，在室温下静置 60～90min。于 543nm 波长处，以水为参比，测量吸光度。

分别配制标准浓度系列，在相同条件下测定吸光度，并绘制标准曲线。需要注意，当测量值超过校准曲线的最高点时，应用 1mol/L 的氯化钾溶液稀释试料，重新测定。

每分析一批试样，按同样步骤制备至少一份空白试样，并进行测定。

(3) 计算

以试液吸光度减去空白试验的吸光度，然后在校准曲线上查得氨氮、亚硝酸盐氮、硝酸盐氮与亚硝酸盐的含量，即可计算出土壤中氨氮、亚硝酸盐氮和硝酸盐氮与亚硝酸盐的含量，土壤中硝酸盐氮的含量可利用硝酸盐氮与亚硝酸盐氮总量减去亚硝酸盐氮的含量计算得到。

150 重量法测定土壤中水溶性和酸溶性硫酸盐的原理是什么?

用去离子水或稀盐酸提取土壤中的硫酸盐，提取液经慢速定量滤纸过滤后，加入氯化钡溶液，提取液中的硫酸根离子转化为硫酸钡沉淀。沉淀经过滤、烘干、恒重，根据硫酸钡沉淀和质量计算土壤中水溶性和酸溶性硫酸盐的含量。

测定水溶性硫酸盐时，当试样量为 10.0g，采用 50mL 水提取时，方法的检出限为 50.0mg/kg，测定范围为 200～5000mg/kg；当试样量为 50.0g，采用 100mL 水提取时，方法的检出限为 20.00mg/kg，测定范围为 80～1000mg/kg。测定酸溶性硫酸盐，当试样量为 2.0g，方法的检出限为 500mg/kg，测定范围为 2000～25000mg/kg。

当提取液中硝酸根、磷酸根和二氧化硅浓度分别大于 100mg/L、10mg/L 和 2.5mg/L 时产生正干扰；铬酸根、三价铁离子和钙离子浓度分别大于 10mg/L、50mg/L 和 100mg/L 时产生负干扰。可以通过适当稀释提取液，使干扰物浓度低于控制浓度，来消除干扰。

样品中的硫化物会对酸溶性硫酸盐的测定产生正干扰。可取 6mol/L 盐酸溶液 20mL 于 500mL 烧杯中，加热至沸腾，停止加热，边搅拌边加入 2g 制备好的土壤试样，再继续酸提取操作。

提取液中的有机物含量过高（即高锰酸盐指数＞30mg/L）时，可能由于共沉淀的吸附作用而干扰测定。可将一定体积的试料移至铂蒸发皿中，加入 2 滴甲基橙溶液，用 6mol/L 盐酸溶液或 5mol/L 氢氧化钠溶液中和至 pH 值 5～8，再加入 6mol/L 盐酸溶液 2.0mL，将蒸发皿放置水浴中蒸至近干，然后加入 5 滴 100g/L 的氯化钠溶液，蒸干。将蒸发皿移至马弗炉中，在 700℃ 下加热 15min，至蒸发皿完全红热且内熔物成灰。将蒸发皿冷却后用 10mL 水湿润灰渣，加入 5 滴 6mol/L 盐酸溶液，置于沸水浴中蒸干，然后缓慢冷却，再加入 10mL 水后全部转移至 500mL 烧杯中。

151 重量法测定土壤中水溶性和酸溶性硫酸盐时试料如何制备?

重量法测定土壤中水溶性和酸溶性硫酸盐时，试料的制备方法如下。

① 以 1∶5 土水比提取水溶性硫酸盐　称取 10.0g 制备好的土壤样品于 250mL 聚乙烯瓶中，加入 50.0mL 水，拧紧瓶盖，置于振荡器上，在 20～25℃ 下以 150～200r/min 振荡提取 16h。使用慢速定量滤纸，在布氏漏斗上过滤提取液至 500mL 接收瓶，转移至 50mL 比色管中，记录提取液的体积，待测。

② 以 1∶2 土水比提取水溶性硫酸盐　与上述操作类似。

③ 酸溶性硫酸盐的提取　称取 2.0g 制备好的土壤样品于 500mL 烧杯中，缓慢加入 6mol/L 的盐酸溶液 100.0mL。在烧杯上盖上表面皿，在通风橱中加热至沸腾，小火煮沸 15min。然后用适量水润洗表面皿内侧，在沸腾状态下加数滴硝酸，边搅拌边用移液管缓慢逐滴加入（1+1）氨水溶液，直至出现红褐色氧化物沉淀并使红色石蕊试纸变蓝。使用慢速定量滤纸，在布氏漏斗上过滤提取液至 500mL 接收瓶中，并用水洗滤纸直到滤液无氯离子（即加 1 滴滤液于盛有少量 0.1mol/L 硝酸银的比色管，溶液无沉淀显示）。收集所有滤液，用量筒量取体积，记录提取液的体积。将提取液转移至 500mL 玻璃或塑料试剂瓶中待测。需要注意，在加入盐酸溶液过程中，应确保无溅出；当加入氨水中和酸并产生大量絮积的氧化物沉淀时，一些硫酸盐可能裹杂其中而没能被清洗出来，建议二次沉淀。收集的所有提取液体积不应超过 200mL。

过滤后的提取液如不能及时测定，应储存于玻璃瓶或聚乙烯瓶中，在 2～5℃ 下保存时间不超过 1 周。样品瓶应完全隔绝空气，以防止硫化物和亚硫化物的氧化。

152 重量法测定土壤中水溶性和酸溶性硫酸盐的步骤是什么?

利用重量法测定土壤中水溶性和酸溶性硫酸盐的步骤如下：

（1）测定

分别提取 10～200mL 适量试料于 500mL 烧杯中，试料中硫酸根离子含量不应超过 50mg。记录试料的准确体积，用水稀释至 200mL。加入 2～3 滴甲基橙溶液，用 6mol/L 盐酸溶液或 5mol/L 氢氧化钠溶液中和至 pH 值为 5～8，再加入 6mol/L 盐酸溶液 2.0mL，煮沸至少 5min。如煮沸后溶液澄清，继续后续步骤。如出现不溶物，用慢速定量滤纸趁热过滤混合物并用少量热水冲洗滤纸，合并滤液于 500mL 烧杯中，再继续后续步骤。

用吸管向上述煮沸的溶液中缓慢加入约 80℃的 100g/L 氯化钡溶液 5～15mL，再加热该溶液至少 1h，冷却后放置于（50±10)℃恒温箱内沉淀过夜。将恒重的玻璃砂芯漏斗装在抽滤瓶上，小心抽吸过滤沉淀，同时用橡皮套头的玻璃棒搅起沉淀，用去离子水反复冲洗烧杯，将所有洗液并入玻璃砂芯中，冲洗砂芯漏斗的沉淀物至无氯离子。需要注意最后 3 次可以用 95%的乙醇 5mL 冲洗砂芯漏斗中的沉淀，缩短干燥时间。

向10mL比色管中加入0.1mol/L硝酸银溶液5mL，再加入抽滤瓶中的5mL过滤洗涤液。如无混浊产生，则确信沉淀中无氯离子，否则应继续冲洗沉淀。

取下玻璃砂芯漏斗，在(105±2)℃下烘干1h并在干燥器内冷却，准确称重。反复烘干，每次烘干10min，干燥器内冷却至室温，直至两次最近的质量差在0.0002g以内，记录玻璃芯漏斗最后质量。

每批样品应至少测定一个空白实验，如空白值高于0.0010g时，应重新测定。

(2) 计算

样品中水溶性或酸溶性硫酸盐的含量w(mg/kg)，按照下列公式计算：

$$w=\frac{(m_2-m_1-m_0)\times 0.4116\times 10^6 V_E}{m_s V_A}$$

式中，w为样品中水溶性或酸溶性硫酸盐的含量，mg/kg；m_0为空白试料中的沉淀质量，g；m_2为过滤沉淀后玻璃砂芯漏斗质量，g；m_1为用于测定样品前的玻璃砂芯质量，g；V_A为试料的体积，mL；V_E为提取液的总体积，mL；m_s为试样量，g；0.4116为质量转换因子（硫酸根/硫酸钡）。

153 重量法测定土壤中水溶性和酸溶性硫酸盐的注意事项是什么?

利用重量法测定土壤中水溶性和酸溶性硫酸盐需要注意以下事项。

① 如怀疑滤纸中的不溶物可能含有可溶性硫酸盐，应按照以下步骤进行测定：把沉淀和滤纸放至铂蒸发皿中，室温下放到马弗炉中，升到500℃灰化滤纸，灰烬与(4±0.1)g无水碳酸钠混合，加热至900℃使之熔融，保持15min，冷却至室温。然后向蒸发皿中加入50mL水，加热溶解熔融物，用慢速定量滤纸过滤。再用20mL水冲洗滤纸，合并滤液和洗液后，再按正常步骤进行测定。测定出该不溶物中的硫酸盐，加入土壤提取液的测定结果中，计算可溶性硫酸盐的总含量。

② 实际样品中硫酸盐含量如超出测定上限，可适当减少提取液试份用量。

三、固体废物的监测

（一）样品的采集和预处理

154 采集工业固体废物样品所需的工具有哪些？采样程序是怎样的？

工业固体废物的采样工具包括尖头钢锹、钢锤、采样探子、采样钻、气动和真空探针、取样铲、带盖盛样桶或内衬塑料薄膜的盛样袋等。液态废物还需要采样勺、采样管、采样瓶（罐）和搅拌器等。采样程序如图 3-1 所示。

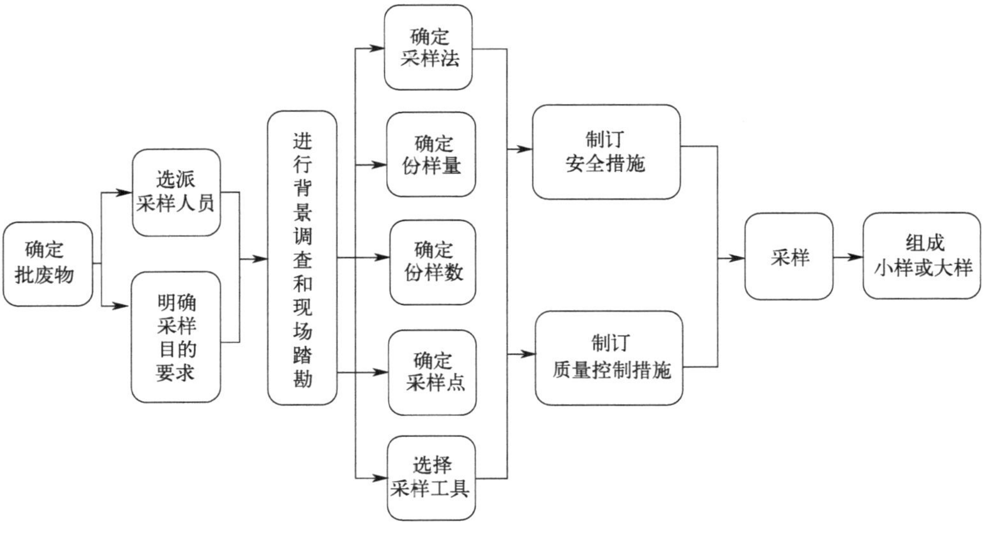

图 3-1　采样程序

155 采集工业固体废物样品时，怎样确定采样单元数？

采样单元的多少取决于以下两个因素。

① 物料的均匀程度　物料越不均匀，采样单元应越多。

② 采样的准确度　采样的准确度要求越高，采样单元应越多。最小采样单元数（又称最少份样数）可以根据物料批量的大小进行估计。如表 3-1 所示。

表 3-1　批量大小与最小采样单元数

批量大小/t(固体)或 1000L(液体)	最小采样单元数/个	批量大小/t(固体)或 1000L(液体)	最小采样单元数/个
<1	5	≥100	30
≥1	10	≥500	40
≥5	15	≥1000	50
≥30	20	≥5000	60
≥50	25	≥10000	80

156 采集工业固体废物样品时，怎样确定采样量?

采集工业固体废物样品时，采样量按如下方式确定。

① 一般地说，样品量多一些，才有代表性。因此，份样量不能少于某一限度；但份样量达到一定限度之后，再增加重量也不能显著提高采样的准确度。份样量取决于废物的粒度上限，废物的粒度越大，均匀性越差，份样量就应越多，它大致与废物的最大粒度直径某次方成正比，与废物不均匀性程度成正比。份样量可按切乔特公式计算：

$$Q \geqslant Kd^{a}$$

式中，Q 为份样量应采的最低重量，kg；d 为废物中最大粒度的直径，mm；K 为缩分系数，代表废物的不均匀程度，废物越不均匀，K 值越大，可用统计误差法由实验测定，有时也可由主管部门根据经验指定；a 为经验常数，随废物的均匀程度和易破碎程度而定。

对于一般情况，推荐 $K=0.06$，$a=1$。

② 对于液态批废物的份样量以不小于 100mL 的采样瓶（或采样器）所盛量为准。

157 采集工业固体废物样品时，有哪些采样方法?

常用的采集工业固体废物样品的方法有以下几种。

(1) 简单随机采样法

① 抽签法　先对所有采份样的部位进行编号，同时把号码写在纸片上，掺和均匀后，从中随机抽取份样数的纸片，抽中号码的部位，就是采份样的部位。

② 随机数字表法　先对所有采份样的部位进行编号，有多少部位就编多少号。抽到的号码，就是采份样的部位。

(2) 系统采样法

一批按一定顺序排列的废物，按照规定的采样间隔，每隔一个间隔采取一个份样，组成小样或大样。在一批废物以运送带、管道等形式连续排出的移动过程中，按一定的质量或时间间隔采份样，份样间的间隔可根据表 3-1 规定的份样数和实际批量按下式计算：

$$T \leqslant \frac{Q}{n} \text{或} T' \leqslant \frac{60Q}{Gn}$$

式中，T 为采样质量间隔，t；Q 为批量，t；n 为表 3-1 中规定的份样数；G 为每小时排出量，t/h；T'为采样时间间隔，min。

(3) 分层采样法

根据对一批废物已有的认识，将其按照有关标志分若干层，然后在每层中随机采取份样。

一批废物分次排出或某生产工艺过程的废物间歇排出过程中，可分 n 层采样，根据每层的质量按比例采取份样。同时，必须注意粒度比例，使每层所采份样的粒度比例与该层废物粒度分布大致相符。

第 i 层采份样数 n_i 按下式计算：

$$n_i = \frac{nQ_L}{Q}$$

式中，n_i 为第 i 层应采份样数；n 为表 3-1 中规定的份样数；Q_L 为第 i 层废物质量，t；Q 为批量，t。

(4) 两段采样法

简单随机采样、系统采样、分层采样都是一次就直接从批废物中采取份样，称为单阶段采样。当一批废物由许多车桶、箱、袋等容器盛装时，由于各容器件比较分散，所以要分阶段采样。首先从批废物总容器件数 N_0 中随机抽取 n_1 件容器，然后再从每一件容器中采 n_2 个份样。

推荐当 $N_0 \leqslant 6$ 时，取 $n_1 = N_0$；当 $N_0 > 6$ 时，n_1 按下式计算：

$$n_1 \geqslant 3\sqrt[3]{N_0}$$

推荐第二阶段的采样数 $n_2 \geqslant 3$，即 n_1 件容器中的每个容器均随机采上、中、下最少 3 个份样。

158 怎样采集城市生活垃圾样品?

城市生活垃圾样品采集的采样工具包括 50L 搪瓷盆、100kg 磅秤、铁锹、竹夹、橡皮手套、剪刀、小铁锤等。采样方法可参照工业固体废物，也可按下列步骤进行。

(1) 采样点的确定

为了使样品具有代表性，采用点面结合确定几个采样点。在市区选择 2～3 个居民生活水平与燃料结构具代表性的居民生活区作为点；再选择一个或几个垃圾堆放场作为面，定期采样。做生活垃圾全面调查分析时，点面采样时间定为半个月一次。表 3-2 为生活垃圾流节点及分类。

表 3-2 生活垃圾流节点及分类

序号	生活垃圾流节点	类别
1	产生源	居住区、事业区、商业区、清扫区等
2	收集站	地面收集站、垃圾桶收集站、垃圾房收集站、分类垃圾收集站等

续表

序号	生活垃圾流节点	类别
3	收运车	车厢可卸式、压缩式、分类垃圾收集车、餐厨垃圾收集车等
4	转运站	压缩式、筛分、分选等
5	处理场(厂)	填埋场、堆肥厂、焚烧厂、餐厨垃圾处理厂等

注：1. 产生源节点按产生生活垃圾的功能区特性进行分类，其他节点按设施的用途进行分类。
2. 在产生源功能区采样，适用于原始生活垃圾成分和理化特性分析。
3. 在其他生活垃圾流节点采样，适用于生活垃圾动态过程中成分和理化特性分析。

(2) 方法与步骤

采样点确定后，即可按下列步骤采集样品。

将50L容器（搪瓷盆）洗净、干燥、称量、记录，然后布置于点上，每个点若干个容器，面上采集时，带好备用容器。

点上采样量为该点24h内的全部生活垃圾，到时间后收回容器，并将同一点上若干容器内的样品全部集中；面上的取样数量以50L为一个单位，要求从当日卸到垃圾堆放场的每车垃圾中进行采样（即每车5t），共取1m^3左右（约20个垃圾车）。

将各点集中或面上采集的样品中大块物料现场人工破碎，然后用铁锹充分混匀，此过程尽可能迅速完成，以免水分散失。

混合后的样品现场用四分法，把样品缩分到90～100kg为止，即为初样品。将初样品装入容器，取回分析。

159 制备固体废物样品包括哪些步骤?

根据以上采样方法采取的原始固体试样，往往数量很大、颗粒大小悬殊、组成不均匀，无法进行实验分析。因此在实验室分析之前，需对原始固体试样进行加工处理，称为制样。制样的目的是将原始试样制成满足实验室分析要求的分析试样，即数量缩减到几百克、组成均匀（能代表原始样品）、粒度细（易于分解）。

制样的步骤包括：粉碎、筛分、混合、缩分。四个步骤反复进行，直至达到实验室分析试样要求为止。样品的制备过程如图3-2所示。

160 怎样制备工业固体废物样品?

制备工业固体废物样品的制样工具主要包括粉碎机械（粉碎机、破碎机等）、药碾、研钵、钢锤、标准套筛、十字分样板、机械缩分器等。

将所采样品均匀平铺在洁净、干燥、通风的房间自然干燥。当房间内有多个样品时，可用大张干净滤纸盖在搪瓷盘表面，以避免样品受外界环境污染和交叉污染。

(1) 粉碎

经破碎和研磨以减小样品的粒度。粉碎可用机械或手工完成。将干燥后的样品根据

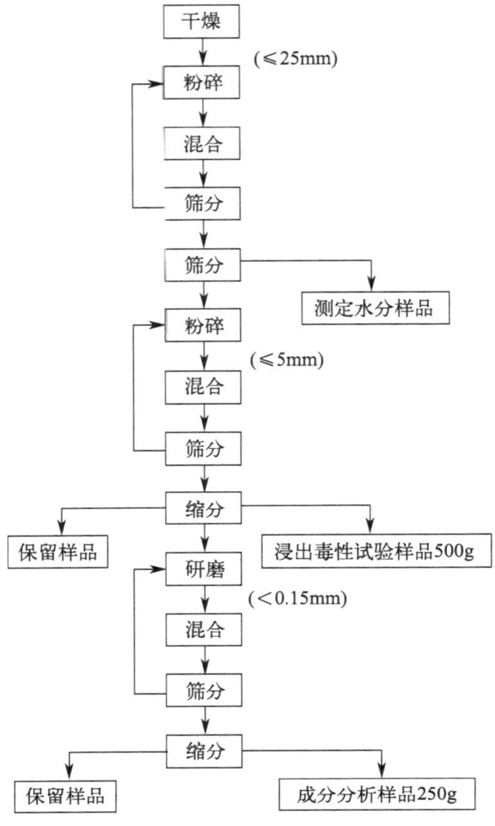

图 3-2 固体废物样品的制备

其硬度和粒径的大小，采用适宜的粉碎机械，分段粉碎至所要求的粒度。

（2）筛分

使样品保证95%以上处于某一粒度范围。根据样品的最大粒径选择相应的筛号，分阶段筛出全部粉碎样品。筛上部分应全部返回粉碎工序重新粉碎，不得随意丢弃。

（3）混合

使样品达到均匀。混合均匀的方法有堆锥法、环锥法、掀角法和机械拌匀法等，使过筛的样品充分混合。

（4）缩分

减少样品的质量。根据制样粒度，使用缩分公式求出保证样品具有代表性前提下应保留的最小质量。采用圆锥四分法进行缩分。

圆锥四分法：将样品置于洁净、平整板面（聚乙烯板、木板等）上，堆成圆锥形，将圆锥尖顶压平，用十字分样板自上压下，分成四等份，保留任意对角的两等份，重复上述操作至达到所需分析试样的最小质量。

161 怎样制备城市生活垃圾样品?

制备城市生活垃圾样品相对较简单，主要步骤如下。

（1）分拣

将采取的生活垃圾样品按表 3-3 的分类方法进行手工分拣，并记录各类成分的比例或质量。

表 3-3　垃圾成分分类

有机物		无机物		可回收物						
动物	植物	灰土	砖瓦陶瓷	纸类	塑料橡胶	纺织物	玻璃	金属	木竹	其他

（2）粉碎

分别对各类废物进行粉碎。对灰土、砖瓦陶瓷类废物，先用手锤将大块敲碎，然后用粉碎机或其他粉碎工具进行粉碎；对动植物、纸类、纺织物、塑料等废物，用剪刀剪碎。粉碎后样品的大小根据分析测定项目确定。

（3）混合缩分

采用圆锥四分法。

162 怎样运送和保存样品?

样品在运送过程中，应防止不同工业固体废物样品之间的交叉污染；盛样容器不可倒置、倒放，应防止破损、浸湿和污染。样品的运输和保存的分类如图 3-3 所示。

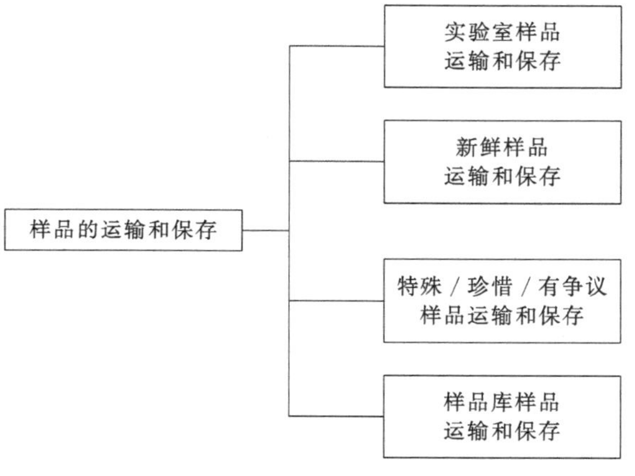

图 3-3　样品的运输和保存的分类

样品应保存在不受外界环境污染的洁净房间内，并密封于容器中保存，贴上标签备用。每份样品保存量至少应为试验和分析需用量的 3 倍。对易挥发废物，采取无顶空存样，并取冷冻方式保存。对光敏废物，样品应装入深色容器中并置于避光处。对温度敏感的废物，样品应保存在规定的温度之下。对与水、酸、碱等易反应的废物，应在隔绝水、酸、碱等条件下储存。制备好的样品，一般保存期为 1 个月，易变质的不受此限制。样品应在特定场所由专人保管。撤销的样品不许随意丢弃，应送回原采样处或处置场所。最后，填写采样记录表（表 3-4），一式三份，分别存于有关部门。

表 3-4 采样记录表

样品编号		采样时间	
采样地点		采样点坐标	
天气		温度/℃	
采样深度/cm		采样质量/kg	
样品数量/个		样品颜色	
采样现场描述			
废物产生过程描述			
样品可能含有的有毒有害成分			
样品保存方式			
运输注意事项			

采样人： 接收人：

（二）固体废物有害特性鉴别

163 工业固体废物的监测项目有哪些?

工业固体废物分为两类：一般工业固体废物和危险固体废物。

一般工业固体废物指未列入《国家危险废物名录》或者根据国家规定的危险废物鉴别标准认定其不具有危险特性的工业固体废物，例如粉煤灰、煤矸石和炉渣等，一般工业固体废物分为一类和二类。

一类：按照 GB 5086.1 或 HJ 557 规定方法进行浸出试验而获得的浸出液中，任何一种污染物的浓度均未超过《污水综合排放标准》（GB 8978—1996）中最高允许排放浓度，且 pH 值为 6～9 的一般工业固体废物。

二类：按照 GB 5086.1 或 HJ 557 规定方法进行浸出试验而获得的浸出液中，有一种或一种以上的污染物浓度超过《污水综合排放标准》（GB 8978—1996）中最高允许排放浓度，或者 pH 值在 6～9 之外的一般工业固体废物。

危险固体废物又称为有害废物、有毒废渣等，通常是指具有毒性、腐蚀性、易燃性、反应性和感染性等一种或一种以上危险特性的固体废物。危险废物来源广，种类多。各国根据危险废物的危害特性制定了自己的鉴别标准和危险废物名录。我国的《国家危险废物名录》（2025 版）将危险废物分为 470 种。

164 如何进行危险废物腐蚀性试验?

腐蚀性指通过接触能损伤生物细胞组织，或使接触物质发生质变，使容器泄漏而引起危害的特性。其鉴别方法有两种：

① 浸出液或水溶性液态废物的 pH 值≥12.5，或者≤2.0，用玻璃电极法测定；

② 非水溶性液态废物在55℃条件下，对20号钢材的腐蚀速率≥6.35mm/a，按均匀腐蚀全浸试验方法进行。

（1）玻璃电极法

测定腐蚀性用玻璃电极为指示电极、饱和甘汞电极为参比电极组成电池，在25℃条件下，氢离子活度变化10倍，电动势偏移59.16mV，可以从仪器上直接读出pH值。

测量时，用与待测样品pH值相近的标准溶液校正pH计，并加以温度补偿。根据废物形态的不同，采用不同的测定步骤。

① 对含水量高、呈流态状的稀泥或浆状物料，可将电极直接插入进行pH值测量。

② 对黏稠状物料可离心或过滤后，测其滤液的pH值。

③ 对粉、粒、块状物料需测其浸出液。称取制备好的样品100g（干基），置于浸取用的混合容器中，加水1L（包括试样的含水量），加盖密封后，放在振荡器上［振荡频率为（110±10）次/min，振幅为40mm］，于室温下连续振荡8h，静置16h，通过过滤装置分离固液相后，立即测定滤液pH值。每种废物取三个平行样品测定其pH值，差值不得大于0.15，否则应再取1～2个样品重复进行试验，取中位值报告结果。

④ 对于高pH值（9以上）或低pH值（2以下）的样品，两个平行样品的pH值测定结果允许差值不超过0.2，还应报告：环境温度、样品来源、粒度级配；试验过程的异常现象；特殊情况试验条件的改变及原因。

（2）均匀腐蚀全浸试验

可参见《金属材料实验室均匀腐蚀全浸试验方法》（JB/T 7901—2023）。取适量浸出液置于试验容器中，将20号钢采样品全部浸入溶液中，使用温度保持系统使溶液尽快达到55℃后开始计时，24～72h后，按下式计算腐蚀速率。

$$R=\frac{8.76\times10^{3}(M-M_1)}{STD}$$

式中，R为腐蚀速率，mm/a；M为试验前的试样质量，g；M_1为试验后的试样质量，g；S为试样的总面积，mm^2；T为试验时间，h；D为材料的密度，g/mm^3。

165 如何进行危险废物易燃性试验?

易燃性的鉴别根据废物的形态不同有不同的标准。对于液态易燃性危险废物，指闪点低于60℃（闭杯实验）的液体、液体混合物或含有固体物质的液体；对于固态易燃性危险废物，指在常温常压下（即25℃，101.3kPa），因摩擦或自发性燃烧而起火，当点燃时能剧烈并持续燃烧且产生危害的固态废物；对于气态易燃性危险废物，指在20℃，101.3kPa状态下，当其在与空气的混合物中所占的体积含量≤13%时可点燃的气体，或者在该状态下，不论易燃下限如何，与空气混合，易燃范围的易燃上限与易燃下限之差≥12%的气体。易燃性危险废物的鉴别按照《危险废物鉴别标准　易燃性鉴别》（GB 5085.4）进行。

液态易燃性危险废物的测定按照《闪点的测定 宾斯基-马丁闭口杯法》(GB/T 261)进行；固态易燃性危险废物的测定按照《易燃固体危险货物危险特性检验安全规范》(GB 19521.1)进行；气态易燃性危险废物的测定按照《易燃气体危险货物危险特性检验安全规范》(GB 19521.3)进行。

166 危险废物反应性的鉴别标准是什么？

具有反应性的危险废物可以分为以下几种。

(1) 具有爆炸性质的反应性废物鉴别标准

① 常温常压下不稳定，在无引爆条件下，易发生剧烈变化；

② 标准温度和压力下(25℃，101.3kPa)，易发生爆轰或爆炸性分解反应；

③ 受强起爆剂作用或在封闭条件下加热，能发生爆轰或爆炸反应。

(2) 与水或酸接触易产生易燃气体或有毒气体的危险废物鉴别标准

① 与水混合发生剧烈化学反应，并放出大量易燃气体和热量；

② 与水混合能产生足以危害人体健康或环境的有毒气体、蒸气或烟雾；

③ 在酸性条件下，每千克含氰化物废物分解产生≥250mg 氰化氢气体，或者硫化物废物分解产生≥500mg 硫化氢气体。

(3) 废弃氧化剂或有机过氧化物鉴别标准

① 极易引起燃烧或爆炸的废弃氧化剂；

② 对热、震动或摩擦极为敏感的含过氧基的废弃有机过氧化物。

167 如何进行危险废物反应性试验？

根据危险废物反应性的不同，鉴别方法也不同。

具有爆炸性质的危险废物鉴别主要依据专业知识产权，必要时可参见《民用爆炸品危险货物危险特性检验安全规范》(GB/T 19455)。

与水混合发生剧烈化学反应的危险废物的测定按照《遇水放出易燃气体危险货物危险特性检验安全规范》(GB 19521.4)进行；与水混合能产生有毒气体等的危险废物的测定主要依据专业知识和经验来判断；酸性条件下，含氰化物废物分解产生超过规定量危险气体的危险废物主要依据《危险废物鉴别标准 反应性鉴别》(GB 5085.5)的附录 1 进行。

对于极易引起燃烧或爆炸的废弃氧化剂的测定按照《氧化性危险货物危险特性检验安全规范》(GB 19452)进行；对于含过氧基废弃有机过氧化物的测定按照《有机过氧化物危险货物危险特性检验安全规范》(GB 19521.12)进行。

168 如何进行遇水反应性试验？

固体废物与水发生剧烈反应放出的热量，使体系的温度升高，用半导体点温计来测量固-液界面的温度变化，以确定温升值。测定步骤如下。

① 将点温计的探头输出端接在点温计接线柱上，开关置于“校”，调整点温计满刻度，使指针与满刻度线重合。

② 将温升试验容器插入绝热泡沫块 12cm 深处，然后将一定量的固体废物置于温升试验容器内，加入 20mL 水，再将点温计探头插入固-液界面处，用橡胶塞盖紧，观察温升。

③ 将点温计开关转到“测”处，读取电表指针最大指示值，即是所测反应温度，此值减去室温即为温升测定值。

169 如何进行释放有害气体试验?

除化工、电子、印刷、电镀等行业会产生有害气体外，一些高校或者科研实验室在实验过程中经常会产生一些有毒的气体，这些气体虽然排放量较小，但都是高浓度的有毒有害气体，如不能及时处理，会破坏周围环境和人体健康。

(1) 实验装置

在装有定量废物的封闭体系中加入一定量的酸，将产生的气体吹入洗气瓶，测定被分析物，实验装置图见图 3-4。

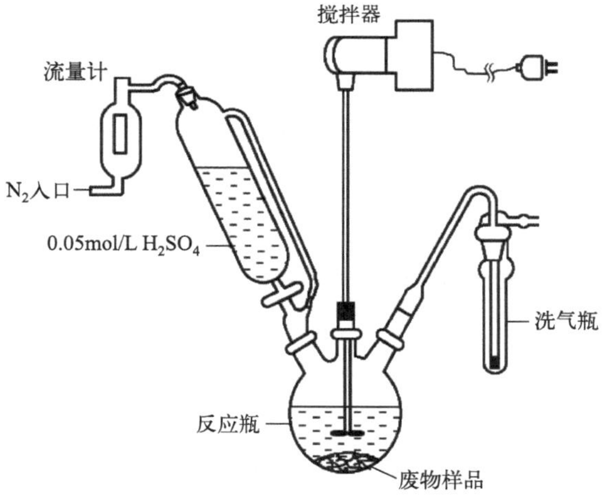

图 3-4 固体废物遇水反应性测定的实验装置图

(2) 实验步骤

加 50mL 0.25mol/L 的 NaOH 溶液于刻度洗气瓶中，用试剂水稀释至液面高度。封闭测量系统，用转子流量计调节氮气流量，流量应为 60mL/min。向圆底烧瓶中加入 10g 待测废物，保持氮气流量，加入足量硫酸使烧瓶半满，同时开始 30min 的实验过程。在酸进入圆底烧瓶的同时开始搅拌，搅拌速度在整个实验过程应保持不变，注意搅拌速度以不产生旋涡为宜。30min 后，关闭氮气，卸下洗气瓶，分别测定洗气瓶中氰化物和硫化物的含量。

(3) 计算

固体废物试样中氰化物或硫化物含量由下式计算：

$$R=\frac{XL}{Wt}$$

$$总有效\ HCN/H_2S=Rt$$

式中，R 为比释放率，mg/(kg·s)；X 为洗气瓶中 HCN 或 H_2S 的浓度，mg/L；L 为洗气瓶中溶液的体积，L；W 为取用的废物重量，kg；t 为测量时间，s，t＝关掉氮气的时间－通入氮气的时间。

170 如何进行危险废物急性毒性初筛试验？

符合下列条件之一的固体废物，是具有急性毒性的危险废物：

① 经口摄取，固体 $LD_{50}\leqslant$200mg/kg，液体 $LD_{50}\leqslant$500mg/kg；

② 经皮肤接触，$LD_{50}\leqslant$1000mg/kg；

③ 蒸气、烟雾或粉尘吸入，$LD_{50}\leqslant$10mg/L。

LD_{50} 指在一定时间内经口或经皮给予受试样品后，使受试动物发生死亡概率为50%的剂量，以单位体重接受受试样品的质量（mg/kg 或 g/kg）来表示。LC_{50} 指在一定时间内经呼吸道吸入受试样品后引起受试动物发生死亡概率为 50%的浓度，以单位体积空气中受试样品的质量（mg/m^3）来表示。

口服毒性半数致死量 LD_{50}、皮肤接触毒性半数致死量 LD_{50} 和吸入毒性半数致死浓度 LD_{50} 的测定分别按照《化学品毒性鉴定技术规范》中规定的“急性经口毒性试验”“急性经皮毒性试验”和“急性吸入毒性试验”方法进行。

171 如何进行急性经口毒性试验？

急性经口毒性指一次或在 24h 内多次经口给予实验动物受试样品后，动物在短期内出现的健康损害效应。

实验动物首选健康成年小鼠（18～22g）和大鼠（180～220g），也可选用其他敏感动物。同性别实验动物个体间体重相差不得超过平均体重的 20%。试验前动物要在试验环境中至少适应 3～5d 时间。

试验步骤如下。

(1) 受试样品的处理

受试样品应溶解或悬浮于适宜的赋形剂中；不能配制成混悬液时，可配制成其他形式（如糊状物等），但不能采用具有明显毒性的有机化学溶剂。

(2) 灌胃

试验前实验动物应禁食（一般 16h 左右），不限制饮水。正式试验时，称量动物体重，随机分组，原则上应设 4～5 个剂量组，每组动物一般为 10 只，雌雄各半。对各组动物用经口灌胃法一次染毒，各剂量组的灌胃体积应相同。若一次给予容量太大，也可在24h内分2～3次染毒（每次间隔4～6h），但合并作为一次剂量计算。染毒后继续禁食3～4h。若采用分批多次染毒，根据染毒间隔长短，必要时可给动物一定量的食物和水。观察并记录染毒过程和观察期内动物的中毒和死亡情况。观察期限一般为14d。

（3）LD_{50}计算

采用霍恩氏法、寇氏法、概率单位-对数图解法、最大耐受量试验和上-下法等测定LD_{50}。

试验期间死亡的动物要进行尸检，试验结束时仍存活的动物要处死并进行大体解剖。如有必要，进行病理组织学检查。

172 如何进行急性经皮毒性试验?

急性经皮毒性是指受试样品一次或在24h内多次经皮肤染毒所产生的健康损害效应。

在试验前，先去除实验动物受试部位的被毛。将实验动物分成若干剂量组，每组涂布不同剂量的受试样品，而后观察实验动物中毒反应和死亡情况，计算LD_{50}。对试验中死亡的动物做大体解剖和病理学检查，对试验结束时的存活动物也应做大体解剖。注意排除受试样品引起的皮肤局部刺激或腐蚀作用所致的全身效应。

试验步骤如下。

（1）受试样品配制

固体受试样品应研磨，过100目筛。用适量无毒无刺激性赋形剂混匀，以保证受试样品与皮肤良好的接触。常用的赋形剂有水、植物油、凡士林、羊毛脂等。液体受试样品一般不必稀释，可直接用原液试验。

（2）实验动物

首选大鼠，也可选用豚鼠或家兔。实验动物体重要求范围分别为：大鼠200～300g，豚鼠350～450g，家兔2000～3000g。试验期间，为避免实验动物相互抓挠，应采用单笼喂养。试验前24h，在动物背部正中线两侧剪毛或剃毛，仔细检查皮肤，要求完整无损，以免改变皮肤的通透性。去毛面积不应少于实验动物体表面积的10%。

（3）经皮染毒

将实验动物随机分为4～5个剂量组。选择适当方法固定好实验动物，将受试样品均匀涂布于实验动物的去毛区，并用油纸和两层纱布覆盖，再用无刺激性胶布或绷带加以固定，以保证受试样品和皮肤的密切接触，防止脱落和动物舔食受试样品。涂布4h后取下固定物和覆盖物，用温水或适当的溶剂洗去皮肤上残留的受试样品。观察并记录染毒过程和观察期内动物的中毒和死亡情况。观察期限一般为14d，全面观察中毒的发生、发展过程和规律以及中毒特点和毒作用的靶器官。对死亡动物进行尸检。观察期结束后，处死存活动物并进行大体解剖，如有必要，进行病理组织学检查。

(4) LD_{50} 计算

可采用多种方法测定 LD_{50}，建议采用霍恩氏法、寇氏法、概率单位-对数图解法、最大耐受量试验和上-下法等。经皮 LD_{50} 是评价化学物急性毒性的重要参数之一，也是急性毒性分级的依据。但 LD_{50} 仅反映了急性毒性的一部分特征，因此在评估某一受试样品的经皮急性毒性时，不仅要考虑其对实验动物的经皮 LD_{50} 值，还要结合中毒症状的表现、反应出现的时间、持续时间、体重变化及病理学检查结果，进行综合分析以得出更全面的毒性评估。

173 如何进行急性吸入毒性试验?

急性吸入毒性是指实验动物短时间（24h 内）持续吸入一种可吸入性受试样品后，在短期内出现的健康损害效应。

试验基本原则是，各试验组动物在一定时间内吸入不同浓度的受试样品，染毒浓度的选择可通过预试验确定。染毒后观察动物的毒性反应和死亡情况。

实验动物首选健康成年小鼠（18～22g）和大鼠（180～220g），也可选用其他敏感动物。同性别各剂量组个体间体重相差不得超过平均体重的 20%。试验前动物要在试验环境中至少适应 3～5d 时间。

染毒可采用静式染毒法或动式染毒法。

(1) 静式染毒法

静式染毒是将实验动物放在一定体积的密闭容器（染毒柜）内，加入一定量的受试样品，并使其挥发，造成试验需要的受试样品浓度的空气，一次吸入性染毒 2h。染毒柜的容积以每只染毒小鼠每小时不少于 3L 空气计，每只大鼠每小时不少于 30L 计。

染毒浓度一般应采用实际测定浓度。在染毒期间一般可测 4～5 次，取其平均浓度。在无适当测试方法时，可用下式计算染毒浓度。

$$C=\frac{ad}{V}\times10^{6}$$

式中，C 为染毒浓度，mg/m^3；a 为加入受试样品的量，mL；d 为受试样品密度，g/mL；V 为染毒柜容积，L。

(2) 动式染毒法

动式染毒是采用机械通风装置，连续不断地将含有一定浓度受试样品的空气均匀不断地送入染毒柜，空气交换量大约为 12～15 次/h，并排出等量的染毒气体，维持相对稳定的染毒浓度（对通过染毒柜的流动气体应不间断地进行监测，并至少记录 2 次），一次吸入性染毒 2h。当受试化合物有特殊要求时，应用其他的气流速率。染毒时，染毒柜内应确保至少有 19%的氧含量和均衡分配的染毒气体。一般情况下，为确保染毒柜内空气稳定，实验动物的体积不应超过染毒柜体积的 5%，且染毒柜内应维持微弱的负压，以防受试样品泄漏，污染周围环境。同时，应注意防止受试样品爆炸。

气体受试样品，经流量计与空气混合成一定浓度后，直接输入染毒柜。易挥发液体受试样品通过空气鼓泡或适当加热促使挥发后输入染毒柜。若受试样品现场使用时采取喷雾法，可采用喷雾器或超声雾化器使其雾化后输入染毒柜。

染毒浓度一般应采用动物呼吸带实际测定浓度，至少每半小时一次，取其平均值。各测定浓度值应在其平均值的25%以内。若无适当的测试方法，也可采用以下公式计算染毒浓度。

$$C=\frac{ad}{V_1+V_2}\times 10^6$$

式中，C 为染毒浓度，mg/m^3；a 为气化或雾化受试样品的量，mL；d 为受试样品密度，g/mL；V_1 为输入染毒柜风量，L；V_2 为染毒柜容积，L。

观察并记录染毒过程和观察期内的动物中毒和死亡情况。观察期限一般为14d。试验期间死亡的动物要进行尸检，试验结束时仍存活的动物要处死并进行大体解剖。如有必要，进行病理组织学检查。

评价试验结果时，应将 LC_{50} 与观察到的毒性效应和尸检所见相结合考虑，LC_{50} 值是受试样品急性毒性分级和标签标识以及判定受试样品经呼吸道吸入后引起动物死亡可能性大小的依据。引用 LC_{50} 值时一定要注明所用实验动物的种属、性别、染毒方式及时间长短、观察期限等。评价应包括动物接触受试样品与动物异常表现（包括行为和临床改变、大体损伤、体重变化、致死效应及其他毒性作用）的发生率和严重程度之间的关系。

174 浸出毒性鉴别标准值为多少?

按照《固体废物　浸出毒性浸出方法　硫酸硝酸法》（HJ/T 299—2007）制备的固体废物浸出液中任何一种危害成分含量超过表3-5中所列的浓度限值，则判定该固体废物是具有浸出毒性特征的危险废物。

表3-5　浸出毒性鉴别标准值

序号	危害成分项目	浸出液中危害成分浓度限值/(mg/L)	序号	危害成分项目	浸出液中危害成分浓度限值/(mg/L)
无机元素及化合物			10	钡(以总钡计)	100
1	铜(以总铜计)	100	11	镍(以总镍计)	5
2	锌(以总锌计)	100	12	总银	5
3	镉(以总镉计)	1	13	砷(以总砷计)	5
4	铅(以总铅计)	5	14	硒(以总硒计)	1
5	总铬	15	15	无机氟化物(不包括氟化钙)	100
6	铬(六价)	5	16	氰化物(以 CN^- 计)	5
7	烷基汞	不得检出[①]	有机农药类		
8	汞(以总汞计)	0.1	17	滴滴涕	0.1
9	铍(以总铍计)	0.02	18	六六六	0.5

续表

序号	危害成分项目	浸出液中危害成分浓度限值/(mg/L)	序号	危害成分项目	浸出液中危害成分浓度限值/(mg/L)
19	乐果	8	35	苯并[a]芘	0.0003
20	对硫磷	0.3	36	邻苯二甲酸二丁酯	2
21	甲基对硫磷	0.2	37	邻苯二甲酸二辛酯	3
22	马拉硫磷	5	38	多氯联苯	0.002
23	氯丹	2	挥发性有机化合物		
24	六氯苯	5	39	苯	1
25	毒杀芬	3	40	甲苯	1
26	灭蚁灵	0.05	41	乙苯	4
非挥发性有机化合物			42	二甲苯	4
27	硝基苯	20	43	氯苯	2
28	二硝基苯	20	44	1,2-二氯苯	4
29	对硝基氯苯	5	45	1,4-二氯苯	4
30	2,4-二硝基氯苯	5	46	丙烯腈	20
31	五氯酚及五氯酚钠(以五氯酚计)	50	47	三氯甲烷	3
32	苯酚	3	48	四氯化碳	0.3
33	2,4-二氯苯酚	6	49	三氯乙烯	3
34	2,4,6-三氯苯酚	6	50	四氯乙烯	1

①“不得检出”指甲基汞<10ng/L，乙基汞<20ng/L。

175 固体废弃物浸出液监测项目及测定方法是什么?

固体废弃物浸出液监测项目及测定方法如表 3-6 所示。

表 3-6 固体废弃物浸出液监测项目及测定方法

<table>
<tr><th>序号</th><th>危害成分项目</th><th>分析方法</th><th>方法来源</th></tr>
<tr><td colspan="4">无机元素及化合物</td></tr>
<tr><td>1</td><td>铜(以总铜计)</td><td rowspan="4">电感耦合等离子体原子发射光谱法
电感耦合等离子体质谱法
石墨炉原子吸光谱法
火焰原子吸光谱法</td><td rowspan="4">GB 5085.3—2007</td></tr>
<tr><td>2</td><td>锌(以总锌计)</td></tr>
<tr><td>3</td><td>镉(以总镉计)</td></tr>
<tr><td>4</td><td>铅(以总铅计)</td></tr>
<tr><td rowspan="3">5</td><td rowspan="3">总铬</td><td>电感耦合等离子体原子发射光谱法
电感耦合等离子体质谱法
石墨炉原子吸光谱法
火焰原子吸光谱法</td><td>GB 5085.3—2007</td></tr>
<tr><td>二苯碳酰二肼分光光度法</td><td>GB/T 15555.5—1995</td></tr>
<tr><td>硫酸亚铁铵滴定法</td><td>GB/T 15555.8—1995</td></tr>
</table>

续表

序号	危害成分项目	分析方法	方法来源
无机元素及化合物			
6	铬（六价）	二苯碳酰二肼分光光度法	GB/T 15555.4—1995
		硫酸亚铁铵滴定法	GB/T 15555.7—1995
		碱消解/火焰原子吸收分光光度法	HJ 687—2014
7	烷基汞	气相色谱法	GB/T 14204—1993
8	汞（以总汞计）	冷原子吸收分光光度法	GB/T 15555.1—1995
		电感耦合等离子体质谱法	GB 5085.3—2007
		微波消解/原子荧光法	HJ 702—2014
9	铍（以总铍计）	电感耦合等离子体原子发射光谱法 电感耦合等离子体质谱法 石墨炉原子吸光谱法 火焰原子吸光谱法	GB 5085.3—2007
10	钡（以总钡计）		
11	总银		
12	镍（以总镍计）	电感耦合等离子体原子发射光谱法 电感耦合等离子体质谱法 石墨炉原子吸光谱法 火焰原子吸光谱法	GB 5085.3—2007
		丁二酮肟分光光度法	GB/T 15555.10—1995
13	砷（以总砷计）	二乙基二硫代氨基甲酸银分光光度法	GB/T 15555.3—1995
		石墨炉原子吸收光谱法原子荧光法	GB 5085.3—2007
		微波消解/原子荧光法	HJ 702—2014
14	硒（以总硒计）	电感耦合等离子体质谱法 石墨炉原子吸收光谱法 原子荧光法	GB 5085.3—2007
		微波消解/原子荧光法	HJ 702—2014
15	无机氟化物（不包括氟化钙）	离子选择性电极法	GB/T 15555.11—1995
		离子色谱法	GB 5085.3—2007
16	氰化物（以 CN^- 计）	离子色谱法	GB 5085.3—2007
有机农药类			
17	滴滴涕	气相色谱法	GB 5085.3—2007
		气相色谱-质谱法	HJ 912—2017
18	六六六	气相色谱法	GB 5085.3—2007
		气相色谱-质谱法	HJ 912—2017
19	乐果	气相色谱法	GB 5085.3—2007
		气相色谱-质谱法	HJ 963—2018
20	对硫磷	气相色谱法	GB 5085.3—2007
		气相色谱-质谱法	HJ 963—2018
21	甲基对硫磷	气相色谱法	GB 5085.3—2007
		气相色谱-质谱法	HJ 963—2018

续表

序号	危害成分项目	分析方法	方法来源
有机农药类			
22	马拉硫磷	气相色谱法	GB 5085.3—2007
		气相色谱-质谱法	HJ 963—2018
23	氯丹	气相色谱法	GB 5085.3—2007
		气相色谱-质谱法	HJ 912—2017
24	六氯苯	气相色谱法	GB 5085.3—2007
		气相色谱-质谱法	HJ 912—2017
25	毒杀芬	气相色谱法	GB 5085.3—2007
26	灭蚁灵	气相色谱法	GB 5085.3—2007
		气相色谱-质谱法	HJ 912—2017
非挥发性有机化合物			
27	硝基苯	高效液相色谱法	GB 5085.3—2007
		气相色谱-质谱法	HJ 951—2018
28	二硝基苯	气相色谱-质谱法	GB 5085.3—2007
29	对硝基氯苯	高效液相色谱/热喷雾/质谱或紫外法	GB 5085.3—2007
30	2,4-二硝基氯苯	高效液相色谱/热喷雾/质谱或紫外法	GB 5085.3—2007
		气相色谱-质谱法	HJ 951—2018
31	五氯酚及五氯酚钠（以五氯酚计）	高效液相色谱/热喷雾/质谱或紫外法	GB 5085.3—2007
32	苯酚	气相色谱-质谱法	GB 5085.3—2007
		气相色谱-质谱法	HJ 951—2018
33	2,4-二氯苯酚	气相色谱-质谱法	GB 5085.3—2007
		气相色谱-质谱法	HJ 951—2018
34	2,4,6-三氯苯酚	气相色谱-质谱法	GB 5085.3—2007
		气相色谱-质谱法	HJ 951—2018
35	苯并[*a*]芘	气相色谱-质谱法 热提取气相色谱质谱法	GB 5085.3—2007
		气相色谱-质谱法	HJ 951—2018
36	邻苯二甲酸二丁酯	气相色谱-质谱法	GB 5085.3—2007
		气相色谱-质谱法	HJ 951—2018
37	邻苯二甲酸二辛酯	高效液相色谱/热喷雾/质谱或紫外法	GB 5085.3—2007
		气相色谱-质谱法	HJ 951—2018
38	多氯联苯	气相色谱法	GB 5085.3—2007
挥发性有机化合物			
39	苯	平衡顶空法 气相色谱法 气相色谱-质谱法	GB 5085.3—2007
		顶空/气相色谱-质谱法	HJ 643—2013

续表

序号	危害成分项目	分析方法	方法来源
		挥发性有机化合物	
40	甲苯	平衡顶空法 气相色谱法 气相色谱-质谱法	GB 5085.3—2007
		顶空/气相色谱-质谱法	HJ 643—2013
41	乙苯	气相色谱法	GB 5085.3—2007
		顶空/气相色谱-质谱法	HJ 643—2013
42	二甲苯	气相色谱法 气相色谱-质谱法	GB 5085.3—2007
		顶空/气相色谱-质谱法	HJ 643—2013
43	氯苯	气相色谱法 气相色谱-质谱法	GB 5085.3—2007
		顶空/气相色谱-质谱法	HJ 643—2013
44	1,2-二氯苯	气相色谱法 气相色谱-质谱法	GB 5085.3—2007
		顶空/气相色谱-质谱法	HJ 643—2013
45	1,4-二氯苯	气相色谱法 气相色谱-质谱法	GB 5085.3—2007
		顶空/气相色谱-质谱法	HJ 643—2013
46	丙烯腈	气相色谱-质谱法	GB 5085.3—2007
47	三氯甲烷	平衡顶空法	GB 5085.3—2007
48	四氯化碳	平衡顶空法	GB 5085.3—2007
		顶空/气相色谱-质谱法	HJ 643—2013
49	三氯乙烯	平衡顶空法	GB 5085.3—2007
		顶空/气相色谱-质谱法	HJ 643—2013
50	四氯乙烯	平衡顶空法	GB 5085.3—2007
		顶空/气相色谱-质谱法	HJ 643—2013

176 如何进行翻转法和水平振荡法浸出试验?

翻转法和水平振荡法是鉴别固体废物浸出毒性的标准浸出方法。

(1) 翻转法

称取干基试样 70g，置于 1L 具盖广口聚乙烯瓶中，加入 700mL 去离子水后，将瓶子固定在翻转式搅拌机上，调节转速为 (30±2) r/min，在室温下翻转搅拌 18h，静置 30min 后取下，经 0.45μm 滤膜过滤得到浸出液，测定污染物浓度。如果样品的含水率 ≥91%时，可将样品直接过滤，测定滤液中污染物浓度。

（2）水平振荡法

样品中含有初始液相时，应用压力过滤器和 0.45μm 滤膜对样品进行过滤。干固体百分率≤9%的，所得到的初始液相即为浸出液，直接进行分析；干固体百分率>9%的，过滤后取滤渣继续后续步骤。

称取干基重量为 100g 的试样，置于 2L 提取瓶中，根据样品的含水率，按液固比为 10：1（L/kg）计算出所需浸提剂的体积，加入浸提剂，盖紧瓶盖后垂直固定在水平振荡装置上，调节振荡频率为（110±10）次/min、振幅为 40mm，在室温下振荡 8h 后取下提取瓶，静置 16h。在振荡过程中有气体产生时，应定时在通风橱中打开提取瓶，释放过度的压力。在压力过滤器上装好 0.45μm 滤膜，过滤并收集浸出液，按照各待测物分析方法的要求进行保存。用于金属分析的浸出液应消解，消解会造成待测金属损失的除外。

177 如何进行硫酸硝酸法浸出试验？

硫酸硝酸法所使用的浸提剂分为两种，一种是用试剂水稀释的硫酸硝酸混合液，pH 值为 3.20±0.05，用于测定样品中重金属和半挥发性有机物的浸出毒性；另一种是试剂水，用于测定氰化物和挥发性有机物的浸出毒性。

对于非挥发性物质，如果样品中含有初始液相，应用压力过滤器和滤膜对样品过滤。样品含水率≥91%的，所得到的初始液相即为浸出液，直接进行分析；含水率<91%或样品为干物质的，称取滤渣或干物质 150～200g 样品，置于 2L 提取瓶中，根据样品的含水率，按液固比为 10：1(L/kg)计算出所需浸提剂的体积，加入浸提剂，盖紧瓶盖后固定在翻转式振荡装置上，调节转速为(30±2)r/min，于(23±2)℃下振荡(18±2)h。在压力过滤器上装好滤膜，用稀硝酸淋洗过滤器和滤膜，过滤并收集浸出液，与初始液相混合后进行分析。用于金属分析的浸出液应消解，消解会造成待测金属损失的除外。

对于挥发性物质，将样品冷却至 4℃，称取干基质量为 40～50g 的样品，快速转入零顶空提取器（ZHE），用 ZHE 和配套的浸出液采集装置采集浸出液，浸出条件与浸出非挥发性物质相似。注意试验过程中 ZHE 不能漏气。

178 如何进行醋酸缓冲溶液法浸出试验？

醋酸缓冲溶液法与硫酸硝酸法的步骤相同，仅浸提剂不同。

此方法所使用的浸提剂也分为两种，pH 值分别为 4.93±0.05 和 2.64±0.05。

试验前首先确定使用哪种浸提剂。方法是，对于非挥发性物质，取 5.0g 样品至 500mL 烧杯或锥形瓶中，加入 96.5mL 试剂水，盖上表面皿，用磁力搅拌器猛烈搅拌 5min，测定 pH 值，如果 pH<5.0，用高 pH 值浸提剂；如果 pH>5.0，加 3.5mL 1mol/L 盐酸，盖上表面皿，加热至 50℃，并在此温度下保持 10min。将溶液冷却至室温，测定 pH 值，如果 pH<5.0，用高 pH 值浸提剂；如果 pH>5.0，用低 pH 值浸提剂。对于挥发性物质的浸出，只用高 pH 值浸提剂。

（三）固体废物有害成分分析

179 怎样用二苯碳酰二肼分光光度法测定固体废物中总铬和六价铬的含量?

在酸性溶液中，固体废物浸出液中的三价铬被高锰酸钾氧化成六价铬，六价格与二苯碳酰二肼反应生成紫红色络合物，此络合物在 540nm 处有特征吸收。过量的高锰酸钾用亚硝酸钠分解，再用尿素分解过量的亚硝酸钠。

首先将三价铬氧化成六价铬。取适量试样于 150mL 三角瓶中，用 0.9g/mL 的氨水调至中性，加入几粒玻璃珠，加硫酸 0.5mL、磷酸 0.5mL，加水至 50mL，摇匀，加少量 40g/L 高锰酸钾溶液至红色不褪。加热煮沸至溶液剩 20mL，冷却后加 200g/L 尿素溶液 1.0mL，摇匀，滴加 20g/L 亚硝酸钠溶液至红色刚褪，稍停片刻，待溶液内气泡完全逸出。同时作空白样品。

取适量溶液于 50mL 比色管中，用水稀释至刻度，加入含二苯碳酰二肼的显色剂溶液 2.0mL，摇匀，放置 10min 后于 540nm 处，以水作参比测定吸光度。扣除空白试验的吸光度，在校准曲线上查得六价铬的含量，计算可得浸出液中总铬的含量。

如果固体废物浸出液不经过氧化而直接测定，所测结果即为六价铬的含量。

180 怎样用硫酸亚铁铵滴定法测定固体废物中总铬和六价铬的含量?

在酸性溶液中，以银盐作催化剂，用过硫酸铵将三价铬氧化成六价铬。加入少量氯化钠并煮沸除去过量的过硫酸铵及反应中产生的氯气等氧化剂。以 *N*-苯基代邻氨基苯甲酸做指示剂，用硫酸亚铁铵溶液滴定六价铬，过量的硫酸亚铁铵与指示剂反应，溶液呈亮绿色作为终点。根据硫酸亚铁铵标准溶液的用量计算出固体废物浸出液中的总铬含量。

首先将三价铬氧化成六价铬。取适量浸出液于 500mL 三角瓶中，用（1+1）的氨水调 pH 值至 1～2。加入硫酸-磷酸混合溶液 20mL、1～3 滴硝酸银溶液、硫酸锰溶液 0.5mL 和过硫酸铵溶液 25mL，摇匀，加入几粒玻璃珠。加热至出现高锰酸盐的紫红色，煮沸 10min。取下稍冷，加入氯化钠溶液 5mL，加热微沸 10～15min，除尽氯气。取下迅速冷却，用水洗涤瓶壁并稀释至约 220mL。

将处理好的试料加入 5 滴 *N*-苯基代邻氨基苯甲酸指示剂，用硫酸亚铁铵溶液滴定至溶液由紫红色变为黄绿色即为终点。用水代替试液，按同样的方法制备空白溶液并滴定。从滴定试液的标准溶液用量中扣除滴定空白样品的用量。浸出液中总铬的浓度按下式计算。

$$c=\frac{TV_1}{V}\times 1000$$

式中，c 为浸出液中的总铬浓度，mg/L；T 为标准硫酸亚铁铵的浓度，mg/mL；V_1 为硫酸亚铁铵标准溶液用量，mL；V 为滴定吸取的浸出液体积，mL。

如果固体废物浸出液不经过氧化而直接测定，所测结果即为六价铬的含量。

181 怎样用碱溶液提取-火焰原子吸收分光光度法测定固体废物中六价铬的含量?

样品在碱性介质中，加入氯化镁和磷酸氢二钾-磷酸二氢钾缓冲溶液，消解溶出六价铬，用火焰原子吸收分光光度法测定六价铬的含量。

称取适量固体废物样品至 250mL 圆底烧瓶中，加入 50.0mL 碳酸钠-氢氧化钠混合溶液，加 400mg 氯化镁和 50.0mL 磷酸氢二钾-磷酸二氢钾缓冲溶液。放入搅拌子，用聚乙烯薄膜封口，置于搅拌加热装置上。常温下搅拌样品 5min 后，开启加热装置，加热搅拌至 90～95℃，消解 60min。消解完毕，取下圆底烧瓶，冷却至室温。用 0.45μm 的滤膜抽滤，滤液置于 250mL 的烧杯中，用浓硝酸调节溶液的 pH 值至 9.0±0.2。将此溶液转移至 100mL 容量瓶中，用去离子水稀释定容，摇匀，使用火焰原子吸收分光光度计测量。表 3-7 为一般仪器的使用条件。

表 3-7 一般仪器的使用条件（六价铬含量测量）

元素	Cr
测定波长/nm	357.9
通带宽度/nm	0.2
火焰性质	富燃还原性(使光源光斑通过火焰亮蓝色部分)
次灵敏线/nm	359.0;360.5;425.4
燃烧头高度	调整至使光源光斑通过中间反应区

182 怎样用直接吸入火焰原子吸收分光光度法测定废物中总铬的含量?

将浸出液经过氧化处理后，直接喷入火焰，在空气-乙炔火焰中形成的铬基态原子对 357.9nm 或其他的共振线产生吸收，将浸出液的吸光度与标准溶液的吸光度进行比较，即可测定浸出液中铬的含量。

氧化的过程是，取 50mL 固体废物浸出液于 150mL 三角瓶中，加入浓硝酸 2mL、$(NH_4)_2S_2O_8$ 溶液 5mL，摇匀。在三角瓶口插入小漏斗后置于电热板上加热，煮沸至剩 20mL 左右时取下冷却，用少量水冲洗小漏斗和三角瓶内壁，全量转移至 50mL 容量瓶中，加入氯化铵溶液 5mL，用水定容。同时做空白样品。

调节火焰原子分光光度计至最佳工作状态，在 357.9nm 处以空白样品作参比测定试样的吸光度，用校准曲线法测定试样中铬的浓度。

仪器的最佳工作条件见表 3-8。

表 3-8 仪器的最佳工作条件（总铬含量测量）

元素	Cr
测定波长/nm	357.9
通带宽度/nm	0.7
火焰性质	富燃性火焰
次灵敏线/nm	359.0,360.5,425.4
燃烧器高度/nm	10(使空心阴极灯光斑通过亮蓝色部分)

183 怎样用直接吸入火焰原子吸收分光光度法测定固体废物中镍的含量?

将固体废物浸出液直接喷入火焰，在空气-乙炔火焰的高温下，镍化合物解离为基态原子，该气态的基态原子对镍空心阴极灯发射的谱线在 232.0nm 处有特征吸收，在规定的条件下，吸光度与试液中镍的浓度成正比，用校准曲线法即可计算出固体废物浸出液中镍的含量。

仪器的最佳工作条件见表 3-9。

表 3-9 仪器的最佳工作条件（镍含量测量）

元素	镍(单元素空心阴极灯)
测定波长/nm	232.0
通带宽度/nm	0.2
灯电流/mA	12.5
火焰性质	中性空气-乙炔火焰

184 怎样用丁二酮肟分光光度法测定固体废物中镍的含量?

在柠檬酸铵-氨水介质中，当有氧化剂碘存在下，镍与丁二酮肟作用，形成组成比为 1∶4 的酒红色络合物，此络合物在 530nm 波长处有特征吸收，用分光光度计测定吸光度，即可计算固体废物中镍的含量。

测定步骤如下。

(1) 前处理

取适量固体废物浸出液于烧杯中，加入 0.5mL 硝酸，置于电热板上，在近沸状态下蒸发至近干，冷却后，再加 0.5mL 的硝酸和 0.5mL 的高氯酸继续加热消解，蒸发至近干。用硝酸溶液溶解，若溶液仍不清澈，则重复上述操作，直至溶液清澈为止。

（2）显色

将溶液转移到 25mL 的容量瓶中，稀释至约 10mL，用 2mol/L 氢氧化钠溶液约 1mL 使呈中性，加 2mL 500g/L 的柠檬酸铵溶液、1mL 0.05mol/L 的碘溶液，加水至约 20mL，摇匀，加 2mL 5g/L 丁二酮肟溶液摇匀。加 2mL 50g/L Na_2-EDTA 溶液，加水至标线，摇匀，放置 5min。同时作空白样品。

（3）测定

用 1cm 比色皿，以水为参比液，在 530nm 波长处测量显色液的吸光度，扣除空白样品吸光度，用标准曲线法测定固体废物浸出液中镍的浓度。

185 怎样用二乙基二硫代氨基甲酸银分光光度法测定固体废物中砷的含量?

在碘化钾与氯化亚锡存在下，使五价砷还原成三价砷。锌与酸作用产生新生态的氢，与三价砷作用生成砷化氢气体。此气体用二乙基二硫代氨基甲酸银-三乙醇胺氯仿溶液吸收，生成的红色胶态银在 530nm 波长处有特征吸收，用分光光度计测定吸光度，即可计算固体废物中砷的含量。

取适量固体废物浸出液于砷化氢发生瓶中（与测定土壤中砷含量的装置相同），用水稀释到 50mL，加入（1＋1）硫酸溶液 8mL，15％的碘化钾溶液 5.0mL，40％的氯化亚锡溶液 2.0mL，摇匀放置 10min。取砷化氢吸收溶液（含二乙基二硫代氨基甲酸银）5.0mL 置于吸收管中，插入导气管。在砷化氢发生瓶中加入 4g 无砷锌粒，立即将导气管与砷化氢发生瓶连接好，保证反应装置密闭不漏气。在室温下反应 1h，使砷化氢气体完全释放出来，加氯仿于吸收管中，补充其吸收液体积到 5.0mL，并混匀。同时做空白样品。由于砷化氢是剧毒气体，整个反应应在通风橱内或通风良好处进行。砷化氢完全释放后，吸收管内的红色胶体在 2.5h 内是稳定的，应在这段时间内进行吸光度测定。

用 1cm 比色皿，以氯仿为参比，在 530nm 波长处测量吸收液的吸光度，减去空白样品的吸光度，用校准曲线法测得固体废物浸出液中砷的含量。

186 怎样用直接吸入火焰原子吸收分光光度法测定固体废物中铜、锌、铅、镉的含量?

将固体废物浸出液直接喷入火焰，在空气-乙炔火焰中，铜、锌、铅、镉的化合物解离为基态原子，并对空心阴极灯的特征辐射谱线产生选择性吸收，在给定的条件下，测定铜、锌、铅、镉的吸光度，用标准曲线法即可计算其各自的浓度。

仪器的最佳测定条件见表3-10。

表3-10 仪器的最佳测定条件（铜、锌、铅、镉含量测量）

元素	铜	锌	铅	镉
测定波长/nm	324.7	213.8	283.3	228.8
通带宽度/nm	1.0	1.0	2.0	1.3
火焰性质	贫燃	贫燃	贫燃	贫燃
其他可选谱线/nm	327.4,225.8	307.6	217.0,261.4	326.2

187 怎样用KI-MIBK萃取火焰原子吸收分光光度法测定固体废物中铅和镉的含量？

KI-MIBK萃取火焰原子吸收分光光度法适合于测定固体废物浸出液中微量的铅和镉。其原理是，在约1%的HCl介质中，Pb^{2+}、Cd^{2+}与I^-形成离子缔合物，在HCl浓度达1%～2%，KI为0.1mol/L时，MIBK对于Pb、Cd的萃取率分别在99.4%和99.3%以上，将MIBK相吸入火焰，进行吸光度测定，用校准曲线法即可计算出铅和镉的含量。

仪器的最佳测定条件见表3-11。

表3-11 仪器的最佳测定条件（铅、镉含量测量）

元素	铅	镉
测定波长/nm	283.3	228.8
通带宽度/nm	2.0	1.3
火焰性质	贫燃	贫燃
其他可选择谱线/nm	217.0,261.4	326.1

188 怎样用冷原子吸收分光光度法测定固体废物中总汞的含量？

在硫酸-硝酸介质及加热条件下，用高锰酸钾和过硫酸钾等氧化剂，通过一系列的氧化还原反应，将试液中的各种汞化合物先转化成二价汞，再转化成金属汞。在室温下通入空气或氮气，使金属汞气化，气化的金属汞在253.7nm处有特征吸收，用冷原子吸收测汞仪测定吸光度，用校准曲线法即可计算出铅和镉的含量。

测定步骤如下。

（1）消解

取适量固体废物浸出液于125mL的锥形瓶中，依次加入适量的硫酸溶液、高锰酸钾溶液和过硫酸钾溶液。插入小漏斗，置于沸水中使试液在近沸状态保温1h，取下冷却，或者向试液中加入数粒玻璃珠或者沸石，插入小漏斗，擦干瓶底，在电热板上加热煮沸 10min。取下冷却。此时固体废物浸出液中所含的汞全部转化为二价无机汞。

（2）测定

在临测定时，边摇边滴加盐酸羟胺溶液，直至刚好使过剩的高锰酸钾褪色及生成的二氧化锰全部溶解。转移入 100mL 容量瓶中，用专门的稀释液定容。取适量定容后的溶液注入汞还原器中，加入氯化亚锡溶液使二价无机汞还原成金属汞，用冷原子吸收分光光度计测定其吸光度，用校准曲线法计算浸出液中总汞的含量。

189 怎样用原子荧光法测定固体废物中总汞、总砷的含量?

固体废物试样经微波消解后，进入原子荧光仪，其中的砷和汞等元素在硼氢化钾溶液还原作用下，生成砷化氢和汞原子蒸气。这些气体在氩氢火焰中形成基态原子，在元素灯（汞、砷）发射光的激发下产生原子荧光，原子荧光强度与试样中元素含量成正比。

使用分析天平准确称取固体废物样品 0.5000g，将试样置于溶样杯中，用少量蒸馏水润湿。在通风橱中，先加入 6mL 盐酸，再慢慢加入 2mL 硝酸，使样品与消解液充分接触。若有剧烈的化学反应，待反应结束后再将溶样杯置于消解罐中密封。将消解罐装入消解罐支架后，放入微波消解仪中进行微波消解。消解结束，待罐内温度降至室温后，在通风橱中取出、放气，打开。判断消解是否完全，溶液是否澄清，若不澄清需进一步消解。固体废物的微波消解升温程序见表 3-12。

表 3-12 固体废物的微波消解升温程序

步骤	升温时间/min	目标温度/℃	保持时间/min
1	5	100	2
2	5	150	3
3	5	180	25

用慢速定量滤纸将消解后溶液过滤至 50mL 容量瓶中，用蒸馏水淋洗溶样杯及沉淀至少 3 次。将所有淋洗液并入容量瓶中，用蒸馏水定容至标线，混匀。

固体废物中总汞的测定：分取 10.0mL 试液置于 50mL 容量瓶中，加入 2.5mL 盐酸，用蒸馏水定容，混匀，室温放置 30min，使用原子荧光仪测定。

固体废物中总砷的测定：分取 10.0mL 试液置于 50mL 容量瓶中，加入 5mL 盐酸和 10mL 硫脲-抗坏血酸混合溶液，用蒸馏水定容，混匀，室温放置 30min，使用原子荧光仪测定。表 3-13 为一般仪器的使用参数。

表 3-13 一般仪器的使用参数（汞、砷含量测定）

元素名称	灯电流/mA	负高压/V	原子化器温度/℃	载气流量/(mL/min)	屏蔽气流量/(mL/min)
汞	15～40	230～300	200	400	800～1000
砷	40～80	230～300	200	300～400	800

190 怎样用电感耦合等离子体质谱法测定固体废物中重金属的含量?

(1) 固体废物浸出液试样

移取固体废物浸出液 25.0mL，置于消解罐中，加入 4mL 硝酸和 1mL 盐酸，将消解罐放入微波消解装置进行消解。消解后冷却至室温，小心打开消解罐的盖子，然后将消解罐放在赶酸仪中，于 150℃敞口赶酸至内溶物近干，冷却至室温后，用去离子水溶解内溶物，然后将溶液转移至 50mL 容量瓶中，用去离子水定容至 50mL。测定前使用滤膜过滤或取上清液进行测定。

(2) 固体废物试样

对于固态样品或可干化的半固态样品，称取 0.1～0.2g 过筛后的样品：对于液态或不可干化的固态样品，直接称取样品 0.2g，将样品置于消解罐中，加入 1mL 盐酸、4mL 硝酸、1mL 氢氟酸和 1mL 双氧水，将消解罐放入微波消解装置进行消解。消解后冷却至室温，小心打开消解罐的盖子，然后将消解罐放在赶酸仪中，于 150℃敞口赶酸，至内溶物近干，冷却至室温后，用去离子水溶解内溶物，然后将溶液转移至 50mL 容量瓶中，用去离子水定容至 50mL。测定前使用滤膜过滤或取上清液进行测定。

每个试样测定前，用硝酸溶液冲洗系统直到信号降至最低，待分析信号稳定后才可开始测定。将制备好的试样加入与校准曲线相同量的内标标准，在相同的仪器分析条件下进行测定。若样品中待测元素浓度超出校准曲线范围，需经稀释后重新测定，稀释液使用硝酸溶液。

表 3-14 为仪器使用条件。

表 3-14 仪器使用条件

内标浓度范围/(μg/L)	50.0～1000
调谐信号分辨率/%	10
峰宽/amu	0.6～0.8

191 怎样用离子选择电极法测定固体废物中氟化物的含量?

离子选择电极法测定固体废物中氟化物含量的原理是，当氟电极与含氟的试液接触时，电池的电动势（E）随溶液中氟离子活度变化符合 Nernst 方程。当溶液的总离子强度为定值且足够时，服从下面的关系式。测量电池的电动势即可算出溶液中游离氟离子的浓度。

$$E = E_0 - \frac{2.303RT}{F}\lg a_{F^-}$$

式中，E 为电池的电动势；R 为气体常数；T 为绝对温度；F 为法拉第常数；a_{F^-} 为氟离子活度。

当浸出液不太复杂时，可直接取浸出液测定；如果浸出液含有氟硼酸盐或者成分复杂，则应先采用水蒸气进行蒸馏。方法为：取适量浸出液置于蒸馏瓶中，在不断摇动下缓慢加入 15mL 高氯酸，按图 3-5 连接好装置，加热，待蒸馏瓶内溶液温度约 130℃时，开始通入蒸汽，并维持温度在（140±5）℃，控制蒸馏速度为 5～6mL/min，待接收瓶馏出液体积约 150mL 时停止蒸馏，并用水稀释馏出液至 200mL。

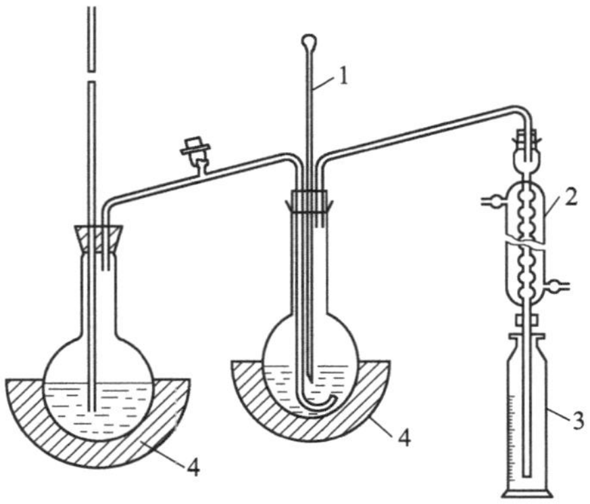

图 3-5　氟化物水蒸气蒸馏装置

1—温度计；2—冷凝器；3—接收器；4—加热套

取适量稀释后的馏出液置于 50mL 容量瓶中，用乙酸钠或盐酸溶液调节 pH 值至中性，加入 10mL 总离子强度调节缓冲溶液，用水稀释定容。将其注入 100mL 聚乙烯杯中，放入一只塑料搅拌棒，插入电极，连续搅拌溶液，待电位稳定后读取电位值，用校准曲线法测定氟化物的含量。

192 同位素稀释高分辨气相色谱-高分辨质谱法测定固体废物中的二噁英类时，如何进行样品的前处理？

样品在测定前需先进行如下前处理。

（1）添加提取内标

在样品处理之前添加提取内标。如果样品提取液需要分割使用，提取内标添加量则应适当增加。

（2）液态样品的萃取

① 水溶性样品　称取一定量混合均匀的液态样品，按照 10∶1 的比例，用二氯甲烷（或甲苯）振荡萃取，重复 3 次，萃取液用无水硫酸钠脱水。

② 油状样品（含油淤泥、化学反应釜脚）　称取一定量的油状样品放入盛有 50mL 甲苯的烧杯中，搅拌使可溶解成分完全溶解。用布氏漏斗及玻璃纤维滤膜过滤甲苯处理液，将玻璃纤维滤膜和不溶性残渣放入培养皿中，转移至洁净的干燥器中充分干燥。经布氏漏斗过滤得到的甲苯处理液，分离后水溶性样品用二氯甲烷（或甲苯）振荡萃取，重复 3 次。充分干燥后的玻璃纤维滤膜和不溶性残渣以甲苯为溶剂进行索氏提取 16h 以

上，或使用性能相当的提取设备进行提取操作。将上述萃取液和甲苯提取液合并，作为该油状样品的提取液。

（3）固态样品的提取

称取一定量制备好的固态样品，用2mol/L的盐酸处理固态样品1h。盐酸的用量为每1g固态样品至少加20mmol HCl。搅拌固态样品，使其与盐酸充分接触直到不再发泡为止。若样品中不含炭状物时，可以省略盐酸处理，直接进行提取操作。用布式漏斗过滤盐酸处理液，并用水充分冲洗固态样品，再用少量甲醇（或丙酮）去除水分。将玻璃纤维滤膜和固态样品放入培养皿中，转移至洁净的干燥器中充分干燥。盐酸处理液，按照水溶性样品萃取。充分干燥后的玻璃纤维滤膜和固态样品以甲苯为溶剂进行索氏提取16h以上，或使用性能相当的提取设备进行提取操作。将上述萃取液和甲苯提取液合并，作为样品溶液。

（4）DMSO萃取法

若提取液中含有油脂，可以使用二甲基亚砜萃取法（DMSO萃取法）。在分液漏斗中加入25mL用正己烷饱和的二甲基亚砜溶液，将浓缩到3mL左右的提取液加入分液漏斗中，用少量正己烷冲洗，并将冲洗液一并加入分液漏斗，振荡萃取，静置分离二甲基亚砜层。重复以上操作四次，共得到约100mL二甲基亚砜溶液，将其移入分液漏斗中，并加入40mL正己烷，振荡萃取，静置分层，弃掉正己烷层。向盛有100mL二甲基亚砜溶液的分液漏斗中加入75mL正己烷和100mL水，振荡萃取，静置分层。重复以上操作3次，共得到约225mL正己烷萃取液。将正己烷萃取液移入分液漏斗中，加入2mol/L的氢氧化钾水溶液10mL，振荡洗涤，然后再加入25mL水洗涤，静置分层，正己烷萃取液经无水硫酸钠脱水后浓缩，作为样品溶液，进行净化处理。

（5）样品溶液的分割

可根据样品中二噁英类预期质量分数的高低，分取25%～100%（整数比例）的样品溶液作为分析样品，剩余样品转移至棕色密封储液瓶中冷藏储存。

193 怎样用同位素稀释高分辨气相色谱-高分辨质谱法测定固体废物中的二噁英类?

二噁英类是多氯代二苯并对二噁英（PCDDs）和多氯代二苯并呋喃（PCDFs）的统称。

采用同位素稀释高分辨气相色谱-高分辨质谱法测定土壤及沉积物中的二噁英类，按相应采样规范采集样品并干燥，加入提取内标后使用盐酸处理。分别对盐酸处理液和盐酸处理后样品进行液液萃取和索氏提取，萃取液和提取液溶剂置换为正己烷后合并，进行净化、分离及浓缩操作。加入进样内标后使用高分辨色谱-高分辨质谱法（HRGC-HRMS）进行定性和定量分析。

方法检出限取决于所使用的分析仪器的灵敏度、样品中的二噁英类质量分数以及干扰水平等多种因素。2,3,7,8-T4CDD仪器检出限应低于0.1pg，当土壤及沉积物取样量为 100g 时，本方法对 2,3,7,8-T4CDD 的最低检出限应低于 0.05ng/kg。

利用同位素稀释高分辨气相色谱-高分辨质谱法测定土壤中二噁英类的步骤如下。

(1) 上机样品制备

将经过前处理和净化的洗出液用高纯氮吹除多余的溶剂，浓缩至微湿。添加 0.4～2.0ng 进样内标，加入壬烷（或癸烷、甲苯）定容至适当体积，使进样内标质量浓度与制作相对响应因子的标准曲线进样内标质量浓度相同，转移至进样瓶后作为最终分析样品。

(2) 仪器分析

设定合适的高分辨气相色谱及质谱的条件，使用 SIM 法选择待测化合物的两个监测峰离子进行监测。导入质量校准物质（PFK）得到稳定的响应后，优化质谱仪器参数并进行质量校正。进行样品分析及数据处理，按各化合物的离子荷质比记录谱图。配制标准溶液系列，对每个质量浓度应重复 3 次进样测定。标准溶液序列中最低质量浓度的化合物信噪比（S/N）应大于 10。

(3) 数据处理

确定进样内标，分析样品中进样内标的峰面积应不低于标准溶液中进样内标峰面积的 70%。在色谱图上，二噁英类同类物的两个监测离子在指定保留时间窗口内同时存在，并且其离子丰度比与理论离子丰度比一致，可定性为二噁英类物质。

采用内标法计算分析样品中被检出的二噁英类化合物的绝对量，并计算出样品中的待测化合物质量分数。

（四）生活垃圾特性分析

194 城市垃圾的监测项目有哪些？

城市垃圾的监测项目见表 3-15。

表 3-15 城市垃圾的监测项目

类别	监测项目
物理性质	含水率、容重、颗粒组成
化学性质	总有机质、有机碳、全氮、全磷、速效氮、速效磷、速效钾、pH 值、重金属（汞、铬、镉、铜等）的含量
一般性质	易燃成分、热值、煤渣、各种废品（玻璃、纸、橡胶、金属等）的含量

195 怎样测定生活垃圾的物理组成？

采样后应立即进行物理组成分析，否则，必须将样品摊铺在室内避风阴凉干净的铺有防渗塑胶的水泥地面，厚度不超过 50mm，并防止样品损失和其他物质的混入，保存期不超过 24h。称量生活垃圾样品总重，按照表 3-16 的类别分捡生活垃圾样品中各成分，分别称量各成分重量。

表 3-16 生活垃圾物组成分类

序号	类别	说明
1	厨余类	各种动、植物类食品(包括各种水果)的残余物
2	纸类	各种废弃的纸张及纸制品
3	橡塑类	废弃的塑料、橡胶、皮革制品
4	纺织类	各种废弃的布类(包括化纤布)、棉花等纺织品
5	木竹类	各种废弃的木竹制品及花木
6	灰土类	炉灰、灰砂、尘土等
7	砖瓦陶瓷类	各种废弃的砖、瓦、瓷、石块、水泥块等块状制品
8	玻璃类	各种废弃的玻璃、玻璃制品
9	金属类	各种废弃的金属、金属制品(不包括各种纽扣电池)
10	其他	各种废弃的电池、油漆、杀虫剂等
11	混合类	粒径小于 10mm 的、按上述分类比较困难的混合物

196 怎样测定生活垃圾的水分含量?

水分含量是固体废物监测中所必测的项目。水分含量一般是指样品在 105℃干燥后所损失的质量。测定固体废物中水分含量的方法是加热烘干称量法。蒸汽压与水的蒸汽压相近或较高的某些含氮化合物、有机化合物等，采用加热法不能分离，这些物质的存在使固体废物或污泥水分含量测定所造成的误差通常小于 1%。

测定水分含量的仪器主要包括恒温鼓风干燥箱、带盖铝盒或称量瓶和天平（精确度为 0.01g）等。测定时，先将带盖铝盒或玻璃称量瓶在 105℃烘至恒重（m_1）。然后在已恒重的铝盒或称量瓶中放入 20g 左右的试样称量（m_2），把盛有试样的铝盒或称量瓶放入恒温鼓风干燥箱中，盒盖或瓶盖半盖在铝盒或称量瓶的上面，在 105℃下烘干 4～8h，恒重至±0.1g，冷却称量 m_3，准确至 0.01g。污泥试样在 105℃干燥时间要延长，有时要干燥 24h 才能达到稳定平衡（变动量小于 0.5%）。

$$w_{H_2O}=\frac{m_2-m_3}{m_3-m_1}\times 100\%$$

式中，w_{H_2O} 为生活垃圾中的水分含量；m_1 为铝盒（称量瓶）质量，g；m_2 为铝盒（称量瓶）加试样烘干前质量，g；m_3 为铝盒（称量瓶）加试样烘干后质量，g。

需要注意的是，测定固体废物中的水分含量时加热温度不能过高，否则会引起其他易挥发物质的损失，使结果偏高。

197 怎样测定生活垃圾的 pH 值?

测定固体废物 pH 值采用的是玻璃电极电位法。测定步骤如下。

① 检查仪器的电极、标准缓冲溶液是否正常。玻璃电极使用前应放在蒸馏水中浸泡 24h，甘汞电极内要有适量的氯化钾晶体存在，以保证氯化钾溶液的饱和。

② 测定前需先用标准溶液校正仪器。

③ 称取生活垃圾试样 5g 于 50mL 烧杯中，加入 1mol/L 的氯化钾溶液 25mL，用玻璃棒搅拌 1～2min 后放置 30min，其间每 5min 搅拌 0.5min，1min 后直接从仪器上读取 pH 值。

测量 pH 时，溶液应适度搅拌，以使溶液均匀并达到电化学平衡，读取数据时应静止片刻，以使读数稳定。更换标准溶液或样品时，应以水充分淋洗电极，用滤纸吸去电极上的水滴，再用待测溶液淋洗，以消除相互影响。

198 怎样测定生活垃圾的粒度?

粒度采用筛分法，将一系列不同筛目的筛子按规格序列由小到大排列，筛分时，依次连续摇动 15min，依次转到下一号筛子，然后计算每一粒度微粒所占的百分比。如果需要在试样干燥后再称量，则需在 70℃的温度下烘干 24h，然后再在干燥器中冷却后筛分。

199 怎样测定生活垃圾中的淀粉含量?

垃圾在堆肥处理过程中，需借助淀粉量分析来鉴定堆肥的腐熟程度。测定淀粉含量利用的是垃圾在堆肥过程中形成的淀粉碘化络合物的颜色变化与堆肥降解度的关系。当堆肥降解尚未结束时，淀粉碘化络合物呈蓝色；降解结束即呈黄色。堆肥颜色的变化过程是深蓝—浅蓝—灰—绿—黄。

分析所用的试剂主要有：碘反应剂(将 2g KI 溶解到 500mL 水中，再加入 0.08g I_2)、36%的高氯酸和酒精。测定步骤为：将 1g 堆肥置于 100mL 烧杯中，滴入几滴酒精使其湿润，再加 20mL 36%的高氯酸；用纹网滤纸（90 号纸）过滤，加入 20mL 碘反应剂到滤液中并搅动；将几滴滤液滴到白色板上，观察其颜色变化。

200 怎样测定生活垃圾的生物降解度?

垃圾中含有大量天然的和人工合成的有机物质，有的容易生物降解，有的难以生物降解。目前，对生活垃圾生物降解度的测定采用的是一种在室温下的 COD 估计的试验方法。测定步骤如下。

① 称取 0.5g 已烘干磨碎试样于 500mL 锥形瓶中，将 20mL 12mol/L 重铬酸钾溶液加入试样瓶中并充分混合；取 20mL 硫酸加到试样瓶中，在室温下将这一混合物放置 12h 且不断摇动。

② 依次加入 15mL 蒸馏水、10mL 磷酸、0.2g 氟化钠和 30 滴指示剂，每加入一种试剂后必须混合。用标准硫酸亚铁铵溶液滴定，在滴定过程中颜色的变化是棕绿—绿蓝—蓝绿，在等当点时出现的是纯绿色；用同样的方法在不放试样的情况下做空白试验；如果加入指示剂时易出现绿色，则试验必须重做，必须再加 30mL 重铬酸钾溶液。

③ 生物降解物质的计算如下。

$$BDM=\frac{1.28VC(V_2-V_1)}{V_2}$$

式中，BDM 为生物降解度；V_1 为试样滴定体积，mL；V_2 为空白试验滴定体积，mL；V 为重铬酸钾的体积，mL；C 为重铬酸钾的浓度，mol/mL；1.28 为折合系数。

201 怎样测定生活垃圾的热值?

热值是废物焚烧处理的重要指标，指单位质量的固体废物燃烧所释放出来的热量，以 kJ/kg 为基本单位。固体废物在热值达到 3360kJ/kg 以上时，比较适合焚烧，低于此值时，则需要添加辅助燃料助燃。

热值的表示方法有两种，即高热值和低热值（也称粗热值和净热值）。垃圾中可燃物燃烧产生的热值为高热值。垃圾中含有的不可燃物质（如水和不可燃惰性物质），在燃烧过程中消耗热量，当燃烧升温时，不可燃惰性物质吸收热量而升温；水吸收热量后汽化，以蒸汽形式挥发。高热值减去不可燃惰性物质吸收的热量和水汽化所吸收的热量，称为低热值。显然，低热值更接近实际情况，在实际工作中意义更大。两者换算公式如下。

$$H_N=H_0\left[\frac{1-(I+W)}{1-W_L}\right]\times 5.85W$$

式中，H_N 为低热值，kJ/kg；H_0 为高热值，kJ/kg；I 为惰性物质含量，%；W 为垃圾的表面湿度，%；W_L 为剩余的和吸湿性的湿度，%。

热值的测定可以用量热计法或热耗法。测定废物热值的主要困难是要了解废物的比热容值，因为垃圾组分变化范围大，各种组分比热容差异很大，所以测定某一垃圾的比热容是一个复杂的过程，而对组分比较简单的垃圾（例如含油污泥等）就比较容易测定。

202 怎样分析生活垃圾的化学性质?

生活垃圾化学分析的项目及方法如表 3-17 所示。

表 3-17 生活垃圾化学分析项目和方法

项目	分析方法	方法来源
氯	艾氏卡混合剂熔样-硫氰酸钾滴定法	CJ/T 96—2013
碳	元素分析仪法	CJ/T 96—2013
氢	元素分析仪法	CJ/T 96—2013
氮	元素分析仪法	CJ/T 96—2013
硫	元素分析仪法	CJ/T 96—2013
氧	元素分析仪法	CJ/T 96—2013
有机质	灼烧法	CJ/T 96—2013
总铬	二苯碳酰二肼比色法	CJ/T 96—2013
汞	冷原子吸收分光光度法	CJ/T 96—2013

续表

项目	分析方法	方法来源
pH	玻璃电极法	CJ/T 96—2013
镉	原子吸收分光光度法	CJ/T 96—2013
铅	原子吸收分光光度法	CJ/T 96—2013
砷	二乙基二硫代氨基甲酸银分光光度法	CJ/T 96—2013
全氮	半微量开氏法	CJ/T 96—2013
全磷	偏钼酸铵分光光度法	CJ/T 96—2013
全钾	火焰光度法	CJ/T 96—2013

203 什么是垃圾渗滤液？渗滤液有哪些特性？

垃圾渗滤液是指垃圾本身所带水分，以及降水等与垃圾接触而渗出来的溶液，它提取或溶出了垃圾组成中的污染物质甚至有毒有害物质，一旦进入环境会造成难以挽回的后果。由于渗滤液中的水量主要来源于降水，所以在生活垃圾的三大处理方法中，渗滤液是填埋处理中最主要的污染源。

渗滤液的特性决定于它的组成和浓度。由于不同国家、不同地区、不同季节的生活垃圾组分变化很大，并且随着填埋时间的不同，渗滤液组分和浓度也会变化。渗滤液的主要特点为：

① 成分不稳定，主要取决于垃圾的组成；

② 浓度变化较大，主要取决于填埋时间；

③ 组成特殊，垃圾中存在的物质，渗滤液中不一定存在，一般废水中有的渗滤液中也不一定有，渗滤液水中几乎不含油类、氰化物、金属铬和金属汞等。

204 渗滤液的分析项目有哪些？

根据实际情况，我国提出了渗滤液理化分析和细菌学检验方法，内容包括：色度、总固体、总溶解性固体与总悬浮性固体、硫酸盐、氨氮、凯氏氮、总氮、氯化物、总磷、pH 值、五日生化需氧量、化学需氧量、电导率、钾和钠、总汞、总砷、铅和镉、总铬、细菌总数、总大肠菌群、粪大肠菌群 21 个项目。测定方法按照《生活垃圾渗沥液检测方法》(CJ/T 428)。

205 怎样选择垃圾填埋场渗滤液采样点？

正规设计的垃圾填埋场通常设有渗滤液渠道和集水井，采集比较方便。典型安全填埋场也设有渗出液取样点，见图 3-6。

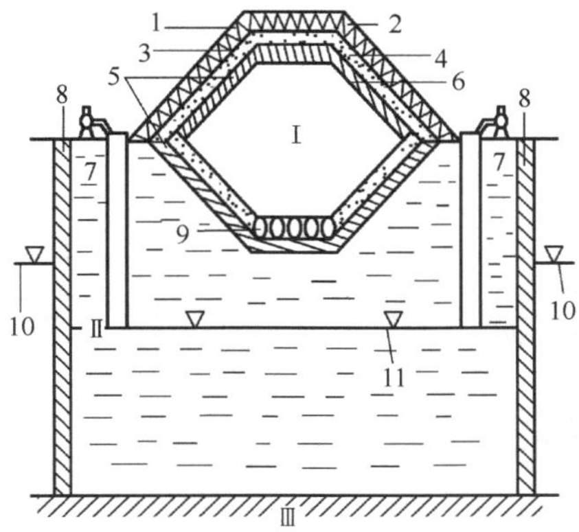

图 3-6 典型安全填埋场示意及渗滤液采样点

Ⅰ—废物堆；Ⅱ—可渗透性土壤；Ⅲ—非渗透性土壤；1—表层植被；2—土壤；
3—黏土层；4—双层有机内衬；5—砂质土；6—单层有机内衬；7—渗出液抽吸泵（采样点）；
8—膨润土浆；9—渗出液收集管；10—正常地下水位；11—堆场内地下水位

206 什么是固体废物的渗漏模型试验?

固体废物长期堆放可能通过渗滤液污染地下水和周围土地，应进行渗漏模型试验。固体废物渗漏模型试验装置见图 3-7。

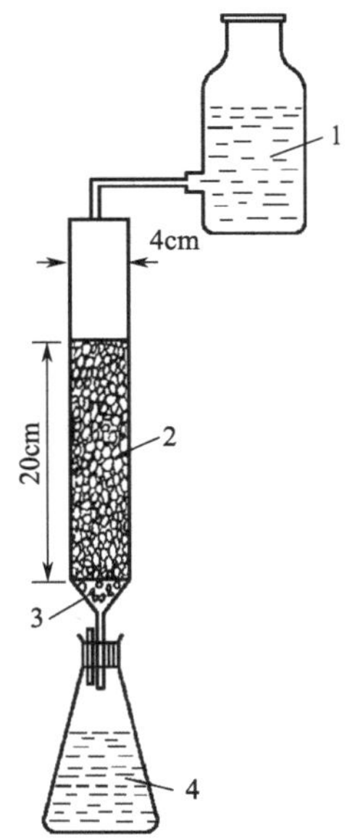

图 3-7 固体废物渗漏模型试验装置

1—雨水或蒸馏水；2—固体废物；3—玻璃棉；4—渗滤液

固体废物先经粉碎后，通过 0.5mm 孔径筛，然后装入玻璃柱内，在上面玻璃瓶中加入雨水或蒸馏水，以 12mL/min 的速度通过管柱下端的玻璃棉流入锥形瓶内，每隔一定时间测定渗滤液中有害物质的含量，然后画出时间-渗滤液中有害物浓度曲线。这一试验对研究废物堆场对周围环境的影响有一定作用。

四、

常用土壤污染物与固体废物监测仪器的操作方法

207 土壤与固体废物监测中常用的仪器设备有哪些?

现代分析仪器的种类十分庞杂，应用原理都不尽相同，在土壤和固体废物监测中常用到的一些设备有以下几类。

(1) 电化学分析仪器

根据氧化还原电极电位鉴别样品的阴、阳离子的形态含量和活度。如电位滴定仪、pH 计、极谱仪等。

(2) 光学式分析仪器

利用物质对光吸收的选择性和发射光的特殊性分析物质的结构及组成。如原子吸收分光光度计、原子发射光谱仪、原子荧光光度计、紫外-可见分光光度计、红外吸收光谱仪、激光 Raman 光谱仪、火焰光度计及 X 射线光谱仪等。

(3) 色谱类分析仪器

利用各物质组分在流动相和固定相之间交换、分配、吸附等作用的差异，达到分离鉴定的目的。如薄层色谱仪、气相色谱仪、高效液相色谱仪、离子色谱仪及毛细管电色谱仪等。

(4) 物性测定仪器

根据物理特性及方法检测物质的组成和性质。如温度测定仪、水分测定仪、黏度计、密度计、激光粒度分析仪等。

(5) 质谱类分析仪器

通过将样品转化为运动的气态离子并按质荷比 (M/Z) 大小进行分离并记录其信息的分析方法。根据质谱图提供的信息，可以进行多种有机物及无机物的定性和定量分析、复杂化合物的结构分析、样品中各种同位素比的测定及固体表面的结构和组成分析等。常见的有机质谱仪有四极杆质谱仪、离子阱质谱仪、飞行时间质谱仪和磁质谱仪、气相色谱-质谱联用仪、液相色谱-质谱联用仪、毛细管电泳-质谱联用仪等；无机质谱仪有激光探针质谱仪、火花源质谱仪、离子探针质谱仪和电感耦合等离子体质谱仪等；除此之外还有同位素质谱仪。

在明确分析目的前提下，正确选用某一种分析仪器，必须掌握分析仪器原理及分析技术的应用。

208 监测仪器有哪些常涉及的名词术语?

监测仪器常涉及的名词术语有以下几个。

① 精度　表示测量结果与实际值的差（绝对误差）与仪器测量宽度（对于某一量程来说，就是上下限的差值）的比值，也称为相对误差或基本误差。

② 灵敏度　表征仪器鉴别待测物质最小浓度变化的能力，也可以说，灵敏度是由待测物质浓度变化所引起的输出信号变化之比。

③ 重复性　指同一样品连续测定几次后所得结果的差异，也叫重现性、再现性。

④ 漂移　当待测样品中不含被测样品时，在规定的时间内，仪器读数的变化，称为零点漂移；当样品中含有固定浓度被测样品时，仪器读数的变化称为量程漂移；如果被测组分浓度为测量的上限值，就称为满刻度漂移。

⑤ 启动时间、时间常数、响应时间　从样品进入仪器入口时至仪器的指示或仪表指针开始移动这一时间段称为启动时间；至指示到样品标称值的 63%处所需的时间称为时间常数；至指示到样品标称值的 90%所需的时间称为响应时间。

209 分析仪器的基本组成部分有哪些?

分析仪器的基本组成部分如下。

(1) 取样装置

作用是把待分析的样品引入仪器。对于某些仪器来说，取样装置就是进样器。进样器有手动和自动两种，通常为针筒注射进样器。对于工艺流程用的分析仪器，取样装置就要复杂得多。对于气体样品，取样时必须考虑系统是正压还是负压。

(2) 预处理系统

仪器分析的任务不应限于静态分析，还应包括工艺流程中的分析检验。预处理系统主要是针对工艺流程分析仪器而言的，它的任务是将从现实过程中取出的样品加以处理，以满足检测系统对样品状态的要求，有时还需进一步除去机械杂质及水蒸气，以及样品中对待测组分有干扰的组分，以保证仪器测量的精度。

(3) 分离装置

“分离”在这里是广义的，在各种能同时分析多种组分的分析仪器里，都有分离装置。它既包括对样品本身各组分的分离，也包括能量的分离，如光学式分析仪器中的分光系统（或称单色器、色散器等），色谱仪中的色谱柱。

(4) 检测器及检测系统

检测器是分析仪器的核心部分，根据试样中待分析组分的含量，检测器发出相应的信号，这种信号多数是以电参数输出的。仪器的技术性能（特别是单组分分析仪器）主要取决于检测器。

(5) 测量系统及信号处理系统

从检测器输出的信号是各式各样的，常见的有电阻的变化、电容的变化、电流的变化、电压的变化、频率的变化、温度的变化和压力的变化等，其中以电参数的变化尤为普遍。测出这些参数的变化，就能间接地确定组分含量的变化。测量这些变化的线路或装置统称为测量系统。

(6) 显示装置

把分析结果显示出来的装置称为显示装置。其显示方式通常有两种：模拟显示和数字显示。模拟显示是在刻度盘上由指针模拟信号的变化，连续地指示出测量结果，或同时由记录笔记录信号的变化曲线。数字显示是把信号经过处理后，直接用数字显示其含量数值。

(7) 补偿装置

补偿装置对于某些分析仪器是必不可少的，否则会降低仪器的精度和可靠程度。补偿装置的作用是消除或降低客观条件或样品的状态对测量结果的影响，其中主要是样品的温度与压力、环境的温度与压力的波动对测量的影响。这类装置大多是在测量系统或信号处理系统中引入一个与上述条件波动成比例的负反馈来实现的。

(8) 保证操作条件的辅助装置

有些仪器如果不能用上述的办法进行补偿，为了保证测量精度，必须采取相应的措施，附加某些辅助装置，如流体稳压阀、恒温器、稳压电源、电磁隔绝装置等，使操作条件适应测定的需要。

210 监测分析仪器有什么样的技术指标和要求?

常用的监测分析仪器的主要技术指标有测量范围、检测限、稳定性、响应时间、精密度、抗干扰能力和准确度等。对于这些主要的技术指标有如下要求。

(1) 测量范围

监测分析仪器的量程应该包括 $(0\sim10)s$ 范围，s 为质量标准中规定的限值或最高容许浓度（下同），在测量范围内尽可能呈线性关系。

(2) 检测限

最低测定量应小于或等于 $0.2s$。

(3) 稳定性

分析仪器的零点漂移和量程漂移以及噪声水平应小于或等于仪器测量范围上限值的 $\pm1\%$。

(4) 响应时间

被测物质的响应时间与仪器测量原理和类型有很大关系，因此很难作出统一规定。电化学分析仪器应小于 5min，其他仪器应小于 2min。

（5）精密度

① 重复性误差　在仪器量程的上、下限值点，重复测量的相对标准偏差应该小于10%；全量程范围内的平均相对标准偏差应小于7%。

② 再现性误差　3台或3台以上的仪器，在仪器中间量程点，重复测量平均相对标准偏差应小于7%。

（6）抗干扰能力

现场中可能存在的干扰物质的干扰系数总和应该小于或等于10%。

（7）准确度

在测量范围内的仪器示值与约定真值之间的相对误差应小于10%，总不确定度小于或等于25%。

211 在进行监测之前，如何对仪器进行校准?

校准的方法主要有零点校准、单点量程校准和多点量程校准三种。

（1）零点校准

仪器在正常工作的状态，处于调零挡，将零空气或零点标准气从进样口输入仪器，待基线平稳后，调节零点，使基线归零。零点校准需进行两次。

（2）单点量程校准

对于呈线性关系的仪器常用单点量程校准。校准的步骤是：将仪器零点校准后，从仪器进样口输入量程校准气体，浓度为满量程的80%～90%，待仪器的输出示值稳定后，进行相应的调节，使示值与标准气体浓度的约定值一致。单点量程校准需进行两次。

（3）多点量程校准

对于非线性仪器常用多点量程校准。一般校准全量程的5个浓度点（0、20%、50%、70%、90%），校准步骤与绘制标准曲线的方法相同。

212 如何保证监测仪器的质量?

保证监测仪器的质量需要从多方面入手，主要如下。

① 仪器的选购　根据监测工作的目的，选择性能符合要求、质量稳定可靠、方便适用的仪器。

② 对仪器的性能进行检定　在购买仪器时，应该索取仪器性能的检定报告，或者由买卖双方协商的经过资质认证的实验室完成仪器的性能检定。

③ 人员培训　包括熟悉说明书、熟悉仪器的性能和正确的操作方法、掌握仪器的校准和维护等相关技能。

④ 仪器的校准和维护　仪器在使用的过程中，应定期校准和维护，长期不使用时，要按照说明书妥善保管，以保证仪器的使用寿命。

⑤ 仪器的正确使用　在使用前，应该按照使用说明对仪器进行调试和校准。根据检测的目的，按照说明书正确操作。

213 如何消除光度分析法中的干扰?

在光度分析中，体系内存在的干扰物质的影响有以下几种情况：

① 干扰物质本身有颜色，或与显色剂形成有色化合物，在测定条件下也有吸收；

② 在显色条件下，干扰物质水解，析出沉淀使溶液混浊，致使吸光度的测定无法进行；

③ 与待测离子或显色剂形成更稳定的配合物，使显色反应不能进行完全。

可以采用以下几种方法来消除这些干扰作用。

① 控制酸度　根据配合物的稳定性不同，可以利用控制酸度的方法提高反应的选择性，以保证反应进行完全。

② 选择适当的掩蔽剂　使用掩蔽剂消除干扰是常用的有效方法。选取的条件是掩蔽剂不与待测物质作用，掩蔽剂及它与干扰物质形成的配合物的颜色应不干扰待测离子的测定。

③ 选择适当的测量波长　有时不选择最大吸收波长，而选择次吸收波长即可消除干扰物质的影响。

④ 分离　若上述方法不宜采用时，也可以采用预先分离的方法，如沉淀、萃取、离子交换、蒸发和蒸馏以及色谱分离法。

此外，还可以利用化学计量学方法实现多组分同时测定，以及利用导数光谱法、双波长法等新技术来消除干扰；或者寻找新的显色反应，以确保测量的准确性。

214 紫外-可见分光光度法有什么应用特点?

紫外-可见分光光度法有以下几个主要特点。

(1) 灵敏度高，选择性好

由于分光光度法的入射光以棱镜或光栅为单色器，同时在狭缝的控制配合下可得一条谱带很窄的单色光，因此其测定的灵敏度、选择性和准确度均比比色法高。紫外-可见分光光度法可测定微量物质，测定灵敏度可达 $10^{-7}\sim10^{-4}$ g/m，光度计定量测定的精密度可达 0.5%，甚至可以更低。

(2) 无需样品分离装置

由于分光光度法使用的是纯度较高的单色光，因此利用此方法测定含有两种或两种以上样品组分时，不必先进行样品分离处理，只需选用样品组分特征波长的单色光就可进行测定分析。

(3) 有多种定量方法

分光光度法不仅可采用线性回归方式进行定量，而且可直接通过百分消光系数与摩尔消光系数换算公式进行定量，因而在定量方式上较比色法更具有实效性。

215 紫外-可见分光光度计由哪些部分组成？

紫外-可见分光光度计的基本结构由五个部分组成：光源、单色器、吸收池、检测器和信号指示系统。

（1）光源

紫外-可见分光光度计对光源的基本要求是：在仪器操作所需的光谱区域内能够发射连续辐射，有足够的辐射强度和良好的稳定性，而且辐射能量随波长的变化应尽可能小。分光光度计中常用的光源有热辐射光源和气体放电光源两类。

热辐射光源用于可见光区，如钨丝灯和卤钨灯，可使用的范围为 340～1000nm。气体放电光源用于紫外光区，如氢灯和氘灯。近紫外区测定时常用氘灯，它可在 160～375nm 范围内产生连续光源，是紫外光区应用最广泛的一种光源。

（2）单色器

单色器是能从光源辐射的复合光中分出单色光的光学装置，其主要功能是产生光谱纯度高的波长，且波长在紫外可见区域内任意可调。

单色器一般由入射狭缝、准光器（透镜或凹面反射镜使入射光成平行光）、色散组件、聚焦组件和出射狭缝等几部分组成。其核心部分是色散组件，起分光的作用。

（3）吸收池

吸收池用于盛放分析试样，一般有石英和玻璃材料两种。石英池适用于可见光区及紫外光区，玻璃吸收池只能用于可见光区。在高精度的分析测定中，吸收池要挑选配对的。

（4）检测器

检测器的功能是检测信号，测量单色光透过溶液后光强度变化的一种装置。常用的检测器有光电池、光电管和光电倍增管等。

（5）信号指示系统

其作用是放大信号并以适当方式指示或记录下来。常用的信号指示装置有直读检流计、电位调节指零装置以及数字显示或自动记录装置等。很多型号的分光光度计装配有微处理机，可对分光光度计进行操作控制和数据处理。

216 紫外-可见分光光度计有哪些主要性能指标？

紫外-可见分光光度计的主要性能指标如表 4-1 所示。

表 4-1 紫外-可见分光光度计的主要性能指标

性能指标	简易型(适于一般定量)	一般扫描型	精密扫描型
波长范围	200～1000nm	190～1000nm	190～1000nm
波长准确性	±2nm	±0.5nm	<±0.3nm

续表

性能指标	简易型(适于一般定量)	一般扫描型	精密扫描型
波长再现性	±0.2nm	±0.3nm	<±0.1nm
带宽	7nm	任选 0.5nm、1nm、2nm	任选 0.1nm、0.2nm、0.5nm、1nm、2nm
光度准确性	±0.5%T(在 30%T)	±0.005A(在 1A)	±0.0015A(在 1A)
光度再现性	±0.003A(在 1A)	±0.002A(在 1A)	±0.001A(在 1A)
杂散光	0.1%(在 340nm) 0.15%(在 220nm)	<0.0005%(340nm)	<0.0005%(220nm) <0.0001%(340nm)
基线漂移	0.002A/5h	0.002A/h	0.001A/h
光度范围	0～3A	−3～4.5A	−3～6A

217 紫外-可见分光光度法定量分析的方法有哪些?

紫外-可见分光光度法有以下几种定量分析的方法。

(1) 单组分的定量分析

如果在一个试样中只要测定一种组分，且在选定的测量波长下，试样中其他组分对该组分不干扰，这种单组分的定量分析较简单。一般有标准对照法和标准曲线法两种。

(2) 多组分的定量分析

当各组分的吸收光谱不重叠时，可以用单组分的定量分析方法分别测定；当两种组分的吸收光谱有重叠时，可以根据光度的加和性，在多个波长下测定吸光度，并利用解联立方程的方法求解。

(3) 双波长分光光度法

当试样中两组分的吸收光谱重叠较为严重时，用解联立方程的方法测定两组分的含量可能误差较大，这时可以用双波长分光光度法测定。它可以在有其他组分干扰时，测定某组分的含量，也可以同时测定两组分的含量。双波长分光光度法定量测定两混合物组分的主要方法有等吸收波长法和系数倍率法两种。

(4) 导数分光光度法

采用不同的实验方法可以获得各种导数光谱曲线。不同的实验方法包括双波长法、电子微分法和数值微分法。

(5) 示差分光光度法

用普通分光光度法测定很稀或很浓溶液的吸光度时，测量误差都很大。若用已知合适浓度的标准溶液作为参比溶液，调节仪器的 100%透射比点（即 0 吸光度点），测量试样溶液对该已知标准溶液的透射比，则可以改善测量吸光度的精确度。这种方法称为示差分光光度法。

(6) 光度滴定法

分光光度滴定法是利用被测组分、滴定剂或反应产物在滴定过程中吸光度的变化来确定滴定终点，并由此计算试液中被测组分含量的方法。

（7）其他分析方法

如动力学分光光度法和胶束分光光度法等。动力学分光光度法是利用反应速率与反应物、产物或催化剂的浓度之间的定量关系，通过测量与反应速率成正比例关系的吸光度，从而计算待测物质的浓度。胶束分光光度法是利用表面活性剂的增强、增敏、增稳、褪色、折向等作用，以提高显色反应的灵敏度、对比度或选择性，改善显色反应条件，并在水相中直接进行光度测量的分光光度法。

218 实验操作中影响紫外-可见分光光度计精度的因素有哪些？怎样校正？

使用分光光度计，应按仪器的说明书进行操作，并应定期对仪器进行核定，使仪器的准确度和精密度符合要求。

（1）光源的调节

在测定时，所需要的单色光越纯越好，也就是狭缝能开得越小越好。若希望狭缝能开得较小，则必须充分发挥光源的强度，因此要仔细地调整，使单色器获得最大光强度。

（2）波长准确度的检查

色散系统分出的实际波长是否与刻度值相符合，主要取决于分光系统制造时的精密度，气温的变化及仪器机械部件的磨损均可引起误差，因此要经常校对。

（3）吸光度精度检查

国内外通常采用重铬酸钾溶液检验仪器的吸光度精度。

（4）吸收池校正

吸收池厚度直接影响吸光度的数值，因此吸收池的厚度必须很精确，其实际厚度与标示厚度必须符合。有的分光光度计的吸收池经过精确的测量，每个吸收池上均注明其实际光路长度；有些吸收池没有注明的，一般在出厂时已作检查，但新使用时仍需要校正。

（5）溶剂的选择

分光光度法测定时，溶剂的影响是很大的。用不同的溶剂测得的吸收光谱是不同的，在选择溶剂时，要注意在测定范围内溶剂没有吸收或吸收很小。

（6）参比溶液的选择

利用参比溶液可以调节仪器零点，消除由于吸收池壁和溶剂对入射光反射与吸收所引起的误差，有时可以消除某些共存组分干扰。因此正确选择合适的空白溶液，对提高方法的准确度起着重要的作用。

219 紫外-可见分光光度法中如何正确选择溶剂？

溶剂极性除了对最大吸收峰波长 λ_{max} 有影响外，还影响吸收光谱的精细结构。当物质处于蒸气状态时，由于分子间的相互作用力减小到最低程度，电子光谱的精细结构（振转光谱）清晰可见；当物质处于非极性溶剂中时，由于溶质分子和溶剂分子间的相互碰撞，使精细结构部分消失；当物质处于极性溶剂中时，由于溶剂化作用，限制了分子的振动和转动，使精细结构完全消失，分子的电子光谱只呈现宽的谱线包封。

由于溶剂对电子光谱图的影响很大，因此在吸收光谱图上或数据表中必须注明所用溶剂；对已知化合物作紫外光谱比较时，也应注意所用溶剂是否相同。在进行紫外分析时，选用溶剂应注意以下几点。

① 溶剂应能很好地溶解被测试样，溶剂对溶质应是惰性的，所组成的溶液应具有良好的化学和光化学稳定性。

② 在溶解度允许的范围内，尽量选择极性较小的溶剂。

③ 溶剂在样品的吸收光谱区应无明显吸收。

220 紫外-可见分光光度法中如何正确选择空白溶液?

空白溶液的选择应按不同情况进行。

① 试样中其他组分本身或与显色剂作用所生成的化合物及所用试剂等，在测定波长下没有光吸收，或虽有吸收但所引起的测定误差在允许误差范围内的，可用蒸馏水或所用的溶剂作为空白溶液。

② 如果显色剂有颜色，并在测定波长下对光有吸收，则应用显色剂溶液作为空白溶液。显然，空白溶液中加入显色剂及其他试剂的量，应与试样测定时一致。

③ 如果试样中其他组分本身的颜色对测定有干扰，而所用显色剂没有颜色，则可用不加显色剂的试样溶液作为空白溶液。

221 紫外-可见分光光度计有哪些类型?

紫外-可见分光光度计的类型很多，可归纳为三种，即单光束分光光度计、双光束分光光度计和双波长分光光度计。

（1）单光束分光光度计

经单色器分光后的一束平行光，轮流通过参比溶液和样品溶液，以进行吸光度的测定。这种简易型分光光度计结构简单，操作方便，维修容易，适用于常规分析。

（2）双光束分光光度计

经单色器分光后，经反射镜分解为强度相等的两束光，一束通过参比池，一束通过样品池。光度计能自动比较两束光的强度，此比值即为试样的透射比，经对数变换将它转换成吸光度并作为波长的函数记录下来。

（3）双波长分光光度计

由同一光源发出的光被分成两束，分别经过两个单色器，得到两束不同波长（λ_1

和 λ_2）的单色光；利用切光器使两束光以一定的频率交替照射同一吸收池，然后经过光电倍增管和电子控制系统，最后由显示器显示出两个波长处的吸光度差值 ΔA（$\Delta A = A\lambda_1 - A\lambda_2$）。对于多组分混合物、混浊试样（如生物组织液）分析，以及存在背景干扰或共存组分吸收干扰的情况下，利用双波长分光光度法往往能提高方法的灵敏度和选择性。此外，利用双波长分光光度计能获得导数光谱。

222 常用的紫外-可见分光光度计有哪些?

图 4-1 为双分光光度计测量示意图。

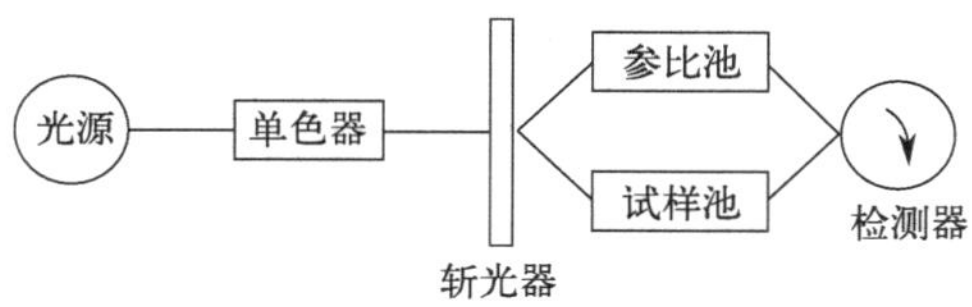

图 4-1　双分光光度计测量示意图

目前国内以上海光谱仪器有限公司、北京普析通用仪器有限责任公司、北京海光仪器有限公司等仪器厂家的分光光度计为主，国外以日本岛津、日本日立、美国泊金-埃尔默、德国耶拿等公司的分光光度计为主。

223 原子吸收光谱法的分析原理是什么?

空心阴极灯作为光源发射的特征谱线通过被测物质的原子蒸气时，原子中的外层电子将选择性地吸收该元素所发射的特征波长的谱线。这时透过原子蒸气的入射光将减弱，其减弱的程度与蒸气中该元素的浓度成正比，吸光度 A 符合吸收定律。

$$A = \lg(I_0/I)$$

式中，I_0 为入射光强度；I 为透射光强度。

根据这一关系，可以用工作曲线法或标准加入法来测定未知溶液中某元素的含量。

224 原子吸收光谱法有哪些优点和不足?

原子吸收光谱法的主要优点如下。

① 检出限低，灵敏度高　火焰原子吸收法的检出限可达到 10^{-12} 级，石墨炉原子吸收法的检出限可达到 $10^{-14} \sim 10^{-10}$g。

② 分析精度好　火焰原子吸收法测定中等和高含量元素的相对标准差可小于 1%，其准确度已接近于经典化学方法。石墨炉原子吸收法的分析精度一般约为 3%～5%。

③ 分析速度快　原子吸收光谱仪在 35min 内，能连续测定 50 个试样中的 6 种元素。较传统的化学分析法速度快，但不如电感耦合等离子体发射光谱法分析效率高。

④ 应用范围广　可测定的元素达 70 多个，不仅可以测定金属元素，也可以用间接原子吸收法测定非金属元素和有机化合物。

⑤ 仪器比较简单，操作方便　原子吸收光谱法的不足之处是多元素同时测定尚有困难，有相当一些元素的测定灵敏度还不能令人满意。

225 原子吸收分光光度计由哪些部分组成?

原子吸收分光光度计的主要组成部分见图 4-2。

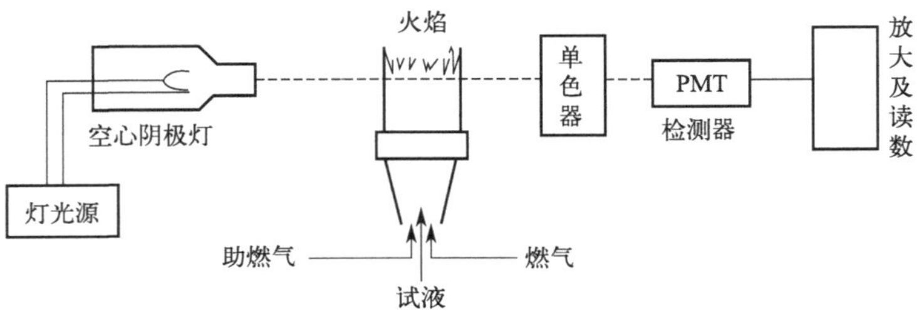

图 4-2　原子吸收分光光度计组成部分

(1) 光源

提供待测元素的特征谱线——共振线。对光源的基本要求是：辐射的共振线宽度明显小于吸收线宽度；共振辐射强度足够大；稳定性好，背景吸收小。光源一般采用空心阴极灯或无极放电灯。

① 空心阴极灯　空心阴极灯中元素在阴极中可多次激发和溅射，激发效率高，谱线强度大，发射强度与灯电流有关（电流增大，发射强度增大；但电流过大，则谱线变宽）。

② 无极放电灯　强度高，但制备困难，价格高。

(2) 原子化器

将待测试样转变成基态原子（原子蒸气）的装置。原子化的方法分为火焰法和非火焰法两种。

① 火焰原子化器　主要包括雾化器、雾化室和燃烧器。雾化器的主要作用是使试液雾化，其性能对测定精密度、灵敏度和化学干扰等都有影响。因此，要求雾化器喷雾稳定、雾滴微细均匀、雾化效率高。雾化室的作用是使气溶胶的雾粒更细微、更均匀，并与燃气、助燃气混合均匀。燃烧器的作用是产生火焰，使进入火焰的气溶胶蒸发和原子化。燃烧器喷口一般做成狭缝式，这种形状既可获得原子蒸气较长的吸收光程，又可防止回火。

火焰原子化法比较简单，易操作，重现性好。但原子化效率较低，一般为 10%左右，试样雾滴在火焰中的停留时间短，约为 10^{-4}s，且原子蒸气在火焰中又被大量气流所稀释，限制了测定灵敏度的提高。

② 非火焰原子化器　有石墨炉原子化器和低温原子化器。前者是利用电流使石墨

炉升温，从而使待测元素原子化。后者是采用适当的化学方法，使待测元素在较低的温度（甚至是室温）下原子化。

非火焰原子化法原子化效率高，可得到比火焰原子化法大数百倍的原子化蒸气浓度。绝对灵敏度可达 10^{-12}g，一般比火焰原子化法提高几个数量级。并且液体和固体都可直接进样；试样用量一般很少。其缺点是精密度差，相对偏差约为 4%～12%（加样量少）。

（3）分光系统

将待测元素的特征谱线与邻近谱线分开。基本组成与紫外-可见分光光度计单色器相同。

（4）检测系统

将光信号转变成电信号。

（5）数据处理系统

记录器、数字直读装置、电子计算机过程控制等。

226 原子吸收光谱分析中有哪些干扰因素?

原子吸收光谱分析中，干扰效应按其性质和产生的原因，可以分为四类。

（1）物理干扰

物理干扰是指试样在转移、蒸发和原子化过程中，由于试样任何物理特性（如黏度、表面张力、密度等）的变化而引起的原子吸收强度下降的效应。物理干扰是非选择性干扰，对试样各元素的影响基本是相似的。

配制与被测试样相似组成的标准样品，是消除物理干扰最常用的方法。在不知道试样组成或无法匹配试样时，可采用标准加入法或稀释法来减小和消除物理干扰。

（2）化学干扰

化学干扰是指由于液相或气相中被测元素的原子与干扰物质组分之间形成热力学更稳定的化合物，从而影响被测元素化合物的解离及其原子化。磷酸根对钙的干扰，硅、钛形成难解离的氧化物，钨、硼、稀土元素等生成难解离的碳化物，从而使有关元素不能有效原子化，都是化学干扰的例子。化学干扰是一种选择性干扰。

消除化学干扰的方法有：化学分离；使用高温火焰；加入释放剂和保护剂；使用基体改进剂等。

（3）电离干扰

在高温下原子电离，使基态原子的浓度减少，引起原子吸收信号降低，此种干扰称为电离干扰。电离效应随温度升高、电离平衡常数增大而增大；随被测元素浓度增高而减小。加入更易电离的碱金属元素，可以有效地消除电离干扰。

（4）光谱干扰

光谱干扰包括谱线重叠、光谱通带内存在非吸收线、原子化池内的直流发射、分子吸收、光散射等。当采用锐线光源和交流调制技术时，前三种因素一般可以不予考虑，主要考虑分子吸收和光散射的影响，它们是形成光谱背景的主要因素。可利用氘灯背景扣除法或塞曼背景扣除法消除干扰。

227 怎样选择原子吸收光谱分析的测定条件?

选择原子吸收光谱分析的测定条件时主要考虑以下几方面内容。

(1) 分析线选择

通常选用共振吸收线为分析线，测定高含量元素时，可以选用灵敏度较低的非共振吸收线为分析线。As、Se 等共振吸收线位于 200nm 以下的远紫外区，火焰组分对其有明显吸收，故用火焰原子吸收法测定这些元素时，不宜选用共振吸收线为分析线。

(2) 狭缝宽度选择

狭缝宽度影响光谱通带宽度与检测器接受的能量。原子吸收光谱分析中，光谱重叠干扰的概率小，可以允许使用较宽的狭缝。调节不同的狭缝宽度，测定吸光度随狭缝宽度而变化，当有其他的谱线或非吸收光进入光谱通带内，吸光度将立即减小。不引起吸光度减小的最大狭缝宽度，即为应选取的合适的狭缝宽度。

(3) 空心阴极灯的工作电流选择

空心阴极灯一般需要预热 10～30min 才能达到稳定输出。灯电流过小，放电不稳定，则光谱输出不稳定，且输出强度小；灯电流过大，发射谱线变宽，导致灵敏度下降，校正曲线弯曲，灯寿命缩短。选用灯电流的一般原则是，在保证有足够强且稳定的光强输出条件下，尽量使用较低的工作电流。通常以空心阴极灯上标明的最大电流的 40%～60%作为工作电流。在具体的分析场合，最适宜的工作电流由实验确定。

(4) 原子化条件的选择

① 火焰原子化法　火焰类型和特性是影响原子化效率的主要因素。对低、中温元素，宜采用空气-乙炔火焰；对高温元素，宜采用氧化亚氮-乙炔高温火焰；对分析线位于短波区（200nm 以下）的元素，使用空气-氢火焰是合适的。对于确定类型的火焰，稍富燃的火焰（燃气量大于化学计量）是有利的。对氧化物不十分稳定的元素（如 Cu、Mg、Fe、Co、Ni 等），用化学计量火焰（燃气与助燃气的比例与它们之间化学反应计量相近）或贫燃火焰（燃气量小于化学计量）也是可以的。为了获得所需特性的火焰，需要调节燃气与助燃气的比例。

在火焰区内，自由原子的空间分布不均匀，且随火焰条件而改变，因此，应调节燃烧器的高度，使来自空心阴极灯的光束从自由原子浓度最大的火焰区域通过，以期获得高的灵敏度。

② 石墨炉原子化法　合理选择干燥、灰化、原子化及除残温度与时间是十分重要的。干燥应在稍低于溶剂沸点的温度下进行，以防止试液飞溅。灰化的目的是除去基体和局外组分，在保证被测元素没有损失的前提下应尽可能使用较高的灰化温度。原子化温度的选择原则是，选用达到最大吸收信号的最低温度作为原子化温度。原子化时间的

选择应以保证完全原子化为准。原子化阶段停止通保护气，以延长自由原子在石墨炉内的平均停留时间。除残的目的是消除残留物产生的记忆效应，除残温度应高于原子化温度。

（5）进样量选择

进样量过小，吸收信号弱，不便于测量；进样量过大，在火焰原子化法中，对火焰产生冷却效应，在石墨炉原子化法中，会增加除残的困难。在实际工作中，应测定吸光度随进样量的变化，以选择达到最满意的吸光度的进样量。

228 原子吸收光谱分析有哪些分析方法?

常用的原子吸收光谱的分析方法有校准曲线法和标准加入法。

（1）校准曲线法

这是最常用的基本分析方法。配制一组合适的标准样品，在最佳测定条件下，由低浓度到高浓度依次测定它们的吸光度 A，以吸光度 A 对浓度 C 作图。在相同的测定条件下，测定未知样品的吸光度，从 A-C 标准曲线上用内插法求出未知样品中被测元素的浓度。

（2）标准加入法

当无法配制组成匹配的标准样品时，使用标准加入法是合适的。分取几份等量的被测试样，其中一份不加入被测元素，其余各份试样中分别加入不同已知量 C_1、C_2、C_3、…、C_n 的被测元素，然后，在标准测定条件下分别测定它们的吸光度 A，绘制吸光度 A 对被测元素加入量 C_i 的曲线。

如果被测试样中不含被测元素，在正确校正背景之后，曲线应通过原点；如果曲线不通过原点，说明含有被测元素，截距所对应的吸光度就是被测元素所引起的效应。外延曲线与横坐标轴相交，交点至原点的距离所相应的浓度 C_x，即为所求的被测元素的含量。应用标准加入法一定要彻底校正背景。

229 原子荧光光谱法的基本原理是什么?

气态自由原子吸收特征波长的辐射后，原子外层电子从基态或低能态跃迁到高能态，约经 10^{-8}s，又跃迁至基态或低能态，同时发射出与原激发波长相同或不同的辐射，称为原子荧光。通常认为，原子荧光光谱法是较原子吸收更灵敏的定量分析方法，但其应用对象范围相对原子吸收要窄一些，原因是原子吸收只与光的吸收过程有关，而原子荧光不仅与光的吸收过程有关，还与光的发射过程有关，而由于非辐射弛豫过程的存在，吸光的原子不一定都能发射荧光。其基本原理如图 4-3 所示。

230 原子荧光光谱法有哪些优缺点?

原子荧光光谱法的优点如下：

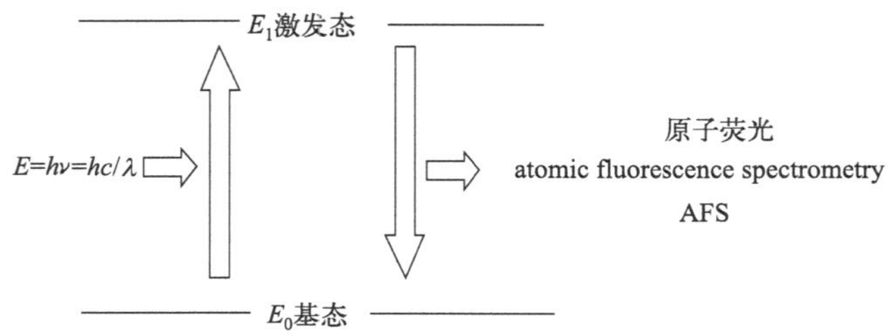

图 4-3 原子荧光光谱法的基本原理

① 有较低的检出限，灵敏度高。特别对 Cd、Zn 等元素有相当低的检出限，Cd 可达 0.001ng/mL、Zn 为 0.4ng/mL。现已有 20 多种元素的检出限低于原子吸收光谱法。由于原子荧光的辐射强度与激发光源成比例，采用新的高强度光源可进一步降低其检出限。

② 干扰较少，谱线比较简单，采用一些装置可以制成非色散原子荧光分析仪。这种仪器结构简单，价格便宜。

③ 分析标准曲线线性范围宽，可达 3～5 个数量级。

④ 由于原子荧光是向空间各个方向发射的，比较容易制作多道仪器，因而能实现多元素同时测定。

上述优点使原子荧光光谱法的应用日益广泛，但仍存在荧光淬灭效应、散射光的干扰等问题，同时，此方法用于复杂基体的样品测定比较困难，且在分析化学领域内发展较晚，因此，相比之下不如原子发射光谱法和原子吸收光谱法的应用广泛。

231 原子荧光分析仪由哪些部分组成?

原子荧光分析仪分非色散型和色散型两种。这两类仪器的结构基本相似，差别在于单色器部分。

(1) 激发光源

可用连续光源或锐线光源，光源需具有高强度、高稳定性。常用的连续光源是氙弧灯，常用的锐线光源是高强度空心阴极灯、无极放电灯、激光等。连续光源稳定，操作简便，寿命长，能用于多元素同时分析，但检出限较高。锐线光源辐射强度高，稳定，可得到更低的检出限。

(2) 原子化器

原子荧光分析仪对原子化器的要求与原子吸收光谱仪基本相同。

(3) 光学系统

作用是充分利用激发光源的能量和接收有用的荧光信号，减少和除去杂散光。色散系统对分辨能力要求不高，但要求有较强的集光能力，常用的色散组件是光栅。非色散型仪器的滤光器用来分离分析线和邻近谱线，降低背景。非色散型仪器的优点是照明立体角大，光谱通带宽，集光能力强，荧光信号强度大，仪器结构简单，操作方便；缺点是散射光的影响大。

(4) 检测器

常用的是光电倍增管，在多元素原子荧光分析仪中，也用光导摄像管、析像管做检测器。检测器与激发光束成直角配置，以避免激发光源对检测原子荧光信号的影响。

图 4-4 为 AFS 系列双道原子荧光光度计的原理示意图。

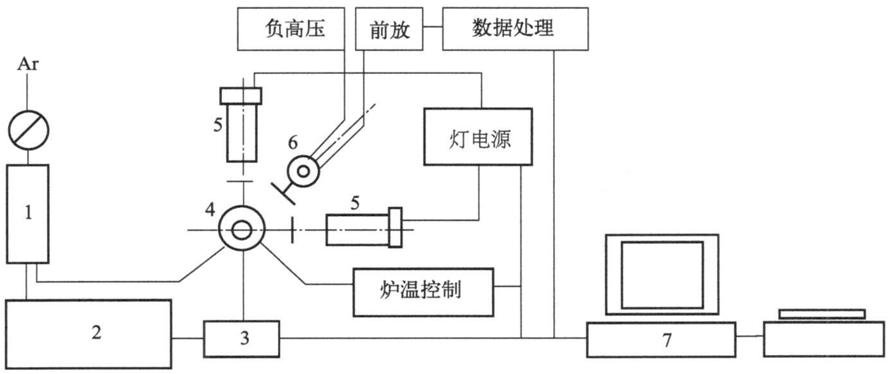

图 4-4 AFS 系列双道原子荧光光度计的原理示意图
1—气路系统；2—氢化物发生系统；3—气液分离系统；4—原子化器；
5—高强度空心阴极灯；6—光电倍增管；7—数据处理系统

232 原子发射光谱法的基本原理是什么?

原子发射光谱分析法是根据受激发的物质所发射的光谱来判断其组成的技术(图 4-5)。在室温下，物质中的原子处于基态 (E_0)，当受外能（热能、电能等）作用时，核外电子跃迁至较高的能级 (E_n)，即处于激发态，激发态原子是十分不稳定的，其寿命大约为 10^{-8}s。当原子从高能级跃迁至低能级或基态 (E_i) 时，多余的能量以辐射形式释放出来。其辐射能量与辐射波长之间的关系用爱因斯坦-普朗克公式表示如下。

$$\Delta E = E_n - E_i = hc/\lambda$$

式中，E_n、E_i 为高能级和低能级的能量；h 为普朗克常数；c 为光速；λ 为波长。

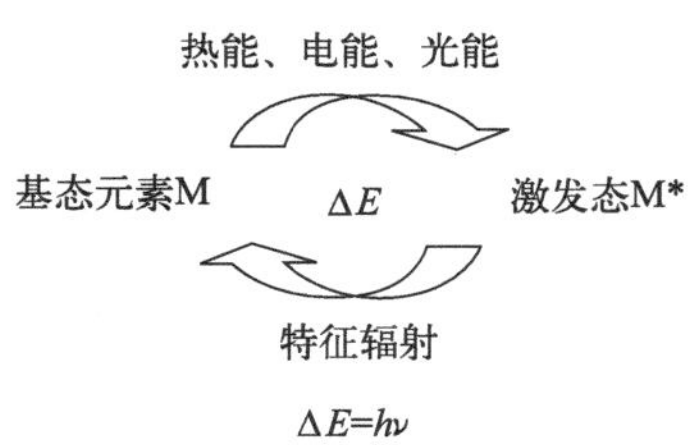

图 4-5 原子发射光谱法的基本原理

当外加的能量足够大时，可以把原子中的外层电子从基态激发到无限远，使原子成为离子，这种过程称为电离。当外加能量更大时，原子可以失去二个或三个外层电子成为二级离子或三级离子，离子的外层电子受激发后产生跃迁，辐射出离子光谱。原子光谱和离子光谱都是线状光谱。

由于各种元素的原子结构不同，受激后只能辐射出特征光谱。这种特征光谱仅由该元素的原子结构而定，与该元素的化合物形式和物理状态无关，这就是发射光谱定性分析的依据。定性分析就是根据试样光谱中某元素的特征光谱是否出现，来判断试样中元素是否存在及其大致含量。

233 原子发射光谱法有哪些优缺点?

原子发射光谱法具有以下优点。

① 多元素同时检测能力。每一个样品一经激发后，不同元素都发射特征光谱，这样就可同时测定多种元素。

② 分析速度快。若利用光电直读光谱仪，可在几分钟内同时对几十种元素进行定量分析。分析试样不经化学处理，固体、液体样品都可直接测定。

③ 选择性好。每种元素因原子结构不同，发射各自不同的特征光谱。在分析化学中，这种性质上的差异对于一些化学性质极相似的元素具有特别重要的意义。

④ 检出限低。一般光源可达 0.1～10μg/g，绝对值可达 0.01～1μg，新光源电感耦合高频等离子体（ICP）检出限可达 ng/g 级。

⑤ 准确度较高。一般光源相对误差约为 5%～10%，ICP 相对误差可达 1%以下。

⑥ 试样消耗少。

⑦ ICP 光源校准曲线线性范围宽。可达 4～6 个数量级，这样可测定元素各种不同含量（高、中、微含量）。一个试样可同时进行多元素分析，又可测定各种不同含量。

原子发射光谱法的缺点是：常见的非金属元素（如氧、硫、氮、卤素等）谱线在远紫外区，目前一般的光谱仪尚无法检测；还有一些非金属元素，如 P、Se、Te 等，由于其激发电位高，故检测灵敏度较低。

234 原子发射光谱仪有哪些类型?

原子发射光谱仪目前分为摄谱仪和光电直读光谱仪两类。

① 摄谱仪是用光栅或棱镜作色散组件，用照相法记录光谱的原子发射光谱仪器。利用光栅摄谱仪进行定性分析十分方便，该类仪器的价格较便宜，测试费用也较低，而且感光板所记录的光谱可长期保存，因此目前应用仍十分普遍。

② 光电直读光谱仪是用光栅或棱镜作色散元件，以光电倍增管或电荷注入检测器（CID）、电荷耦合检测器（CCD）等作检测器，通过光电转换和测量，直接显示读数及含量的光谱仪。分为多道直读光谱仪、单道扫描光谱仪和全谱直读光谱仪三种。前两种

仪器采用光电倍增管作为检测器，后一种采用固体检测器。

235 利用原子发射光谱仪进行定性分析时，有哪些分析方法？

每一种元素的原子都有它的特征光谱，根据原子光谱中的元素特征谱线就可以确定试样中是否存在被检元素。通常将元素特征光谱中强度较大的谱线称为元素的灵敏线。只要在试样光谱中检出了某元素的2～3条灵敏线，就可以确定试样中存在该元素。光谱定性分析常采用摄谱法，通过比较试样光谱与纯物质光谱或铁光谱来确定元素的存在。

（1）标准试样光谱比较法

将欲检查元素的纯物质与试样并列摄谱于同一光谱感光板上，在映谱仪上检查试样光谱与纯物质光谱，若试样光谱中出现与纯物质具有相同特征的谱线，表明试样中存在欲检查元素。这种定性方法对少数指定元素的定性鉴定是很方便的。

（2）铁光谱比较法

将试样与铁并列摄谱于同一光谱感光板上，然后将试样光谱与铁光谱标准谱图对照，以铁光谱线为波长标尺，逐一检查欲检查元素的灵敏线，若试样光谱中的元素谱线与标准谱图中标明的某一元素谱线出现的波长位置相同，表明试样中存在该元素。铁光谱比较法对同时进行多元素定性鉴定十分方便。

此外，还有谱线波长测量法，但此法应用有限。

236 利用原子发射光谱仪摄取定性分析光谱时，应注意哪些问题？

利用原子发射光谱仪摄取定性分析光谱时，应注意以下几点：

① 选用中型摄谱仪，因为中型摄谱仪的色散率较为适中，可将欲测元素一次摄谱，便于检出。对于谱线干扰严重的试样，可采用大型摄谱仪。

② 采用直流电弧，因为直流电弧的阳极温度高，有利于试样蒸发，得到较高的灵敏度。

③ 电流控制应先用小电流，如5～6A，使易挥发的元素先蒸发；后用大电流，如6～20A，直至试样蒸发完毕。这样可保证易挥发和难挥发元素都能很好地被检出。

④ 采用较小的狭缝（5～7μm），以免谱线互相重叠。

此外，还应摄取空碳棒的光谱，以检查碳棒的纯度和加工过程的沾污情况。摄谱时应选用灵敏度高的光谱Ⅱ感光板。

237 利用原子发射光谱仪进行半定量分析时，有哪些分析方法？

摄谱法是目前光谱半定量分析最重要的手段，它可以迅速地给出试样中待测元素的大致含量，常用的方法有谱线黑度比较法和显线法等。

（1）谱线黑度比较法

将试样与已知不同含量的标准样品在一定条件下摄谱于同一光谱感光板上，然后在映谱仪上用目视法直接比较被测试样与标准样品光谱中分析线的黑度，若黑度相等，则表明被测试样中欲测元素的含量近似等于该标准样品中欲测元素的含量。该法的准确度取决于被测试样与标准样品组成的相似程度及标准样品中欲测元素含量间隔的大小。

（2）显线法

元素含量低时，仅出现少数灵敏线，随着元素含量增加，一些次灵敏线与较弱的谱线相继出现，于是可以编成一张谱线出现与含量的关系表，以后就根据某一谱线是否出现来估计试样中该元素的大致含量。该法的优点是简便快速，但其准确程度受试样组成与分析条件的影响较大。

238 利用原子发射光谱仪进行定量分析时，有哪些分析方法?

原子发射光谱仪的定量分析方法主要有校正曲线法和标准加入法。

（1）校正曲线法

在选定的分析条件下，用 3 个或 3 个以上含有不同浓度的被测元素的标样激发光源，以分析线强度 I，或者分析线对强度比 R（或者 $\lg R$）对浓度 C（或者 $\lg C$）建立校正曲线。在同样的分析条件下，测量未知试样光谱的 I 或者 R（或者 $\lg R$），由校正曲线求得未知试样中被测元素含量 C。

如用照相法记录光谱，分析线与内标线的黑度都落在感光板乳剂特性曲线的正常曝光部分，这时可直接用分析线对黑度差 Δs 与 $\lg C$ 建立校正曲线，进行定量分析。校正曲线法是光谱定量分析的基本方法，应用广泛，特别适用于成批样品的分析。

（2）标准加入法

在标准样品与未知样品基体匹配有困难时，采用标准加入法进行定量分析，可以得到比校正曲线法更好的分析结果。

在几份未知试样中，分别加入不同已知量的被测元素，在同一条件下激发光谱，测量不同加入量时的分析线对强度比。在被测元素浓度低时，自吸收系数 b 为 1，谱线对强度比 R 直接正比于浓度 C，将校正曲线 R-C 延长交于横坐标，交点至坐标原点的距离所对应的含量，即为未知试样中被测元素的含量。

标准加入法可用来检查基体纯度，估计系统误差，提高测定灵敏度等。

239 利用原子发射光谱仪进行定量分析时，怎样选择工作条件?

利用原子发射光谱仪进行定量分析时，选择工作条件应考虑以下因素。

（1）光谱仪

对于一般谱线不太复杂的试样，选用中型光谱仪即可。但对谱线复杂的元素（如稀土元素），则需用色散率大的大型光谱仪。

（2）光源

在光谱定量分析中，应特别注意光源的稳定性以及试样在光源中的燃烧过程。通常根据试样中被测元素的含量、元素的特性及要求等选择合适的光源。

（3）狭缝

在定量分析工作中，使用的狭缝宽度要比定性分析中宽，一般可达 20μm。这是由于狭缝较宽，乳剂的不均匀性所引入的误差就会减小。

（4）内标元素及内标线

金属光谱分析中的内标元素，一般采用基体元素。如在钢铁分析中，内标元素选用铁。但在矿石光谱分析中，由于组分变化很大，又因基体元素的蒸发行为与待测元素多不相同，故一般都不用基体元素内标，而是加入定量的其他元素。

240 什么是原子发射光谱背景？其消除的方法有哪些？

当试样被光源激发时，常常同时发出一些波长范围较宽的连续辐射，形成背景叠加在线光谱上。产生背景的原因主要有如下几种。

（1）分子的辐射

在光源中未解离的分子所发射的带光谱会造成背景。在电弧光源中，因空气中的 N_2 和碳电极挥发的 C 能生成稳定的化合物 CN 分子，它在 350～420nm 有吸收，干扰了许多元素的灵敏线。为了避免 CN 的影响，可不用碳电极。

（2）谱线的扩散

有些金属元素（如锌、铝、镁、锑、铋、锡、铅等）的一些谱线是很强烈的扩散线，可在其周围的一定宽度内对其他谱线形成强烈的背景。

（3）离子的复合

放电间隙中，离子和电子复合成中性原子时，也会产生连续辐射，其范围很宽，可在整个光谱区域内形成背景。火花光源因形成离子较多，由离子复合产生的背景较强，尤其在紫外光区。

从理论上讲，背景会影响分析的准确度，应予以扣除。但在摄谱法中，因为在扣除背景的过程中，要引入附加的误差，故一般不采用扣除背景的方法，而针对产生背景的原因，尽量减弱、抑制背景，或选用不受干扰的谱线进行测定。

241 什么是原子发射光谱添加剂？有哪些种类？

为了改进光谱分析而加入标准试样和分析试样中的物质称为光谱添加剂。根据加入的目的不同可分为缓冲剂、挥发剂、载体等。

（1）缓冲剂

试样中所有共存元素干扰效应的总和叫做基体效应。同时加入试样和标样中，使它们有共同的基体，以减小基体效应，改进光谱分析准确度的物质称为缓冲剂。由于电极头的温度和电弧温度受试样组成的影响，当没有缓冲剂存在时，电极和电弧的温度主要由试样基体控制。加入缓冲剂后，则由缓冲剂控制，使试样和标样能在相同的条件下蒸发。缓冲剂除了控制蒸发激发条件，消除基体效应外，还可以把弧温控制在待测元素的最佳温度，使其有最大的谱线强度。

此外，由于所用缓冲剂一般具有比基体元素低而比待测元素高的沸点，因而可使待测元素蒸发而基体不蒸发，使分馏效应更为明显，以改进待测元素的检测限。

在测定易挥发和中等挥发元素时，宜选用碱金属元素的盐作缓冲剂，如 NaCl、NaF、LiF 等；测定难挥发元素或易生成难挥发物的元素，宜选用兼有挥发性的缓冲剂，如卤化物等；碳粉也是缓冲剂的常见组分。

（2）挥发剂

为了提高待测元素的挥发性而加入的物质称为挥发剂。它可以抑制基体挥发，降低背景，改进检测限。典型的挥发剂是卤化物和硫化物。而碳是典型的去挥发剂。

（3）载体

载体本身是一种较易挥发的物质，可携带微量组分进入激发区，并和基体分离。此外，当大量载体元素进入弧焰后，能延长待测元素在弧焰中的停留时间，控制电弧参数，以利待测元素的测量。常用载体有 Ga_2O_3、AgCl 和 HgO 等。

242 电感耦合等离子体质谱仪工作的基本原理是什么?

电感耦合等离子体质谱仪的工作原理是：被测元素通过一定形式进入高频等离子体中，在高温下电离成离子，产生的离子经过离子光学透镜聚焦后进入四极杆质谱分析器，按照荷质比分离，既可以按照荷质比进行半定量分析，也可以按照特定荷质比的离子数目进行定量分析。该类型质谱仪主要由离子源、质量分析器和检测器三部分组成，还配有数据处理系统、真空系统、供电控制系统等。

样品进行 ICP-MS 分析时一般经过以下四步：

① 分析样品通常以水溶液的气溶胶形式引入氩气流中，然后进入由射频能量激发的处于大气压下的氩等离子体中心区；

② 等离子的高温使样品去溶剂化、汽化解离和电离；

③ 部分等离子体经过不同的压力区进入真空系统，在真空系统内，正离子被拉出并按其质荷比分离；

④ 检测器将离子转化为电子脉冲，然后由积分测量线路计数；电子脉冲的大小与样品中分析离子的浓度有关，通过与已知的标准或参比物质比较，实现未知样品的痕量元素定量分析。

243 电感耦合等离子体质谱仪有哪些优缺点?

电感耦合等离子体质谱法（ICP-MS）以 ICP 焰炬作为原子化器和离子化器。自 20

世纪 80 年代问世以来，已经成为元素分析中最重要的技术之一。ICP-MS 的主要优缺点如下。

(1) 优点

① 广泛的元素覆盖范围。大多数第一电离电位低于氩的元素都可以通过电感耦合等离子体质谱进行分析。

② 高灵敏度。灵敏度接近每秒 10 亿次计数/(mg/L)[1Gcps/(mg/L)]。

③ 求解模式的宽分析工作范围。单次采集可达 9 个数量级；从 1ng/L 到 100mg/L。

④ 快速定量和半定量分析时间。使用高速扫描四极杆分析仪，可以在大约 4min 内分析样品中的完整元素组。

⑤ 精度和准确度好（求解方式约为 1%～3%；激光模式约为 1%～10%）。

⑥ 通过等离子体优化、离子聚焦和碰撞反应池技术的进步，可以很好地控制干扰（等压、多原子、双电荷物质）。

⑦ 液体和固体样品引入系统。

⑧ 所需样品体积相对较小（溶液模式通常为 1～3mL）。

⑨ 能够测量同位素比率。

(2) 缺点

① 总溶解固体（TDS）的公差是有限的。如果沉积物积聚在雾化器、锥体或透镜组件上，与 TDS 较低的样品/标准相比，将影响仪器的稳定性和等离子体中的电离一致性（基质效应）。

② 为瞬态峰生成高精度（低相对标准偏差）数据是不切实际的（例如，使用电感耦合等离子体飞行时间质谱）。

③ 由于"闪烁噪声"与样品引入有关，包括与蠕动泵、雾化器和等离子体有关的波动，"散粒噪声"与坏光子、电子和离子撞击探测器有关；扫描四极杆不能同时测量内标和所有分析物同位素以获得最佳漂移补偿，与多采集器系统相比，后者限制了精度（约 10 倍）。

④ 分析速度和样品通量可能受到四级扫描速率（主要考虑同位素比测量的准确性或非常快的瞬态信号的测量）以及样品之间冲洗和引入新样品所需的冲洗时间的限制。

⑤ ICP-MS 系统的光谱分辨率（0.7～1.0amu）不足以对易受 Ar、溶剂和/或样品光谱干扰的元素进行离散测量。碰撞池系统使这个问题仅次于微量元素的测定。

244 电感耦合等离子体质谱仪由哪些部分组成?

电感耦合等离子体质谱仪主要由等离子体发生器、雾化室、炬管、四极杆质谱仪和一个快速通道电子倍增管等部件组成（图 4-6）。其关键部分是将 ICP 焰炬中的离子引出至质谱仪的引出接口，四极杆质谱仪由金属采样锥、离子透镜系统、质量分析器、离子检测器组成，通常采用的是配置电子倍增管的脉冲计数检测器，以得到尽可能高的灵敏度，检测试样中所有存在的元素。

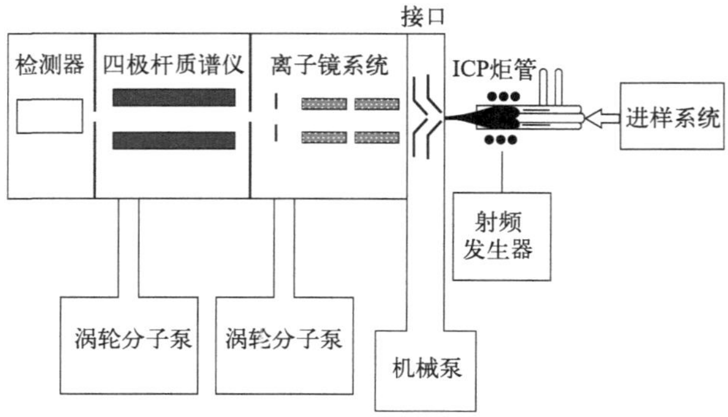

图 4-6 电感耦合等离子体质谱仪组成部分

245 电感耦合等离子体质谱仪有哪些干扰因素？

ICP-MS 存在质谱干扰和非质谱干扰。

(1) 质谱干扰

包括同质量类型离子干扰、多原子离子干扰、双电荷离子干扰、氧化物和氢氧化物离子干扰等。

① 同质量类型离子干扰　同质量类型离子干扰是指两种不同元素有几乎相同质量的同位素。对使用四极杆质量分析器的原子质谱仪来说，同质量类型指的是质量相差小于一个原子质量单位的同位素。使用高分辨率仪器时质量差可以更小一些。此干扰的校正可以用适当的计算机软件进行。

② 多原子离子干扰　多原子离子（或分子离子）是 ICP-MS 中干扰的主要来源。一般认为，多原子离子并不存在于等离子体本身中，而是在离子的引出过程中，由等离子体中的组分与基体或大气中的组分相互作用而形成。氢和氧占等离子体中原子和离子总数的 30%左右，余下的大部分是由 ICP 炬的氮气产生的。其中有些干扰可用空白试验进行校正，另一些则必须采用不同的分析同位素。

③ 双电荷离子干扰　通常 ICP-MS 分析中测定的是带一个正电荷的目标离子，但是在 ICP 离子源中也可能出现带两个电荷的目标离子，其中一个目标离子是分析测定对象，另一个离子会对测定产生干扰。

④ 氧化物和氢氧化物离子干扰　氧化物和氢氧化物是多原子离子干扰的一种，主要由分析物、基体组分、溶剂和等离子气体等形成的氧化物和氢氧化物组成，其中分析物、基体组分和等离子体工作气体的这种干扰更为明显些。

在 ICP-MS 分析中，多原子离子干扰（包括氧化物/氢氧化物离子）最为常见和麻烦，因为它们与所使用的等离子体气体、溶剂（包括水和酸）及试样基体有关。降低或消除干扰往往采用以下手段：

① 选择合适的试样引入技术，减少单位时间引入 ICP 的水和其他溶剂；

② 采用冷等离子体技术，降低射频功率及工作气体；

③ 采用高分辨能力的质量分析器；

④ 离子阱质量分析器结合碰撞诱导解离技术，在降低多原子离子干扰的同时，还可以通过增加离子捕获时间提高分析灵敏度；

⑤ 采用碰撞/反应池技术，前者基于小分子惰性气体对更大体积（与目标离子相比）的多原子离子的碰撞概率更大，达到降低多原子离子干扰的目的；后者基于反应气体与目标离子及多原子离子的反应动力学及热力学性质的差异，消除或降低多原子离子的干扰；

⑥ 采用合适的试样前处理技术，分离去除复杂基质，也可以在很大程度上降低甚至消除基于基体元素产生的多原子离子干扰。

（2）非质谱干扰

主要是基体效应，基体效应是指与目标分析物共存的所有组分对目标分析物信号产生的影响。它与质谱干扰不同，基体效应通常表现为负效应，即对目标分析物信号产生抑制作用。主要分为物理效应和质量歧视效应（包括空间电荷效应和离子传输效率）。

消除非质谱干扰的方法有：稀释法、基体匹配法、标准加入法、内标法、同位素稀释法、分离基体等。

246 气相色谱法有哪些优缺点?

气相色谱法是用气体作为流动相的色谱法。气相色谱法除具有色谱法的一般优点外，还具有以下几个优点。

① 高选择性　表现在它能分离理化性质极为相似的组分，如二甲苯的三个异构体、同位素等。

② 高效能　一般色谱柱达几千个塔板数，毛细管柱可达 100 万个塔板数。

③ 低检测限　可检测 $10^{-13}\sim10^{-7}$g 的物质。

④ 分析速度快　一般分析只需几分钟到几十分钟。

⑤ 应用范围广　沸点在 500℃以下，热稳定性良好，分子量在 400 以下的物质原则上都可采用气相色谱法。对于不易挥发而易分解的物质可经过化学转化，生成易挥发的稳定的衍生物后，亦可进行气相色谱分析。

气相色谱也有一定的缺陷：在没有纯样品时对未知物的准确定性和定量较困难；往往需要与红外、质谱等仪器联用；沸点高、易分解、腐蚀性和反应性较强的物质，气相色谱分析较为困难。有人统计过，约有 20%的有机物能用气相色谱测定。因此，气相色谱的应用有一定的局限性。

247 气相色谱法有哪些类型?

就其操作形式而言，气相色谱法属于柱色谱法。按固定相的物态，分为气-固色谱法（GSC）及气-液色谱法（GLC）两类。按柱的粗细和填充情况，分为填充柱色谱法及毛细管柱色谱法两种。填充柱是将固定相填充在金属或玻璃管中（常用内径为4mm）。毛细管柱（内径为0.1～0.5mm）可分为开管毛细管柱、填充毛细管柱等。按分离机制，可分为吸附、分配、离子交换、排阻四类。气-液色谱法属于分配色谱法。在气-固色谱法中，固定相常用吸附剂，因此多属于吸附色谱法。当固体固定相为分子筛时，分离是靠分子大小差异及吸附两种作用。

248 气相色谱法的一般流程是怎样的?

气相色谱法的一般流程见图 4-7。

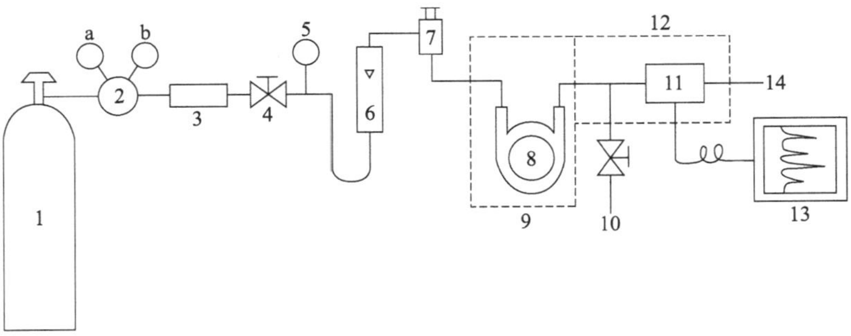

图 4-7 气相色谱法的一般流程

1—高压气瓶；2—压力调节器（a—瓶压，b—输出压力）；3—净化器；4—稳压阀；5—柱前压力表；6—转子流量计；7—进样器；8—色谱柱；9—色谱柱恒温箱；10—馏分收集口（柱后分流阀）；11—检测器；12—检测器恒温箱；13—记录器；14—尾气出口

载气由高压气瓶供给，经压力调节器降压，经净化器脱水及净化，由稳压阀调至适宜的流量而进入色谱柱，经检测器流出色谱仪。待流量、温度及基线稳定后，即可进样。液态样品用微量注射器取样，由进样器注入，气态样品可用六通阀或注射器进样，样品被载气带入色谱柱。

样品中各组分在固定相与载气间分配，由于各组分在两相中的分配系数不等，它们将按分配系数大小的顺序依次被载气带出色谱柱。分配系数小的组分先流出，分配系数大的后流出。流出色谱柱的组分被载气带入检测器，检测器将各组分的浓度（或质量）的变化，转变为电压（或电流）的变化，电压（或电流）随时间的变化由记录器记录。

色谱柱及检测器是气相色谱仪的两个主要组成部分。现代气相色谱仪都应用计算机和相应的色谱软件，具有处理数据及控制实验条件等功能。

249 气相色谱仪由哪几部分组成?

气相色谱仪由六个基本系统组成。

① 载气系统　一般由气源钢瓶、减压装置、净化器、稳压恒流装置、压力表和流

量计以及供载气连续运行的密闭管路组成。

② 进样系统　进样就是把样品快速而定量地加到色谱柱上端，以便进行分离。进样系统包括进样器和气化室两部分。

③ 分离系统　由色谱柱和色谱炉组成。

④ 温控系统　用来设定、控制和测量色谱炉、气化室和检测器的温度。

⑤ 检测系统　主要为检测器，是一种能把进入其中的各组分的量转换成易于测量的电信号的装置。根据检测原理的不同可分为浓度型和质量型两类。

⑥ 放大记录系统　记录系统是一种能自动记录由检测器输出的电信号的装置。

250 气相色谱检测器有哪些类型?

气相色谱检测器是把经过色谱柱后流出物质的信号转换为电信号的一种装置。根据检测原理不同，检测器分为两种。

（1）浓度型检测器

响应信号和载气中组分的瞬间浓度成正比。常用的浓度型检测器有热导检测器（TCD）和电子捕获检测器（ECD）。

（2）质量型检测器

响应信号和单位时间内进入检测器组分的质量成正比。常用的质量型检测器有火焰离子化检测器（FID）、火焰光度检测器（FPD）和氮磷检测器（NPD）。

251 气相色谱柱有哪些类型?

色谱柱由固定相与柱管组成，可按柱管的粗细、固定相的填充方法及分离机制分为不同类型。

（1）按柱管粗细分

可分为一般填充色谱柱和毛细管色谱柱两类。

① 一般填充色谱柱多用内径为2～6mm的不锈钢管制成螺旋形管柱，常用柱长为0.5～10m。填充液体固定相（气-液色谱）或固体固定相（气-固色谱）。其具有广泛的选择性，应用很广。

② 毛细管色谱柱常用内径为0.1～0.5mm的玻璃或弹性石英毛细管，柱长为几十米至百米。按填充方式可分为开管毛细管柱及填充毛细管柱等。其质量传送阻力小，渗透性好，分离效率高，分析速度快，但柱容量低，进样量小，要求检测器灵敏度高，操作条件严格。

（2）按固定相的填充方法及分离机制分

可分为分配柱及吸附柱等，它们的区别主要在于固定相。

① 分配柱一般是将固定液（高沸点液体）涂渍在载体上，构成液体固定相，利用组分的分配系数差别而实现分离。将固定液的官能团通过化学键结合在载体表面，称为

化学键合相，其优点是不流失。

② 吸附柱是将吸附剂装入色谱柱而构成的，利用组分吸附系数的差别实现分离。除吸附剂外，固体固定相还包括分子筛与高分子多孔小球等。

252 气相色谱分析过程中，应如何选择工作温度?

气相色谱分析过程中，工作温度的选择应注意如下几点：

① 柱温不能超过固定液允许的使用温度，否则会造成固定液的严重流失，干扰测定，并使柱效降低。

② 要有足够高的柱温，使样品组分在柱中保持气态。

③ 在样品允许的前提下，选择较低的柱温，这样组分在固定液中溶解度大，分离效果好，但温度低时保留时间延长，通常温度降低 30℃，保留时间延长一倍，所以要兼顾二者，选择一个合适的温度，既保证分离，又缩短时间。

④ 气化室温度为 50～400℃或更高，可根据样品的气化温度选择比色谱柱恒温室温度高 10～50℃，甚至 50～100℃，以保证样品在气化室中瞬间气化，很快被载气带入色谱柱。

⑤ 检测器恒温室温度一般选择与柱温相同，或略高于柱温。对氢火焰离子化检测器、火焰光度检测器等，其温度不得低于 100℃，防止水蒸气的影响。

253 气相色谱分析过程中，对固定液有什么要求?

固定液一般是一些高沸点的液体，在操作温度下为液态，在室温时为固态或液态。固定液的选择有如下要求：

① 在操作温度下呈液态且蒸气玉低，因为蒸气压低的固定液流失慢、柱寿命长、检测器本底低。

② 固定液对样品中各组分有足够的溶解能力，分配系数较大。

③ 选择性能高，两个沸点或性质相近的组分的分配系数不相等。

④ 稳定性好，固定液与样品组分或载体不产生化学反应，高温下不分解。

⑤ 黏度小，凝固点低。

254 气相色谱分析过程中，固定液有哪些类型?

固定液有数百种之多，合理分类有利于选择。常用的分类方法有化学分类法和极性分类法。

(1) 化学分类法

可分为烃类、硅氧烷类、醇类和酯类等。

① 烃类包括烷烃与芳烃。常用的有鲨鱼烷（角鲨烷、异卅烷等），是标准非极性固定液。

② 硅氧烷类是目前应用最广的通用型固定液。其优点是温度黏度系数小、蒸气压低，流失少，对大多数有机物都有很好的溶解能力等。包括从弱极性到极性多种固定液。

③ 醇类是一类氢键型固定液，可分为非聚合醇与聚合醇两类。聚乙二醇，如 PEG-20M（平均分子量 20000，250℃）是药物分析中最常用的固定液之一。

④ 酯类是中强极性固定液，分为非聚合酯与聚酯两类。聚酯类多是二元酸及二元醇所生成的线型聚合物，如丁二酸二乙二醇聚酯（PDEGS 或 DEGS）。在酸性或碱性条件下或 200℃以上的水蒸气均能使聚酯水解。

此外，还有腈和腈醚类强极性固定液，主要用于极性化合物的分离，以及有机皂土用于芳香异构体的分离。

(2) 极性分类法

按固定液的相对极性或特征常数分类，后者包括罗氏特征常数分类法和麦氏特征常数分类法。二者都是以物质在某一固定液和非极性固定液（通常是鲨鱼烷）中的保留指数之差值作为该固定液相对极性强弱的量度。

255 气相色谱分析过程中，应怎样选择固定液?

固定液的选择，应使混合试样得到所需分离度。一般根据“相似相溶”的原理，选择与样品极性相近或官能团性质相近的固定液，具体方法如下。

① 非极性化合物应首先选择非极性固定液，这时组分与固定液分子间的作用力主要是色散力，组分基本上是按沸点由低到高的顺序出柱。若样品中有极性组分，相同沸点的极性组分先出柱。

② 强极性化合物首选极性固定液。分子间主要作用力为定向力。组分按极性顺序出柱，极性强的组分后出柱。

③ 分离非极性和极性混合物时，一般选用极性固定液，这时非极性组分先出峰，极性组分后出峰。

④ 对于能形成氢键的试样，如醇、酚、胺和水等的分离，一般选择极性或氢键型固定液，试样中各组分按与固定液分子间形成氢键能力的大小先后流出。

⑤ 分离酸性或碱性化合物，用强极性固定液，并加酸性或碱性添加剂。

⑥ 按麦氏相常数选择。由于麦氏常数比较全面地描述了固定液的分离特征，因此根据麦氏常数可较快地选择适合于分离对象的固定液。

⑦ 单一固定液难以分离的样品，应选用混合固定液。

256 气相色谱分析中对载体有什么要求? 载体都有哪些类型?

一般载体（担体）是化学惰性的多孔性微粒。特殊载体如玻璃微珠，是比表面积大的化学惰性物质，但并非多孔。固定液分布在载体表面，形成一均匀薄层，构成气-液色谱的固定相。

对一般载体的要求是：

① 比表面积大，孔穴结构好；

② 表面没有吸附性能（或很弱）；

③ 不与被分离物质或固定液起化学反应；

④ 热稳定性好，粒度均匀，有一定的机械强度等。

载体可分为两大类：硅藻土型载体与非硅藻土型载体。硅藻土型载体是天然硅藻土经煅烧等处理而获得的具有一定粒度的多孔性固体微粒。非硅藻土型载体种类不一，多用于特殊用途，如氟载体、玻璃微珠及高分子多孔微球等。

257 气相色谱分析中，什么是载体的钝化？

载体钝化的目的是除去或减弱载体表面的吸附性能。以硅藻土型载体为例，其表面存在着硅醇基及少量的金属氧化物，常具有吸附性能。当被分析组分是能形成氢键的化合物或酸碱时，则与载体的吸附中心作用，破坏了组分在气-液二相中的分配关系，产生拖尾现象，故需将这些活性中心除去，使载体表面结构钝化。

钝化的方法有酸洗、碱洗、硅烷化及釉化等。酸洗能除去载体表面的铁、铝等金属氧化物，适用于分析酸类和酯类化合物。碱洗能除去表面的 Al_2O_3 等酸性作用点，适用于分析胺类等碱性化合物。硅烷化是将载体与硅烷化试剂反应，除去载体表面的硅醇基，消除形成氢键的能力。硅烷化载体主要用于分析形成氢键能力较强的化合物，如醇、酸及胺类等。

258 气相色谱分析中，应怎样选择实验条件？

选择气相色谱分析的实验条件主要包括色谱柱的选择、柱温的选择和载气的选择等。

(1) 色谱柱的选择

主要是选择固定相和柱长。固定相选择需注意极性及最高使用温度。气-液色谱法还要注意载体的选择。高沸点样品用比表面小的载体、低固定液配比（1%～3%），以防保留时间过长，峰扩张严重。低沸点样品宜用高固定液配比（5%～25%），从而增大分配系数，以达到良好分离。难分离样品可用毛细管柱。

柱长加长能增加塔板数（n），使分离度提高。但柱长过长，峰变宽，柱阻也增加，并不利于分离。在不改变塔板高度（H）的条件下，分离度（R）与柱长（L）有如下关系。

$$\left(\frac{R_1}{R_2}\right)^2=\frac{L_1}{L_2}$$

（2）柱温的选择

选择的基本原则是：在使最难分离的组分有符合要求的分离度的前提下，尽可能采用较低柱温。低柱温可增大分配系数，增加选择性，减少固定液流失，延长柱寿命及降低检测本底。但柱温降低，液相传质阻抗增加，而使峰扩张，柱温太低则拖尾，故以不拖尾为度。可根据样品沸点来选择柱温。分离高沸点样品（300～400℃），柱温可比沸点低100～150℃。分离沸点<300℃的样品，柱温可以在比平均沸点低50℃至平均沸点的温度范围内。对于宽沸程样品（混合物中高沸点组分与低沸点组分的沸点之差称为沸程），选择一个恒柱温经常不能兼顾两头，需采取程序升温的方法。程序升温改善了复杂成分样品的分离效果，使各成分都能在较佳的温度下分离。程序升温还能缩短分析周期，改善峰形，提高检测灵敏度。

（3）载气的选择

载气的选择从三方面考虑：对峰扩张、柱压降及检测器灵敏度的影响。载气采用低线速时，宜用氮气为载气，高线速时宜用氢气（黏度小）。色谱柱较长时，在柱内产生较大的压力降，此时采用黏度低的氢气较合适。H_2 最佳线速度为10～12cm/s；N_2 为7～10cm/s。通常载气流速可在20～80mL/min内，通过实验确定最佳流速，以获得高柱效。但为缩短分析时间，载气流速常高于最佳流速。

（4）其他条件的选择

① 气化室温度　气化室温度取决于样品的挥发性、沸点及进样量。可等于样品的沸点或稍高于沸点，以保证迅速完全气化。但一般不要超过沸点50℃以上，以防样品分解。对于稳定性差的样品可用高灵敏度检测器，降低进样量，这时样品可在远低于沸点温度下气化。

② 检测室温度　为了使色谱柱的流出物不在检测器中冷凝而污染检测器，检测室温度需高于柱温。一般可高于柱温30～50℃，或等于气化室温度。但若检测室温度太高，热导检测器的灵敏度降低。

③ 进样量　进样量的大小直接影响谱带的初始宽度，进样量越大，谱带初始宽度越宽，经分离后的色谱峰宽也越宽，不利于分离。因此，在检测器灵敏度足够的前提下，尽量减少进样量。通常以塔片数减少10%作为最大允许进样量。柱超载时峰变宽，柱效降低，峰不正常。一般来说，柱越长，管径越粗，固定液配比越高，组分的分配系数越大，则最大允许进样量越大。对于填充柱，气体样品以0.1～1mL为宜，液体样品进样量应小于4μL（TCD）或小于1μL（FID）。毛细管柱需用分流器分流进样，分流后的进样量为填充柱的1/100～1/10。

259 一般情况下，如何操作使用气相色谱仪?

气相色谱仪的操作步骤如下。

（1）开机

首先打开氮气钢瓶总阀门，调节减压阀压力为0.5～0.6MPa。打开电源开关，当屏幕上显示出 PassedSelftes 后，即可设测试参数。设定柱温时，一定要注意柱子的最高使用温度。当温度达到设定温度时，打开空气压缩机开关，转动氢气钢瓶阀门，调节氢气分压表为 0.3～0.4MPa。再打开仪器面板上空气、氢气开关，用点火器点火，稳定大约 30min 后，待面板上 NotReady 灯熄灭后，即可测定。

（2）设定测试条件

根据不同化合物的性质选择不同的色谱柱，一般情况极性化合物选择极性柱，非极性化合物选择非极性柱。柱温的确定主要由样品的复杂程度决定，对于混合物一般采用程序升温法，同时还要兼顾高低沸点或熔点化合物。以下提供三种方法，仅供参考。

① 柱温 60～80℃，恒温 5min，升温速率 10～15℃/min，最终温度 200℃；进口温度 200℃，检测温度 220℃。

② 柱温 100～160℃，速率不变，最终温度 230℃；进样口温度 250℃，检测器温度 250℃。

③ 对于高沸点（高熔点）的化合物可采用：柱温 200℃，升至 240℃；进样口温度 250℃，检测温度 260℃。

以上条件可根据不同的化合物任意改动，其目的要达到在最短的时间里，使每个化合物的组分完全分离。

（3）测试方法

一般采用两种方法。

① 毛细管柱分流法　样品直接进入色谱柱，不需稀释时进样量要少于 0.1μL。若为固体化合物则尽可能用少量溶剂稀释，进样量为 0.2～0.4μL。

② 大口径毛细管不分流法　无论固体或液体，一定要稀释后，方可进样，进样量为 0.2～0.4μL（1mL/mg）。

260 在使用气相色谱仪时，有哪些注意事项？

在使用气相色谱仪时，需要注意以下事项：

① 检测器温度不能低于进样口温度，否则会污染检测器；进样口温度应高于柱温的最高值，同时化合物在此温度下不分解。

② 含酸、碱、盐、水、金属离子的化合物不能直接分析，要经过处理方可进行。

③ 进样器所取样品要避免带有气泡，以保证进样重现性。

④ 取样前用溶剂反复洗针，再用要分析的样品至少洗 2～5 次，以避免样品间的相互干扰。

⑤ 需直接进样品，要将注射器洗净后，将针筒抽干以避免外来杂质的干扰。

261 怎样应用气相色谱仪进行定性分析？

用气相色谱法通常只能鉴定范围已知的未知物。对范围未知的混合物单纯用气相色谱法定性很困难，常需与化学分析或其他仪器分析方法配合。定性分析方法主要有以下几种。

（1）利用保留值定性

① 已知物对照法　根据同一种物质在同一根色谱柱上和相同的操作条件下保留值相同的原理进行定性。将适量的已知对照物质加入样品中，混匀，进样。对比加入前后的色谱图，若加入后某色谱峰相对增高，则该色谱组分与对照物质可能为同一物质。由于所用的色谱柱不一定适合于对照物质与待定性组分的分离，所以即使为两种物质，也可能产生色谱峰叠加现象。为此，需再选一根与上述色谱柱极性差别较大的色谱柱，再进行实验。若在两根柱上该色谱峰都产生叠加现象，一般可认定二者是同一物质。

已知物对照法对于已知组分的复方药物和工厂的定型产品分析尤为实用。

② 相对保留值定性法　利用相对保留值定性测定各组分的相对保留值，与色谱手册数据对比进行定性。相对保留值是待定性组分与参考物质的调整保留值之比。由于分配系数只决定于组分的性质、柱温与固定液的性质，因而相对保留值与固定液的用量、柱长、载气流速及柱填充情况等无关。故气相色谱手册及文献都登载相对保留值。利用此法时，先查手册，根据手册规定的实验条件及参考物质进行实验。

相对保留值定性法适用于没有待定性组分的纯物质的情况，也可与已知物对照法相结合，先用此法缩小范围，再用已知物进行对照。

（2）利用两谱联用定性

气相色谱的分离效率很高，但仅用色谱数据定性却很困难。而红外吸收光谱、质谱及核磁共振谱等是鉴定未知物的有力工具，但却要求所分析的样品成分尽可能单一。因此，把气相色谱仪作为分离手段，把质谱仪、红外分光光度计等充当检测器，两者取长补短，这种方法称为色谱-光谱联用，简称两谱联用。联用方式有两种，一种是联合制成一件完整的仪器，称为联用仪（在线联用）。另外一种是先收集某气相色谱分离后的各纯组分，而后用光谱仪测定它们的光谱，进行定性，称为两谱联用法，这属于非在线联用。目前比较成熟的在线联用仪有气相色谱-质谱联用仪和气相色谱-红外光谱联用仪。

① 气相色谱-质谱联用仪（GC-MS）　由于质谱的灵敏度高（需样量仅 10^{-11}～10^{-8}g）、扫描时间快（0～1000 质量数，扫描时间可短于 1s），并能准确测定未知物的分子量，给出许多结构信息，气相色谱-质谱联用是目前最成功的联用仪器，它在获得色谱图的同时，可得到对应于每个色谱峰的质谱图。根据质谱对每个色谱组分进行定性。

② 气相色谱-红外光谱联用仪（GC-FTIR）　傅里叶变换红外分光光度计（FTIR）扫描速度快（全波数扫描 0.1s 至几秒），灵敏度高（信号可累加），而且红外吸收光谱的特征性强，因此 GC-FTIR 也是一种很好的联用仪器，能对组分进行定性鉴定。但其灵敏度与图谱自动检索不如 GC-MS。

262 怎样应用气相色谱仪进行定量分析?

色谱定量分析的依据是被测物质的量与它在色谱图上的峰面积（或峰高）成正比。数据处理软件（工作站）可以给出包括峰高和峰面积在内的多种色谱数据。因为峰高比峰面积更容易受分析条件波动的影响，且峰高标准曲线的线性范围也较峰面积的窄，因此，通常采用峰面积进行定量分析。

（1）校正因子定量

绝对校正因子（f）指单位峰面积（A）所对应的被测物质的浓度（C），即

$$f=\frac{C}{A}$$

样品组分的峰面积与相同条件下该组分标准物质的校正因子相乘，即可得到被测组分的浓度。绝对校正因子受实验条件的影响，故定量分析时常采用相对校正因子。

相对校正因子（f'）指某物质与选择的标准物质 S 的绝对校正因子（f_s）之比。即

$$f'=\frac{f}{f_s}$$

相对校正因子只与检测器类型有关，而与色谱条件无关。

（2）归一化法

归一化法是将所有组分的峰面积 A_i 分别乘以它们的相对校正因子（f'_i）后求和，即所谓“归一”，被测组分 X 的含量可以用下式求得。

$$X=\frac{A_x f'_x}{\sum_{i=1}^{n} A_i f'_i}$$

采用归一化法进行定量分析的前提条件是样品中所有成分都要能从色谱柱上洗脱下来，并能被检测器检测。归一法主要在气相色谱中应用。

（3）外标法

外标法包括直接比较法和标准曲线法。

① 直接比较法是将未知样品中某一物质的峰面积与该物质的标准品的峰面积直接比较进行定量。通常要求标准品的浓度与被测组分浓度接近，以减小定量误差。

② 标准曲线法是将被测组分的标准物质配制成不同浓度的标准溶液，经色谱分析后制作一条标准曲线，即物质浓度与其峰面积（或峰高）的关系曲线。根据样品中待测组分的色谱峰面积（或峰高），从标准曲线上查得相应的浓度。标准曲线的斜率与物质的性质和检测器的特性相关，相当于待测组分的校正因子。

（4）内标法

内标法是将已知浓度的标准物质（内标物）加入未知样品中去，然后比较内标物和被测组分的峰面积，从而确定被测组分的浓度。由于内标物和被测组分处在同一基体中，因此可以消除基体带来的干扰。而且当仪器参数和洗脱条件发生非人为的变化时，

内标物和样品组分都会受到同样影响，这样消除了系统误差。当对样品的情况不了解、样品的基体很复杂或不需要测定样品中所有组分时，采用这种方法比较合适。

(5) 标准加入法

标准加入法可以看作是内标法和外标法的结合。具体操作是取等量样品若干份，加入不同浓度的待测组分的标准溶液进行色谱分析，以加入的标准溶液的浓度为横坐标，峰面积为纵坐标，绘制工作曲线。样品中待测组分的浓度即为工作曲线在横坐标延长线上的交点到坐标原点的距离。由于待测组分以及加入的标准溶液处在相同的样品基体中，因此，这种方法可以消除基体干扰。但是，由于对每一个样品都要配制三个以上的、含样品溶液和标准溶液的混合溶液，因此，这种方法不适于大批样品的分析。

263 应用气相色谱法分析时，怎样进行样品的前处理？

气相色谱只能分析气态物质和具有挥发性的有机物。一般说来，气体和沸点及极性较低的液体，可以直接进样分析。但对于某些物质，由于它们的极性很强，挥发性、热稳定性很低，不适于直接进样分析，因而也无法进行定性、定量。对于这类物质，可用化学处理，将其转化为相应的挥发性衍生物，再进行色谱分析。常用的衍生化试剂见表4-2。

表 4-2 常用的衍生化试剂

试剂		适用对象
烷基化	$CH_3ICH_2N_2$ $C_6F_5—CH_2Br$	R—OH、R—NH—R′ R—COOH、R—OH、R—NH—R′ R—COOH、R—NH—R′
硅烷化	三甲基氯硅烷(TMCS) 六甲基二硅烷(HMDS) 双(三甲基硅烷基)乙酰胺(BSA) 双(三甲基硅烷基)三氟乙酰胺(BSTFA) 三甲基硅烷基咪唑(TMSIM)	R—COOH、R—OH、R—NH—R′
酰基化	$(CH_3CO)_2O$ $(CF_3CO)_2O$ $C_6F_5—COCl$	R—NH—R′、R—NH_2、R—OH R—NH—R′、R—NH_2、R—OH R—NH—R′

264 气相色谱常见故障如何检查诊断？

要分析和判断色谱仪的故障所在，就必须要熟悉气相色谱的流程和气、电路这两大系统，特别是构成这两个系统部件的结构、功能。色谱仪的故障是多种多样的，而且某一故障产生的原因也是多方面的，必须采用部分检查的方法，即排除法，才可能缩小故障的范围。

对于气路系统出的故障，不外乎是各种气体（特别是载气）有漏气的现象、气体质量不佳、气体稳压稳流不好等。例如，基线若始终向下漂移，即“电平”值逐渐变小至负数，这极有可能是载气泄漏，那么就要查找各个接头部件是否有漏的现象，若不漏而基线仍漂移，则可能是电路系统的故障。

排除电路上的故障并非易事，需要分析工作者有一定的电子线路方面的知识，并且要弄清楚主机接线图和各系统的电原理图（尤其是接线图）。这些图清楚地画出了控制单元和被控对象间的关系，具体地标明了各接插件引线的编号和去向，按图去检查电路、找寻故障是非常方便的。

色谱电路系统的故障，一般是温度控制系统的故障和检测放大系统的故障，当然不排除供给各系统的电源的故障。

温控系统（包括柱温、检测器温控、进样器温控）的主回路由可控硅和加热丝组成，可控硅导通角的变化，使加热功率变化，从而使温度变化（恒定或不恒定）。而控制可控硅导通角变化的是辅回路（或称控温电路），包括铂电阻（热敏组件）和线性集成电路等。因此，若是温控系统的毛病，应首先检查可控硅是否已坏，加热丝是否已坏（断或短路），铂电阻是否已坏（断或短路）或是否接触不良。其次检查辅回路的其他电子部件。放大系统常见故障是离子信号线受潮或断开、高阻开关（即灵敏度选择）受潮、集成运算放大器（如 AD515JH、OP07 等）性能变差或已坏等。

265 气相色谱-质谱联用法的一般流程是什么?

在气相色谱-质谱联用分析技术中，质谱仪相当于气相色谱仪的一个检测器，可提供被分离各组分分子量和有关结构信息，可确定未知物的化学组成及结构，进行定性定量分析。气相色谱-质谱联用法的一般流程同气相色谱的流程。气相色谱-质谱联用技术是指混合物样品经色谱柱分离后进入质谱仪离子源，在离子源被电离成离子，离子经质量分析器、检测器之后即成为质谱信号并输入计算机。样品由色谱柱不断地流入离子源，离子由离子源不断进入分析器并不断得到质谱，只要设定好分析器扫描的质量范围和扫描时间，计算机就可以采集到一个个质谱。计算机可以自动将每个质谱的所有离子强度相加，显示出总离子强度，总离子强度随时间变化的曲线就是总离子色谱图，总离子色谱图的形状和普通的色谱图是相一致的，可以认为是用质谱作为检测器得到的色谱图。

266 气相色谱-质谱联用法有哪些优缺点?

在气相色谱-质谱联用技术中气相色谱是质谱的预处理器，而质谱是气相色谱的检测器。优点是两者的联用不仅仅获得了气相色谱中保留时间、强度信息，还有质谱中质荷比和强度信息。同时，计算机的发展提高了仪器的各种性能，如运行时间、数据收集处理、定性定量、谱库检索及故障诊断等。因此，气相色谱-质谱联用分析方法不但能使样品的分离、鉴定和定量一次快速地完成，还对于批量物质的整体和动态分析起到了很大的促进作用。缺点是对气相色谱仪和质谱仪的选择要求较高。

（1）对 GC 的要求

首先是色谱分离柱的选择，对色谱柱稳定性要求较高，必须采用充分老化或限制使用温度的方法，尽量避免色谱柱的固定液流失以降低质谱仪器检测噪声。另外，必须根据接口部件特点选择不同类型的色谱柱。如直接导入型接口只可选择细内径的毛细管柱，而开口分流型或喷射式分子分离型接口则可综合柱容量、分离效率等选择合适结构的填充柱或毛细管柱。除色谱柱的选择外，对载气亦有一定的要求，载气必须纯度高、化学稳定性好、易于和待测组分分离、易于被真空泵排出。通常在 GC-MS 中选用的载气为氦气，纯度在 99.995%以上。

（2）对 MS 的要求

由于色谱流出物中大量载气的存在，会极大干扰待测试样分子的解离，质谱仪器的真空系统必须具备很高的效率、大的排空容量，以利于将载气最大限度地抽出质谱仪器，避免载气对待测试样的电离、分析等干扰。另外，质谱仪器必须具备高的扫描频率：气相色谱分离高效、快速，色谱峰都非常窄，有的仅几秒钟时间。一个完整的色谱峰通常需要 6 个以上的数据采集点，因此，质谱仪器必须具备较高的扫描速率，才可能在很短的时间内完成多次全质量范围的扫描。

267 气相色谱-质谱联用仪有哪些组成部分?

气相色谱-质谱联用仪主要由以下部分组成：色谱部分、气质接口、质谱仪部分（离子源、质量分析器、检测器）和数据处理系统（图 4-8）。

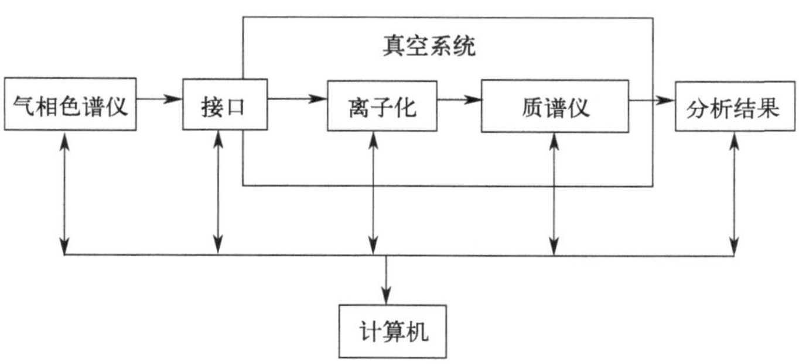

图 4-8 气相色谱-质谱联用仪组成部分

气相色谱仪分离样品中各组分起着样品制备的作用；接口把气相色谱流出的各组分送入质谱仪进行检测，起着气相色谱和质谱之间适配器的作用；质谱仪对接口依次引入的各组分进行分析，成为气相色谱仪的检测器；计算机系统交互式地控制气相色谱、接口和质谱仪，进行数据采集和处理，是 GC-MS 的中央控制单元。

268 怎样应用气相色谱-质谱联用仪进行定性分析?

气相色谱-质谱联用仪是色谱技术、质谱技术与计算机技术三种现代化技术紧密结合的产物。工作原理是四极杆在高频电压与正负电压联合作用下形成高频电场，在扫描电压作用下，只有符合四极场运动方程的离子才能通过四极杆对称中心到达离子检测器，再经离子流放大器放大，产生质谱信号，得到了质谱图，通过解释谱图或进行谱库检索以识别未知样品的组成。

在气相色谱-质谱联用仪中，进行组分定性的常用方法是标准谱库检索。采用全扫描（SCAN）对指定质量范围内的离子进行扫描并记录其质谱图，从而获得待测化合物的分子量和结构信息，对于未知物，全扫描可获得化合物的准分子离子，从而获得化合物的分子量，对于二级质谱或多级质谱，全扫描可获得化合物的所有碎片离子。利用计算机将待分析组分（纯化合物）的质谱图与计算机内保存的已知化合物的标准质谱图按一定程序进行比较，将匹配度（相似度）最高的若干个化合物的名称、分子量、分子式、识别代号及匹配率等数据列出供用户参考，如果质谱图的离子碎片大小、高度都基本相同（一般相似度为95%以上），即可确定为该物质，即定性。

应用气相色谱-质谱联用仪进行定性分析时应注意，在利用数据库检索之前，应首先得到一张较好的质谱图，并利用质量色谱图等技术判断质谱中有没有杂质峰，得到检索结果之后，应根据未知物的物理、化学性质以及色谱保留值、红外、核磁谱等综合考虑，给出定性结果。当用单级质谱记录全扫描图谱时，至少要有四种离子的相对丰度大于等于基峰的10%。定性鉴定要符合以下原则：

① 色谱保留时间定性，若无标样定性，保留时间与重要参考文献要相符。因此色谱分离一定要好，无杂质干扰。

② 质谱定性，质谱图库检索匹配率应在90%以上，质谱能得到合理解释。

③ 定量离子应是待测化合物的特征离子，多数情况下选择基峰或较强的峰，这样可以减少误差。但是当不同化合物的特征离子质量相同时，尤其是未完全分离的色谱峰中两个化合物欲选的离子质量相同时，应选择其他不同质量的离子作为定量离子。

④ 特征离子的选择。为了避免假阳性检出，需要选择几个离子作为定性离子的限定条件。进一步确认是待测化合物的特征离子，才能用其进行定量。特征离子（包括定量离子在内）一般是选3～5个，并要限定其相对强度。

269 怎样应用气相色谱-质谱联用仪进行定量分析?

一般做定量分析时，首先要确定待测物质的分析条件，使分离物质能够较好地单一分离出来，得到较好的色谱峰，同时确定峰的保留时间。做未知样品时，找到待测物质保留时间处的峰，对峰面积积分，进行定量分析。其次，选择离子监测(SIM)，针对选定的单个离子或一系列单个离子进行监测。因其只能对特定的离子进行检测，不能得到化合物全谱，因此主要用于目标化合物和复杂混合物中杂质的定量分析。SIM模式需要SCAN模式提供定性和定量离子，我们只选择目标物的一部分特征例子进行扫描，所以即便响应值比全扫描小，但是由于杂质的碎片离子减少，基线噪声也会减小，因此实际上选择离子扫描拥有更好的信噪比，采用离子扫描定量分析检出限更低。

定量分析应注意的问题有：

① 仪器校准　色谱条件（从进样口到色谱柱）、进样方式、衬管类型、进样口的清洁程度、不分流进样开启分流阀的时间、柱效的保持、选用的溶剂和相应的初始炉温等影响色谱定量结果的因素会同样影响 GC-MS 联用的定量。质谱条件有各参数的设置、调谐方式、调谐结果差别、仪器的稳定性、离子源、分析器清洁。

② 定性要正确　定量分析的重要前提是定性要正确。

③ 峰面积的准确积分　一般仪器数据系统的定量软件对峰面积积分方法都有实例说明。

④ 标准曲线的线性范围　用标样的响应值对含量作标准曲线。通常是选择线性拟合，直线的斜率即为响应值。有些情况下，待测组分的响应值与浓度不成线性相关，可以用响应值对浓度的倒数或浓度平方的倒数、对数等作标准曲线。

⑤ 标准曲线的再校正　由于仪器的响应值会发生变化，定量标准曲线不能长期使用，必须定期或不定期用标样重新测试，对标准曲线上的每个点做再校正。

270 液相色谱与气相色谱相比有什么不同?

液相色谱的工作原理与气相色谱基本一致。但由于液相色谱是以液体作为流动相，且液相色谱所用的仪器设备和操作条件与气相色谱不同，所以，液相色谱与气相色谱有一定差别，主要表现在以下几个方面。

（1）应用范围不同

气相色谱仅能分析在操作温度下能气化而不分解的物质。对高沸点化合物、非挥发性物质、热不稳定化合物、离子型化合物及高聚物的分离、分析较为困难。致使其应用受到一定程度的限制，据统计只有大约 20%的有机物能用气相色谱分析。

液相色谱则不受样品挥发度和热稳定性的限制，它非常适合分子量较大、难气化、不易挥发或对热敏感的物质、离子型化合物及高聚物的分离分析，可分析物质大约占有机物的 70%～80%。

（2）分离效率和因素不同

① 气相色谱的流动相载气是色谱惰性的，不参与分配平衡过程，与样品分子无亲和作用，样品分子只与固定相相互作用。而在液相色谱中，流动相液体与固定相争夺样品分子，提高了选择性。也可选用不同比例的两种或两种以上的液体作流动相，增大分离的选择性。

② 液相色谱固定相类型多，如离子交换色谱和排阻色谱等，作为分析时选择余地大；而气相色谱则不行。

③ 液相色谱通常在室温下操作，较低的温度一般有利于色谱分离条件的选择。

④ 由于液体的扩散性比气体小，因此，溶质在液相中的传质速率慢，柱外效应就

显得特别重要；而在气相色谱中，柱外区域扩张可以忽略不计。

⑤ 液相色谱中制备样品简单，回收样品也比较容易，而且回收是定量的，适合于大量制备。

但液相色谱尚缺乏通用的检测器，仪器比较复杂，价格昂贵。因此，在实际应用中，这两种色谱技术是互相补充的。

271 高效液相色谱法与经典液相色谱法相比有哪些优点?

高效液相色谱法（HPLC）是20世纪60年代末至70年代初迅速发展起来的分离分析技术，它是在经典液相色谱的基础上，引入气相色谱的理论，在技术上采用了高压泵、高效固定相和高灵敏度检测器，实现了分析速度快、分离效率高和操作自动化，这种柱色谱技术被称做高效液相色谱法。

高效液相色谱法与经典液相色谱法比较具有如下优点。

① 在分析速度上高效液相色谱比经典液相色谱要快数百倍。这是因为经典液相色谱是在常压下靠重力加料，洗脱速度很慢，通常分离一个组分需要几小时，甚至几天，而高效液相色谱采用高压泵输液，流动相流速较高，个别可高达100mL/min以上，分析时间大大缩短。

② 在分离效率上高效液相色谱法比经典液相色谱法要高得多。经典液相色谱法通常采用粒度较粗（100μm）的固定相做填料，柱效率较低，而高效液相色谱法采用均匀的微颗粒（3～50μm）做固定相，理论塔板数最高可达10^5个/m。

③ 在样品检测上高效液相色谱仪使用了新型的检测器，检测灵敏度大大提高，自动化程度也日趋完备。

另外，经典的液相色谱柱一般只用一次。用后，其中的固定相即弃去，既费人力，又费物力，而高效液相色谱则使用密闭的、可重复使用的色谱柱，进样采用注射器和进样阀，准确而快速，操作方便，因此高效液相色谱无论是定性还是定量方面，都比经典液相色谱有较高的准确性和精密度。

272 高效液相色谱仪有哪些组成部分?

高效液相色谱仪一般可分为4个主要部分：高压输液系统、进样系统、分离系统和检测系统，此外还配有辅助装置，如梯度淋洗、自动进样及数据处理等。其结构见图4-9。

高效液相色谱仪的工作过程如下：首先高压泵将储液器中的流动相溶剂经过进样器送入色谱柱，然后从控制器的出口流出。当注入欲分离的样品时，流经进样器的流动相将样品同时带入色谱柱进行分离，然后依先后顺序进入检测器，记录仪将检测器送出的信号记录下来，由此得到液相色谱图。

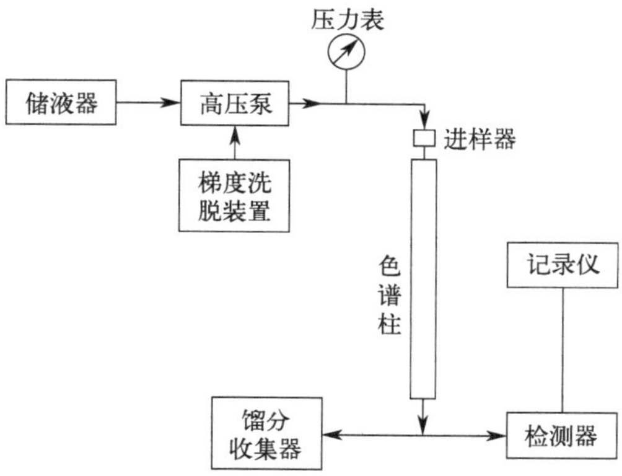

图 4-9 高效液相色谱仪结构

273 液相色谱法有哪些类型?

通常将液相色谱法按分离机理分成液固吸附色谱法、液液分配色谱法、离子色谱法和凝胶色谱法。还有些液相色谱方法并不能简单地归于这四类。

液相色谱的分类和机理见表 4-3。

表 4-3 液相色谱分类和机理

类型	主要分离机理	主要分析对象或应用领域
吸附色谱	吸附能、氢键	异构体分离，族分离，制备
分配色谱	疏水分配作用	各种有机化合物的分离、分析与制备
凝胶色谱	溶质分子大小	高分子分离，分子量及其分布的测定
离子交换色谱	库仑力	无机离子、有机离子分析
手性色谱	立体效应	手性异构体分离，药物纯化
亲和色谱	生化特异亲和力	蛋白、酶、抗体分离，生物和医药分析

274 高效液相色谱检测器有哪些类型?

检测器是用来连续监测经色谱柱分离后的流出物的组成和含量变化的装置。对检测器的要求是灵敏度高、重复性好、线性范围宽、死体积小以及对温度和流量的变化不敏感等。目前最常用的高效液相色谱检测器主要有光吸收检测器、荧光检测器、示差折光检测器、蒸发光散射检测器和电化学检测器。

(1) 光吸收检测器

① 紫外检测器　紫外吸收（UV）检测器是目前液相色谱中使用最普遍的检测器，其检测原理和基本结构与一般光分析仪器相似，主要由光源、单色器、流通池

或吸收池、接收和电测器件组成。根据检测器光路设计不同，可分为单光路和双光路两种类型。根据光源和单色器不同，有单波长、多波长、紫外/可见分光等多种类型。UV检测器一般选用无紫外吸收的溶剂为流动相，用于测定具有紫外吸收的组分。采用紫外吸收试剂对无紫外吸收试样衍生化或间接光度技术，可扩大紫外检测器应用范围。

② 光二极管阵列检测器（PDAD） PDAD与一般UV检测器的区别在于它可以同时获得190～700nm波长范围内的色谱检测信号，可提供组分的光谱定性信息。光源发出的复合光经聚焦后照射到流通池上，透过光经全息凹面衍射光栅色散，投射到200～1000多个二极管组成的二极管阵列而被检测。它可绘制随时间（t）变化，进入检测池溶液吸光度（A）随波长（λ）变化的光谱吸收曲线，从而获得吸光度（A）、波长（λ）、时间（t）的三维色谱图。

③ 红外吸收检测器 与一般光吸收检测器光路设计相似，其吸收池窗口采用氯化钠、氟化钙等红外透明材料，透过吸收池的红外光一般以热电敏感元件接收。这种检测器可提供分子结构信息，但由于大多数液相色谱流动相溶剂都有红外吸收及窗口材料限制，故其应用有限。

（2）荧光检测器

荧光检测器（FD）利用化合物具有光致发光性质，受紫外光激发，能发射比激发波长较长的荧光对组分进行检测。对不产生荧光的物质可通过与荧光试剂反应，生成可产生荧光的衍生物进行检测。为避免干扰，在检测器光路设计上，激发光光路与荧光发射光路互相垂直。常用可发射250～600nm连续波长的氙灯作检测器光源，经透镜、激发单色器聚焦到流通池。与激发光呈90°的荧光经透镜、发射单色器聚焦到光电倍增管上转变成电信号。FD灵敏度比UV检测器高2～3个数量级，特别适用于痕量组分测定，其线性范围较窄，可用于梯度淋洗。

（3）示差折光检测器

示差折光检测器（RI）的检测原理是基于流动相与含溶质流动相折射率的差异，其差值大小反映流动相中溶质浓度。检测器光路设计上有偏转式和反射式两种。RI是一种通用型检测器，对所有物质均有响应，灵敏度一般低于UV检测器，最低检出限为10^{-7}～10^{-6}g。折射率对温度和流速敏感，检测器需要恒温，不适用于梯度淋洗。

（4）蒸发光散射检测器

蒸发光散射检测器（ELSD）是一种通用型检测器，对所有物质均有响应。色谱柱洗出液进入雾化器，在氮或空气流作用下转化成烟雾，然后通过控温的漂移管，溶剂被蒸发，待分析溶质形成细小尘粒通过激光束，发生光散射，在与气流呈90°的方向安置光二极管检测散射光，产生的光电流被放大、储存、显示。蒸发光散射检测器适用于梯度淋洗，其灵敏度高于示差折光检测器。

（5）电化学检测器

电化学检测器是基于物质的电化学性质（如电化学氧化还原、电导）进行检测的仪器，主要包括安培检测器、电导检测器、极谱仪等几种类型。该类型检测器具有结构简单、死体积小、灵敏度高（最低检出限达 10^{-9}g）等优点，然而其对流动相有一定的要求，流动相必须具有电导性，一般只能用极性溶剂或水溶液作流动相。

① 安培检测器是使用较多的电化学检测器。安培检测器具有一个简单薄层型流通池，池体由两块氟塑料及相应垫片构成，玻璃化炭黑或石墨工作电极嵌在池壁，参比电极及辅助电极置于流通池下游，池体积通常较小（1～5μL）。

② 电导检测器在离子色谱中应用非常广泛，它通过连续监测色谱柱洗出液的电导，实现目标物质的检测。电导响应值取决于溶液中离子的数量、电荷及迁移率等。电导检测器结构简单，通常以夹在两电极片之间聚四氟乙烯膜上的长条形孔道为流通池，池体积仅 1～3μL。电极由玻璃化炭黑、铂、金、不锈钢等惰性电极材料制成，一般在电极上施加 50～1000Hz，5～10V 的交流电压。电压越大，电导值越大，但电压不可太高，以防止发生电解、氧化和还原等反应。池上装有热敏电阻以实现温度自动补偿。鉴于溶液电导率对温度相当敏感，因此，电导检测器要求恒温操作，亦不适用于梯度淋洗。

③ 极谱检测器是基于被测组分可在电极上发生电氧化还原反应而设计的一种检测器，属于电化学检测器。可用于测定具有极性活性的物质，如药物、维生素、有机酸、苯胺类等。其灵敏度可达 $10^{-10}g/cm^3$，可用于痕量分析，其缺点是不具有通用性。

275 高效液相色谱固定相有哪些类型?

高效液相色谱的固定相主要有以下几种类型。

（1）薄壳型或表面多孔型固定相

这种填料是一种具有实心硬核（一般是玻璃）的多孔层微球。玻璃核的外面包了一层很薄的（1～2μm）有空隙结构的多孔材料（如硅胶、氧化铝、聚酰胺），微球直径约为 30μm。薄壳型固定相的柱效比经典液相色谱固定相高 50～500 倍，但缺点是面积小，样品容量大大减小，不宜用于大量化合物的分离及制备。

（2）全多孔型固定相

目前，直径为 5～10μm，大小均匀的全孔硅胶已被广泛用于高效液相色谱。由于颗粒直径很小，全孔型固定相的理论塔板数可达（5～10）$\times10^4$ 个/m，是薄壳型填料的 30～50 倍。这种填料不仅能涂渍固定液，而且多孔硅胶表面也可以化学簇合上具有不同作用基团的固定液。其缺点是不易填充，需要很高的柱压。

（3）多孔聚合物固定相

不同类型合成树脂填料已被用于高效液相色谱，其中应用最为广泛的是聚苯乙烯和二乙烯基苯交联而成的聚苯乙烯凝胶。这种填料不仅能直接用于分配色谱，而且可以通过引入离子交换基团于离子交换色谱中，但应注意因流动相引起的溶胀与收缩现象。

276 什么是吸附色谱?

吸附色谱的原理是基于被测组分在固定相表面具有吸附作用，且各组分的吸附能力不同，使组分在固定相中产生保留和实现分离。

固定相通常是活性硅胶、氧化铝、活性炭、聚乙烯、聚酰胺等固体吸附剂，所以吸附色谱也称液固吸附色谱。其中活性硅胶最常用。活性硅胶是一种多孔性物质，具有三维结构，表面具有硅羟基。作吸附剂的硅胶需经加热处理，除掉其表面吸附水，使之活化。按其孔径分布分为表面多孔和全多孔两类。硅胶既是吸附色谱最常用的固定相，也是分配色谱、离子色谱等色谱固定相的常用基质。

流动相常为弱极性有机溶剂或非极性溶剂与极性溶剂的混合物，如正构烷烃（己烷、戊烷、庚烷等）、二氯甲烷/甲醇、乙酸乙酯/乙腈等。

吸附色谱的分离过程为：活性硅胶表面的硅羟基呈微酸性，易与氢结合，是吸附的活性点。流动相溶剂在吸附剂表面形成单分子或双分子吸附层，当样品分子进入色谱柱后，主要靠氢键结合力吸附到硅羟基上，与流动相分子竞争吸附点。样品分子反复地被吸附，又反复地被流动相分子顶替解吸，随着流动相的流动而在柱中向前移动。因为不同的样品分子在固定相表面的吸附能力不同，因而吸附-解吸的速度不同，各组分被洗脱的时间（保留时间）也就不同，使得各组分相互分离。

吸附色谱在早期的高效液相色谱（HPLC）中应用得最多，现在很多以前用吸附色谱分离的物质被更方便和更有效的化学键合相和反相分配色谱所代替。由于硅羟基活性点在硅胶表面常按一定几何规律排列，因此吸附色谱用于结构异构体分离和族分离仍是最有效的方法。如农药异构体分离，石油中烷、烯、芳烃的分离。

277 什么是分配色谱?

分配色谱主要是根据样品分子在流动相和固定相间的溶解度不同（分配作用）而实现分离的液相色谱分离模式。

分配色谱可分为液液色谱和键合相色谱。

（1）液液色谱

固定相是通过物理吸附的方法将液相固定液涂在载体表面，其缺点是容易流失，需预先用固定液饱和，较为麻烦且不能用于梯度洗脱。

（2）键合相色谱

固定相是通过化学反应将有机分子键合到载体或硅胶表面上，解决了固定相的流失问题，是当今高效液相色谱（HPLC）最常用的固定相。

根据固定相与流动相极性的差异，分配色谱可分为正相色谱和反相色谱。液液色谱中，固定相极性大于流动相的称为正相液相色谱，反之为反相液相色谱。键合相色谱中，固定相键合有极性基团的称为正相键合相色谱，反之为反相键合相色谱。

278 什么是凝胶色谱?

凝胶色谱的原理是以多孔性物质作固定相，样品分子受固定相孔径大小的影响而达到分离的一种液相色谱分离模式。样品分子与固定相之间不存在相互作用力（吸附、分配和离子交换等），因而凝胶色谱又常被称作体积排斥色谱、空间排阻色谱、分子筛色谱等。比固定相孔径大的溶质分子不能进入孔内，迅速流出色谱柱，不能被分离。比固定相孔径小的分子才能进入孔内而产生保留，溶质分子体积越小，进入固定相孔内的概率越大，在固定相中停留（保留）的时间也就越长。

凝胶色谱的固定相是化学惰性的多孔性材料，如聚苯乙烯凝胶、亲水凝胶、无机多孔材料。流动相的作用不是为了控制分离，而是为了溶解样品或减小流动相黏度。

凝胶色谱可分为凝胶过滤色谱（GFC）和凝胶渗透色谱（GPC）两种。前者以水或缓冲溶液作流动相，主要适合于水溶性高的分子的分离。后者以有机溶剂作流动相，主要适合于脂溶性高的分子的分离。如甲苯和四氢呋喃能很好地溶解合成高分子，所以GPC主要用于合成高分子的分子量（分布）的测定。

279 什么是离子交换色谱法（IEC）？

IEC使用的是低交换容量的离子交换剂，这种交换剂的表面有离子交换基团。带负电荷的交换基团（如磺酸基和羧酸基）可以用于阳离子的分离，带正电荷的交换基团（如季铵盐）可以用于阴离子的分离。图4-10是阴离子交换过程。

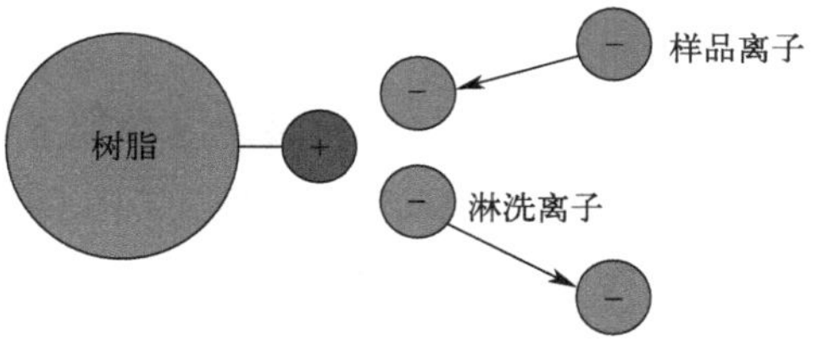

图4-10 阴离子交换过程

由于静电场相互作用，样品阴离子以及淋洗剂阴离子（也称淋洗离子）都与固定相中带正电荷的交换基团作用，样品离子不断地进入固定相，又不断地被淋洗离子交换而进入流动相，在两相中达到动态平衡，不同的样品阴离子与交换基的作用力大小不同，电荷密度越大的离子与交换基的作用力越大，在树脂中的保留时间越长，于是不同的离子相互分离。

常用的固定相基质有合成树脂、纤维素和硅胶等。流动相通常为水，为增加有较大有机基团分子的溶解度，可采用水-乙醇混合溶剂作为流动相或全部采用有机溶剂。

离子交换色谱特别适于分离离子化合物、有机酸和有机碱等能电离的化合物和能与离子基团相互作用的化合物。

280 什么是离子排斥色谱法（ICE）？

ICE的分离机理是以树脂的Donnan（道南）排斥为基础的分配过程。分离阴离子用强酸性高交换容量的阳离子交换树脂，分离阳离子用强碱性高交换容量的阴离子交换树脂。图 4-11 是分离阴离子的离子排斥色谱的原理。

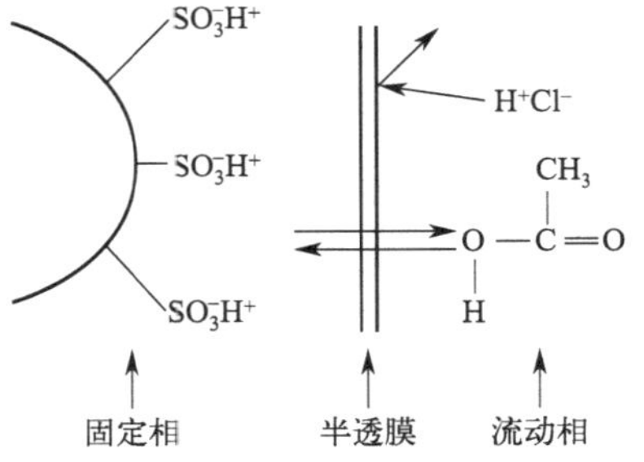

图 4-11 离子排斥色谱的原理

强电解质 Cl^- 形成 H^+Cl^-，因受排斥作用不能穿过半透膜进入树脂的微孔，所以能迅速通过色谱柱而无保留。而弱电解质 CH_3COOH 可以穿过半透膜进入树脂微孔。电解质的离解度越小，受排斥作用也越小，因而在树脂中的保留时间也就越大。

281 什么是离子对色谱（IPC）?

无机离子以及离解很强的有机离子通常可以采用离子交换色谱或离子排斥色谱进行分离。有很多大分子或离解较弱的有机离子需要采用通常用于中性有机化合物分离的反相（或正相）色谱。然而，直接采用正相或反相色谱又存在困难，因为大多数可离解的有机化合物在正相色谱的硅胶固定相上吸附太强，致使被测物质保留值太大、出现拖尾峰，有时甚至不能被洗脱；而在反相色谱的非极性（或弱极性）固定相中的保留又太小。在这种情况下，就可采用离子对色谱。

离子对色谱也称离子相互作用色谱，是在流动相中加入适当的具有与被测离子相反电荷的离子，即“离子对试剂”，使之与被测离子形成中性的离子对化合物，此离子对化合物在反相色谱柱上被保留。保留的大小主要取决于离子对化合物的解离平衡常数和离子对试剂的浓度。离子对色谱也可采用正相色谱的模式，即可以用硅胶柱，但不如反相色谱效果好，故多数情况下采用反相色谱模式，所以离子对色谱也常称反相离子对色谱。

282 怎样选择液-固吸附色谱的流动相?

液-固色谱流动相的选择主要从三个方面考虑：选择最佳的溶剂强度；选择适当的溶剂组成；控制溶剂的含水量。

首先应选择一个最佳的溶剂强度，使流出峰的容量因子均在 1～10 的范围内，如果一个初始溶剂太强，容量因子值太小，就可选择一个较弱溶剂来代替，相反亦然。

如果流出峰的容量因子值位于 1～10 范围内，也就是说，溶剂强度已优化了，仍然有一些组分未能分离。此时，为了改进分离的选择性，可改变溶剂组成，但仍需保持原来的溶剂强度，可采用混合溶剂来代替单一溶剂。

液-固吸附色谱可采用中等极性和非极性溶剂做流动相，通常以非极性的有机溶剂为洗脱剂，并加入少量的极性溶剂作为调节剂。例如常以戊烷或己烷作洗脱剂，以苯、二氯甲烷、乙醚、乙酸乙酯、甲醇作调节剂，按一定比例加入洗脱剂中，可以获得强度递增的溶剂序列。此外，精确地控制流动相的含水量，保证分离精度，也是不能忽视的问题。

283 怎样选择液-液分配色谱的流动相?

不同色谱对流动相的要求不同，具体如下。

(1) 正相色谱

在正相色谱中，极性化合物可在最佳的容量因子值时洗脱。因而，在非极性的流动相中，则需加入一些极性调节剂调节溶剂的强度，以达到适当分离。典型的极性调节剂有甲醇、四氢呋喃、氯仿等。具体调节步骤是：先选择单一的非极性溶剂，使其容量因子在 1～10 之间。然后，在已选择好的单一非极性溶剂基础上，加入极性调节剂，以达到组分更好的分离；对容量因子值相差很大的复杂组分，可用梯度洗脱技术。

(2) 反相色谱

在反相色谱中，非极性的组分可在最佳的容量因子值下洗脱。而且，反相色谱具有分离极性范围较宽的极性组分的能力。水的极性最大，用强溶剂甲醇和乙酯以适当的比例与水混合作流动相，加上适当的其他溶剂，配合梯度洗脱技术就能很好地分离复杂组分。因此，反相色谱的应用范围很广。

(3) 离子抑制色谱

离子抑制色谱法的流动相除与反相色谱系统流动相相同外，还要求选择合适的流动相 pH 值范围，这样才能使弱离子化合物得到较好的分离。此外，还要调整好流动相中添加的离子量，抑制试样的解离，提高其存在于非解离状态的概率。

(4) 离子对色谱

改变流动相中的反离子浓度，可以控制样品的分配系数，得到最佳的容量因子值，从而达到分离的目的。

284 怎样选择离子交换色谱的流动相?

离子交换色谱过程是在含水介质中进行的，离子交换色谱流动相的选择主要从三方面来考虑。

(1) pH 值

pH 值对交换基团和样品的离解度有很大的影响。一般来说增加 pH 值，样品的正电性降低，在阳离子交换色谱上样品保留值降低，在阴离子交换色谱上样品保留值增加。

（2）离子强度

流动相中离子强度对保留值的影响比 pH 值变化所造成的影响大得多，流动相的离子强度越大，则洗脱能力越强，降低组分的保留时间越显著。

（3）缓冲液类型的选择

不同的离子具有不同的离子电荷、离子半径以及离子的溶剂化特性，它们与离子交换基团的作用力也不相同，因而有不同的洗脱能力。例如，阴离子的相对交换能力是：氢氧根离子＞硫酸根离子＞柠檬酸根离子＞酒石酸根离子＞硝酸根离子＞醋酸根离子＞氯离子。阳离子的相对交换能力是：钡离子＞钾离子＞氨离子＞锂离子＞氢离子。上述顺序对于不同型号树脂会有所不同。

另外，如所用流动相对某组分溶解度增加，则此组分的保留顺序将降低。

285 为什么要进行梯度洗脱？有哪些梯度洗脱方法？

在进行多成分的复杂样品的分离时，经常会碰到前面的一些成分分离不完全，而后面的一些成分分离度太大，且出峰很晚和峰型较差等现象。为了使保留值相差很大的多种成分在合理的时间内全部洗脱并达到相互分离，往往要用到梯度洗脱技术。

在液相色谱中流速（压力）梯度和温度梯度效果不大，而且还会带来一些不利影响，因此，液相色谱中通常所说的梯度洗脱是指流动相梯度，即在分离过程中改变流动相的组成或浓度。

根据流动相的强度改变方式，梯度洗脱可以分为线性梯度洗脱和阶梯梯度洗脱。前者是在某一段时间内连续而均匀地增加流动相强度。后者是直接从某一低强度的流动相改变为另一较高强度的流动相。

梯度洗脱时，流动相的输送就是要将几种组成的溶液混合后送到分离系统，因此，梯度洗脱装置就是解决溶液的混合问题，其主要部件除高压泵外，还有混合器和梯度过程控制器。根据溶液混合的方式可以将梯度洗脱分为高压梯度和低压梯度。

① 高压梯度一般只用于二元梯度，即用两个高压泵分别按设定的比例输送 A 和 B 两种溶液至混合器，混合器在泵之后，即两种溶液是在高压状态下进行混合的。高压梯度系统的主要优点是，只要通过梯度过程控制器控制每台泵的输出，就能获得任意形式的梯度曲线，而且精度很高，易于实现自动化控制。其主要缺点是使用了两台高压输液泵，使仪器价格变得更昂贵，故障率也相对较高，而且只能实现二元梯度操作。

② 低压梯度只需一个高压泵，与等度洗脱输液系统相比，只是在泵前安装了一个比例阀，混合就在比例阀中完成。因为比例阀是在泵之前，所以是在常压（低压）下混合。常压混合往往容易形成气泡，所以低压梯度通常配置在线脱气装置。

286 怎样选择凝胶色谱的流动相?

凝胶色谱中，选择活动相的主要依据如下：

① 在分离温度下具有低的黏度，其沸点通常比柱温高 20～50℃。

② 能完全溶解样品，尤其对难溶高分子样品。

③ 溶剂与检测器匹配，以使检测器提供较高的灵敏度。

④ 必须考虑流动相对凝胶的影响。如聚苯乙烯型的凝胶不能使用丙酮、乙醇作流动相。

287 如何使用高效液相色谱仪?

使用高效液相色谱仪的步骤如下：

① 过滤流动相，根据需要选择不同的滤膜。

② 对抽滤后的流动相进行超声脱气 10～20min。

③ 打开 HPLC 工作站（包括计算机软件和色谱仪），连接好流动相管道，连接检测系统。

④ 有一段时间没用，或者换了新的流动相，需要先冲洗泵和进样阀。

⑤ 调节流量，初次使用新的流动相，可以先试一下压力，流速越大，压力越大，一般不要超过 2000psi（1psi=6894.76Pa）。然后走基线，观察基线的情况。

⑥ 根据需要设计走样方法。一个完整的走样方法需要包括：a. 进样前的稳流，一般为 2～5min；b. 基线归零；c. 进样阀的转换；d. 走样时间，随不同的样品而不同。

⑦ 进样和进样后操作。选定走样方法后开始进样，所有的样品均需过滤。记录数据和做标记等。全部样品走完后，再用上面的方法走一段基线，洗掉剩余物。

⑧ 关机时，先关计算机，再关液相色谱。

⑨ 填写登记本，由负责人签字。

操作中需注意：

① 流动相均需色谱纯度，水用 20MΩ·cm 的去离子水。脱气后的流动相要小心振动，尽量不引起气泡；

② 所有过柱子的液体均需严格过滤；

③ 压力不能太大，最好不要超过 2000psi。

288 如何选择液相色谱系统?

每一种分离类型都不是万能的，它们各自适用于一定的分离对象。在进行色谱分离时，可根据分析样品本身的特性，如分子量、水溶性或是非水溶性、离子型或是非离子型、极性的或是非极性的、分子结构等来选择。选择方法参见表 4-4。

表 4-4 色谱系统的选择

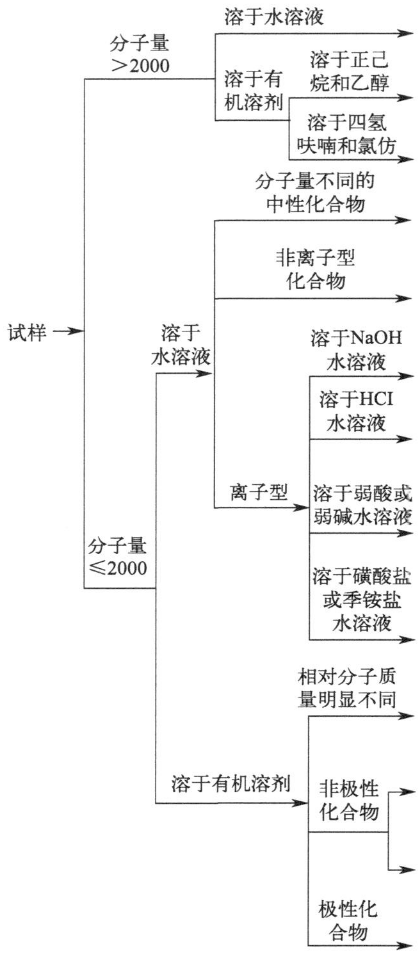

分离类型	常用固定相	常用流动相
凝胶过滤色谱	凝胶	水、缓冲液
凝胶渗透色谱	凝胶	正己烷、乙醇、四氢呋喃
凝胶渗透色谱	凝胶	四氢呋喃、氯仿
凝胶过滤色谱	凝胶	水
反相分配色谱	C_{18} 柱、C_8 柱、苯基柱等	甲醇、乙腈/水
阳离子交换色谱	阳离子交换树脂	缓冲液
阴离子交换色谱	阴离子交换树脂	缓冲液
离子抑制色谱（反相）	C_{18} 柱、C_8 柱、氰基柱、苯基柱等	缓冲液/甲醇、乙腈
离子对色谱（反相）	C_{18} 柱、C_8 柱、氰基柱等	反离子/缓冲液
凝胶渗透色谱	凝胶	四氢呋喃、氯仿
反相分配色谱	C_{18} 柱、C_8 柱、苯基柱等	水/甲醇、乙腈
液-固吸附色谱	硅胶	正己烷、二氯甲烷
正相分配色谱	氰基柱、氨基柱	正己烷/氯仿、乙醇

五、各类土壤与固体废物污染的特点及监测要点

289 如何对土壤监测全过程进行质量控制？

质量控制的目的是保证所产生的土壤环境质量监测资料具有代表性、准确性、精密性、可比性和完整性。土壤环境质量监测须严格按照相关技术规范和标准规定实施全过程质量控制，做好现场采样、制样质量控制；实验室内质量控制，包含精密度控制、准确度控制；质量控制图、土壤标准样品、监测过程中受到干扰时的处理；实验室间质量控制；土壤环境监测误差源剖析、测定不确定度等质量控制工作。具体方法按照《土壤环境监测技术规范》（HJ/T 166），如图 5-1 所示。

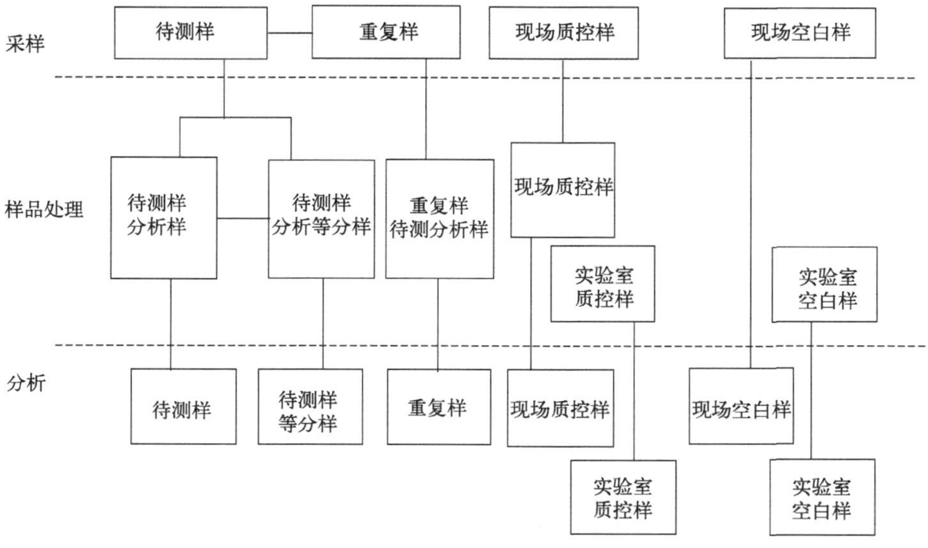

图 5-1　土壤采样与分析全过程质量控制示意

注意事项如下：

① 采样点的布设必须具备代表性、可行性、经济性和连续性。

② 样品采集必须保证样品的代表性，同时注意样品的保存，保证样品不被损失和

玷污。

③ 样品制备必须保证样品制备过程中坚持保持样品原有的化学组成，不能被污染。

④ 实验室内部和外部质量控制必须保证样品分析数据的准确性和可靠性。

290 什么是土壤重金属污染？土壤重金属污染元素有哪些？

当土壤中某些重金属物质的含量超过了土壤的自净能力，并通过“土壤→植物→人体”或“土壤→水→人体”被人体吸收，危害人体健康，就成了土壤重金属污染。随着物质文明的发展，越来越多的重金属废弃物及含重金属的废水不断向土壤渗透，导致了土壤重金属污染。

造成土壤重金属污染的元素种类较多，其中危害性较大的有铜、汞、铬、镉、镍、铅等。这些重金属妨碍土壤正常功能，降低农作物产量和质量，并通过食物链影响人体的健康。

291 土壤重金属污染有什么特点？

土壤重金属污染是一个最突出的环境问题，具有如下特点：

① 大多数重金属属于周期表中的副族元素，有许多空的 d 电子轨道，易与土壤中的有机、无机配位体形成配位化合物。同时又属于变价元素，在不同环境中，它们的移动性和毒性随土壤的氧化环境而改变。

② 重金属不能被土壤微生物所分解，移动性小，容易在土壤耕层中积累，并能被生物富集。一旦土壤因重金属积累而遭受污染，就难以消除。富集在生物体内的重金属又能通过食物链，危害人体健康。因此，土壤重金属污染能对人类健康造成长期性的潜在威胁。

③ 土壤重金属污染及其对生物的毒性，不仅要看它在土壤中的含量，更要注意其在土壤中存在的形态。而土壤对重金属的吸附解吸作用，在很大程度上控制重金属在土壤中的化学活性及其对生物的毒害程度。

292 土壤中重金属污染物的来源有哪些？

土壤中重金属的来源是多途径的，首先是成土母质本身含有重金属，不同的母质成土过程所形成的土壤含有重金属量差异很大。此外，人类工农业生产活动也会造成重金属对大气、水体和土壤的污染。

(1) 大气中重金属沉降

大气中的重金属主要来源于工业生产、汽车尾气排放及汽车轮胎磨损产生的大量含重金属的有害气体和粉尘等。它们主要分布在工矿的周围和公路、铁路的两侧，随距离的增加污染强度逐渐减弱。大气中的大多数重金属是经自然沉降和雨淋沉降进入土壤的。

（2）农药、化肥和塑料薄膜的使用

施用含有 Pb、Hg、Cd、As 等的农药和不合理地施用化肥，都可以导致土壤重金属污染。一般过磷酸盐中含有较多的重金属 Hg、Cd、As、Zn、Pb，磷肥次之，氮肥和钾肥含量较低，但氮肥中铅含量较高。农用塑料薄膜生产中用的热稳定剂中含有 Cd、Pb，在大量使用塑料大棚和地膜过程中都可以造成土壤重金属的污染。

（3）污水灌溉

污水灌溉一般指使用经过一定处理的城市污水灌溉农田、森林和草地。城市污水包括生活污水、商业污水和工业废水。由于城市工业化的迅速发展，大量的工业废水涌入河道，使城市污水中含有的许多重金属离子随着污水灌溉而进入土壤。在分布上，往往是靠近污染源头和城市工业区的土壤污染严重，远离污染源头和城市工业区的土壤几乎不污染。污灌导致土壤重金属 Hg、Cd、Cr、As、Cu、Zn、Pb 等含量的增加。

（4）污泥

施肥污泥中含有大量的有机质和氮、磷、钾等营养元素，但同时也含有大量的重金属，随着大量的市政污泥进入农田，使农田中的重金属含量在不断增高。污泥施肥可导致土壤中 Cd、Hg、Cr、Cu、Zn、Ni、Pb 含量的增加，污泥施用越多，污染就越严重。

（5）含重金属的废弃物堆积

含重金属的废弃物种类繁多，不同种类其危害方式和污染程度都不一样。污染的范围一般以废弃堆为中心向四周扩散。重金属在土壤中的含量和形态分布特征受其垃圾中释放率的影响，且随距离的加大，重金属的含量降低。由于废弃物种类不同，各种重金属污染程度也不尽相同，如铬渣堆存区的 Cd、Hg、Pb 为重度污染，Zn 为中度污染，Cr、Cu 为轻度污染。

（6）金属矿山酸性废水污染

金属矿山的开采、冶炼，重金属尾矿、冶炼废渣和矿渣堆放等，经雨水淋洗，可以溶出重金属离子。这些含重金属离子的酸性废水通过灌溉或直接进入土壤，可以造成土壤重金属污染。这类污染的范围一般在矿山的周围或河流的下游，在河流中不同河段的重金属污染往往受污染源（矿山）控制。

同一区域土壤中重金属污染物的来源途径可以是单一的，也可以是多途径的。总的来说，工业化程度越高的地区污染越严重，市区高于远郊和农村，地表高于地下，污染区污染时间越长，重金属积累就多。以大气为传播媒介的土壤重金属污染具有很强的叠加性，熟化程度越高，重金属含量越高。

293 由污水灌溉引起的土壤污染有什么特点?

污水灌溉一般指使用经过一定处理的城市污水灌溉农田、森林和草地。城市污水包括生活污水、商业污水和工业废水。由于城市工业化的迅速发展，大量的工业废水涌入河道，使城市污水中含有的许多污染物随着污水灌溉而进入土壤。在分布上，往往是靠近污染源头和城市工业区的土壤污染严重，远离污染源头和城市工业区的土壤几乎不污染。

污灌导致土壤中的 Hg、Cd、Cr、As、Cu、Zn、Pb 等重金属以及硫化物、氰化物、硫酸盐、硼、游离氯和总氯、氯化物、氟化物、碘化物等无机阴离子的含量增加；同时还导致土壤中的有机污染物（如酚类化合物、苯胺类化合物、硝基苯类、总有机卤化物、石油类、挥发性和半挥发性有机污染物、苯系物、有机氯农药、有机磷农药多环芳烃、二噁英类、多氯联苯等）的含量大量增加。

294 由污水引起的土壤污染监测的要点是什么?

根据国家相关规定以及此类污染问题的特点，除监测土壤环境监测的常规项目（pH 值、阳离子交换量、镉、铬、汞、砷、铅、铜、锌、镍、六六六、滴滴涕等）外，还需选择氰化物、六价铬、挥发酚、烷基汞、苯并［*a*］芘、有机质、硫化物、石油类等。

样品采样、分析方法参见国家相关技术规范。

295 由农药引起的土壤污染中主要的农药类型有哪些?

人工合成的化学农药，按化学组成可以分为有机氯、有机磷、有机汞、有机砷、氨基甲酸酯类等制剂；按农药在环境中存在的物理状态可分为粉状、可溶性液体、挥发性液体等；按其作用方式可分为胃毒、触杀、熏蒸等。

（1）有机氯类农药

该类农药大部分是含有一个或几个苯环的氯素衍生物。最主要的品种是 DDT 和六六六。有机氯类农药的特点是：化学性质稳定，在环境中残留时间长，短期内不易分解，易溶于脂肪中，并在脂肪中蓄积。其大量使用不仅直接造成对农作物的污染，同时农药残留在水、土中，通过食物进入人体，危害健康。由于有机氯类农药具有不易分解的稳定性，因此，依然是土壤中的主要污染物。

（2）有机磷类农药

该类农药是含磷的有机化合物，有的还含硫、氮元素，其大部分是磷酸酯类或酰胺类化合物。一般有剧烈毒性，但比较容易分解，在环境中残留时间短，在动植物体内，因受酶的作用，磷酸酯不易蓄积，因此常被认为是较安全的一种农药。有机磷农药对昆虫、哺乳类动物均可呈现毒性，破坏神经细胞，分泌乙酰胆碱，阻碍刺激的传送机能等生理作用。所以，在短期内有机磷类农药的环境污染毒性仍是不可忽视的。近年来许多研究报告指出，有机磷农药具有烷基化作用，可能会引起动物的致癌、致突变作用。

(3) 氨基甲酸酯类农药

该类农药均具有苯基-*N*-烷基甲酸酯的结构，它与有机磷农药一样，具有抗胆碱酯酶作用，中毒症状也相同，但中毒机理有差别。此类农药在环境中易分解，在动物体内也能迅速代谢，而代谢产物的毒性多数低于本身毒性，因此属于低残留的农药。

(4) 除草剂（除莠剂）

除草剂具有选择性，只能杀伤杂草，而不伤害作物。最常用的除草剂有 2,4-D(2,4-二氯苯基醋酸)和 2,4,5-T(2,4,5-三氯苯氧基醋酸）及其脂类，它们能除去许多阔叶草，但对多数狭叶草则无害，是一种调解物质。有的除草剂是非选择性的，对药剂接触到的植物都可杀死，如五氯酸钠；有的品种只对药剂接触到的部分发生作用，药剂在植物体内不转移，不传导。大多数除草剂在环境中会被逐渐分解，对哺乳动物的生化过程无干扰，对人、畜毒性不大，也未发现在人畜体内累积。

296 农药在土壤中有哪些迁移转化途径?

农药在土壤中的迁移转化包括以下几方面作用。

(1) 土壤对农药的吸附

土壤是一个由无机胶体、有机胶体以及有机-无机胶体所组成的胶体体系，其具有较强的吸附性能。在酸性土壤中，土壤胶体带正电荷，在碱性条件下则带负电荷。进入土壤的化学农药可以通过物理吸附、化学吸附、氢键结合和配位价键结合等形式吸附在土壤颗粒表面。农药被土壤吸附后，移动性和生理毒性随之发生变化。所以土壤对农药的吸附作用，在某种意义上就是土壤对农药的净化。但这种净化作用是有限度的，土壤胶体的种类和数量、胶体的阳离子组成、化学农药的物质成分和性质等都直接影响到土壤对农药的吸附能力，吸附能力越强，农药在土壤中的有效行为越低，净化效果越好。

此外，土壤的吸附净化作用也是不稳定的，农药既可被土粒吸附，又可释放到土壤中去，它们之间是相互平衡的。因此，土壤对农药的吸附作用只是在一定条件下的缓冲解毒作用，而没有使化学农药得到降解。

(2) 化学农药在土壤中的挥发、扩散和迁移

土壤中的农药，在被土壤固相吸附的同时，还通过气体挥发和水的淋溶在土体中扩散迁移，因而导致大气、水和生物的污染。

大量资料证明，易挥发的农药和不易挥发的农药（如有机氯）都可以从土壤、水及植物表面大量挥发。对于低水溶性和持久性的化学农药来说，挥发也是农药进入大气中的重要途径。农药在土壤中挥发作用的大小，主要决定于农药本身的溶解度和蒸气压，也与土壤的温度、湿度等有关。

农药除以气体形式扩散外，还能以水为介质进行迁移，其主要方式有两种：

① 直接溶于水；

② 被吸附于土壤固体细粒表面上，随水分移动而进行机械迁移。

一般来说，农药在吸附性能小的砂性土壤中容易移动，而在黏粒含量高或有机质含量多的土壤中则不易移动，大多积累于土壤表层 30cm 土层内。因此有的研究者指出，农药对地下水的污染不大，主要是由于土壤侵蚀，通过地表径流流入地表水体，造成地表水体的污染。

(3) 农药在土壤中的降解

农药在土壤中的降解，包括光化学降解、化学降解和微生物降解等。农药在土壤中经生物降解与非生物降解作用的结果，化学结构发生明显的改变，有些剧毒农药，一经降解就失去了毒性；而另一些农药，虽然自身的毒性不大，但它的分解产物可能增加毒性；还有些农药，其本身与代谢产物都有较大的毒性。所以，在评价一种农药是否对环境有污染作用时，不仅要看药剂本身的毒性，还要注意降解产物是否有潜在危害性。

297 影响土壤吸附能力的因素有哪些?

影响土壤吸附能力的因素主要有以下几个方面。

(1) 土壤胶体

进入土壤的化学农药，在土壤中一般解离为有机阳离子，故为带负电荷的土壤胶体所吸附，其吸附容量往往与土壤有机胶体和无机胶体的阳离子吸附容量有关。据研究，不同的土壤胶体对农药的吸附能力是不一样的。一般情况是：有机胶体＞蛭石＞蒙脱石＞伊利石＞绿泥石＞高岭石。但有一些农药对土壤的吸附具有选择性，如高岭石对除草剂 2,4-D 的吸附能力要高于蒙脱石，杀草快和百草枯可被黏土矿物强烈吸附，而有机胶体对它们的吸附能力较弱。

(2) 胶体的阳离子组成

土壤胶体的阳离子组成，对农药的吸附交换也有影响。如钠饱和的蛭石对农药的吸附能力比钙饱和的要大。钾离子可将吸附在蛭石上的杀草快代换出 98%，而吸附在蒙脱石上的杀草快，仅能被代换出 44%。

(3) 农药性质

农药本身的化学性质可直接影响土壤对它的吸附作用。土壤对不同分子结构的农药的吸附能力差别是很大的，如土壤对带—NH_2 的农药吸附能力极强。此外，同一类型的农药，分子越大，吸附能力越强。在溶液中溶解度越小的农药，土壤对其吸附力越大。

(4) 土壤 pH 值

在不同酸碱度条件下农药解离成阳离子或有机阴离子，而被带负电荷或带正电荷的土壤胶体所吸附。例如：2,4-D 在 pH 为 3～4 的条件下离解为有机阳离子，被带负电的土壤胶体所吸附；在 pH 为 6～7 的条件下则离解为有机阴离子，被带正电的土壤胶体所吸附。

298 影响农药在土壤中残留的因素有哪些？

影响农药在土壤中残留的因素主要有以下两个。

（1）化学农药性质的影响

农药本身的化学性质，如挥发性、溶解度、化学稳定性、剂型等对农药在土壤中的残留影响很大。有机氯农药挥发性小，但它的蒸气压和土壤中残留有一定关系，而且挥发的速度与农药的浓度、大气的相对湿度、土壤表面上方空气的运动速度及土壤中的温度等因素有关，一般是浓度大、湿度大、含水量高，风速大则挥发作用强。

（2）土壤性质的影响

农药在质地黏重和有机质含量高的土壤中存留时间较长。主要是由于土壤是一个黏土矿物-有机质的复合胶体，其吸附性能作用可形成稳定的难溶性结合残留物。

土壤 pH 值对有机磷农药的影响比有机氯农药更敏感。这主要是因为 pH 值对土壤农药分解速度的影响与分解的主要途径是化学分解还是微生物降解有关。

农药主要通过化学降解、细菌分解和挥发而消失，这些过程均受温度的影响，低温时这些过程减慢，农药降解速度也减慢。土壤水分对农药残留的影响主要是因为水是极性分子，同农药竞争吸附位置，被胶体强烈吸附，在较干燥的土壤中，与农药竞争吸附位置的水分子较少。

299 由农药化肥引起的土壤污染监测时应注意什么问题？

在监测由农药化肥引起的土壤污染时应注意以下问题。

① 土壤性质是影响农药化肥在土壤中的迁移转化行为和在土壤中的残留量的重要因素。因此，开展此类监测时，应重点监测土壤的 pH 值、土壤质地、土壤水分、孔隙度、密度、温度、毛细作用等性质。

② 农药化肥在土壤中的转移转化性能有很大的差异性，其在土壤中的残留时间也不尽相同。多数结果认为，有机氯类农药在土壤中残留期最长，一般都有数年；其次是均二氮苯类、取代脲类和苯氧乙酸类除草剂，残留期一般在数月至一年左右，有机磷和氨基甲酸酯类杀虫剂以及一般杀菌剂的残留时间一般只有几天或几周，土壤中很少有积累，但也有少数的有机磷农药在土壤中的残留期较长，可达数月之久。因此，结合当地农药的使用情况选择监测项目，应重点监测有机氯类农药、有机磷和氨基甲酸酯类杀虫剂、均二氮苯类等项目。

③ 应注意监测土壤的生物学指标，土壤动物如蚯蚓数量、微生物种群、土壤酶等。

300 酸雨对土壤有什么影响？

酸雨可使土壤发生物理化学性质变化。主要表现在以下几个方面。

① 酸雨落地渗入土壤后，使土壤酸化，破坏土壤的营养结构。酸雨使植物营养元素从土壤中淋洗出来，特别是 Ca、Mg、Fe 等金属的阳离子迅速损失，所以长期的酸雨会使土壤中大量的营养元素被淋失，造成土壤中营养元素的严重不足，从而使土壤变得贫瘠，影响植物的生长和发育。

② 土壤中某些微量重金属可能被溶出，如 Ni、Al、Hg、Cd、Pb、Cu、Zn 等，在植物体内积累或进入水体造成污染，加快重金属的迁移。特别是土壤中到处都存在铝的化合物，在 pH 为 5.6 时，土壤中的铝基本上是不溶解的，但 pH 为 4.6 时铝的溶解性约增加 1000 倍。酸雨造成森林和水生生物死亡的主要原因之一是土壤中的铝在酸雨作用下转化为可利用态，毒害了树木和鱼类。

③ 过量酸雨的降落，造成土壤微生物分解有机物的能力下降，影响土壤微生物的氨化、硝化、固氮等作用，直接抑制由微生物参与的氮素分解、同化与固定，最终降低土壤养分供应能力，影响植物的营养代谢。

酸雨对土壤的影响是积累的，土壤对酸沉降也有一定的缓冲能力，所以在若干年后才会出现土壤酸化现象。

301 由酸雨引起的土壤污染监测时应注意什么问题?

在监测由酸雨引起的土壤污染时除了常规项目的监测以外，还应特别注意以下问题。

① 在自然界中，铝在土壤中是以固定状态存在的，但当土壤发生酸化时，部分固定态的矿物铝被活化成为可溶态的铝，如 Al^{3+}、$Al(OH)^{2+}$、$Al(OH)^{+}$ 和聚合羟基铝等，统称为活性铝。活性铝是酸性土壤中限制植物生长的一个重要因素，被认为是一种新的毒性元素。因此监测此类问题时，应监测土壤中结合态铝的含量。

② 酸雨能使土壤中的有害重金属离子溶出，使得重金属在体内积累或在土壤里积累，因此应注意监测土壤中 Ni、Al、Hg、Cd、Pb、Cu、Zn 等重金属的离子的含量。

③ 应注意监测土壤的生物学指标，土壤动物如蚯蚓数量、微生物种群、土壤酶等。

302 什么是医疗废物?

医疗废物是指各类医疗卫生机构在医疗、预防、保健、教学、科研以及其他相关活动中产生的具有直接或间接感染性、毒性以及其他危害性的废物。具体分类名录依照《国家危险废物名录》、国务院卫生行政主管部门和环境保护行政主管部门共同制定的《医疗废物分类目录》执行。

303 医疗废物的监测应注意什么问题?

医疗废物的特性分析包括三方面内容：

① 医疗废物物理组成特性　如容重、尺寸、材质等。

② 工业分析　如固定碳、挥发分、水分、低位热值、灰熔点等。

③ 医疗废物元素分析　如碳（C）、氢（H）、氧（O）、氮（N）、硫（S）、氯（Cl）、汞（Hg）、铅（Pb）等。

医疗废物采样制样，具体操作按照《危险废物鉴别技术规范》（HJ 298）执行，其中固体废物采样工具、采样程序、采样记录和盛样容器参照《工业固体废物采样制样技术规范》（HJ/T 20）的要求进行，固体废物采样安全措施参照《工业用化学品采样安全通则》（GB/T 3723），同时应考虑医疗废物的产生特点、危险特性和物化特性。

目前，对于固体废物的工业分析，我国尚未出台具体的分析方法标准，大家对于固体废物的工业分析一般参考煤的工业分析方法标准。分析表明这种参考是可取的，并且《煤的工业分析方法》（GB/T 212）也符合《生活垃圾采样和分析方法》（CJ/T 313）中对垃圾物理成分和物理性质分析的规定。遵循的原理为热解重量法，采用样品的空气干燥基作为分析基准，表示空气干燥基样品中水分、灰分、挥发分和固定碳表示空气干燥基样品中水分、灰分、挥发分和固定碳等参数。

对于医疗废物元素分析，可采用经典法或仪器法测定，也可通过废物组成调查结果进行推算。其中医疗废物氯含量测试尤为重要，由于医疗废物中含有氯元素，焚烧时会促进二噁英类物质的生成。要正确处理医疗废物，有效控制医疗废物焚烧时二噁英的生成和排放，具体监测参照《危险废物（含医疗废物）焚烧处置设施二噁英排放监测技术规范》（HJ/T 365）。

304 什么是放射性？什么是放射性物质？

有些原子核是不稳定的，能自发地有规律地改变其结构而转变为另一种原子核，这种现象称为核衰变。在核衰变过程中总是放射出具有一定动能的带电或不带电的粒子，即 α，β 和 γ 射线，这种性质称为放射性。

凡具有自发地放出射线特征的物质统称为放射性物质。

305 放射性的来源有哪些？

放射性污染物质来源于天然和人为两个方面。

(1) 天然放射性来源

主要包括宇宙射线和天然放射性同位素。

宇宙射线由初级宇宙射线和次级宇宙射线组成。初级宇宙射线是指从外层空间射到地球大气的高能辐射，主要成分为质子（83%～89%）、α 粒子（10%～15%）及原子序 $Z \geqslant 3$ 的轻核和高能电子（1%～2%），这种射线能量很高，可达 1.02×10^{9} eV 以上。初级宇宙射线与地球大气层中的原子核相互作用，产生的次级粒子和电磁辐射称为次级宇宙射线。

自然界中天然放射性核素主要包括三个方面：

① 宇宙射线产生的放射线核素，如宇宙射线快中子（或质子）与^{14}N发生散裂反应产生氚（^{3}H），同时伴随^{12}C等碎片，宇宙射线中子与^{14}N反应生成^{14}C；

② 天然系列放射性核素，这种系列有三个，即铀系（其母体是^{238}U）、锕系（其母体是^{235}U）和钍系（其母体是^{232}Th）；

③ 自然界中单独存在的核素，这类核素约有20种，如^{40}K、^{87}Rb、^{209}Bi等。

（2）人为放射性核素的来源

主要包括：核试验及航天事故；核工业、工农业、医学科研等部门对放射性核素的应用；放射性矿的开采和利用等。

306 放射性核素对人体有什么危害？

放射性核素对人体的危害主要是辐射损伤，辐射引起的电子激发作用和电离作用使机体分子不稳定，导致蛋白质分子键断裂和畸变，破坏对人类新陈代谢有重要意义的酶。辐射不仅可扰乱和破坏机体细胞组织的正常代谢活动，而且可以直接破坏细胞和组织的结构，对人体产生躯体损伤效应（如白血病、恶性肿瘤、生育力降低、寿命缩短等）和遗传损伤效应（如流产、遗传性死亡和先天畸形等）。

放射性核素进入人体的途径主要有呼吸道吸入、消化道摄入、皮肤或黏膜侵入。

307 放射性物质的计量方法有哪些？

在辐射防护中，为了度量射线照射的量、受照射物质所吸收的量，以及表征生物体受射线照射的效应，习惯上以居里（Ci）、贝可（Bq）、伦琴（R）、拉德（rad）、雷姆（rem）等作为放射性活度、照射量、吸收剂量和剂量当量的专用单位。

308 什么是放射性活度？

放射性活度简称活度，它的SI单位是“s^{-1}”，SI单位专名是贝可［勒尔］，符号为Bq。1Bq=1次衰变/s。旧用的单位还有居里，符号为Ci。$1Ci=3.7\times10^{10}Bq$。

可用克镭当量来表示γ放射源的相对放射性活度。1g镭当量表示一个γ放射源的γ射线对空气的电离作用和1g的标准镭源（放在壁厚为0.5mm的铂铱合金管内，且与其子体达到平衡的1g镭）相当。

单位质量或单位体积的放射性物质的放射性活度称为放射性比度，或比放射性。

309 什么是照射量？

照射量的定义如下：

$$X=\frac{dQ}{dm}$$

式中，dQ 为 γ 或 X 射线在空气中完全被阻止时，引起质量为 dm 的某一体积元的空气电离所产生的带电粒子（正的或负的）的总电量值，C；X 为照射量，C/kg，旧用的单位还有伦琴（R），简称伦，$1R=2.58\times10^{-4}$C/kg。

伦琴单位的定义是凡 1R γ 或 X 射线照射 1cm^3 标准状况下（0℃和 101.325kPa）的空气，能引起空气电离而产生 1 静电单位正电荷和 1 静电单位负电荷的带电粒子。这一单位仅适用于 γ 和 X 射线透过空气介质的情况，不能用于其他类型的辐射和介质。

310 什么是吸收剂量?

吸收剂量是指给予单位质量物质的任何致电离辐射的平均能量。其 SI 单位是 J/kg，SI 单位专名是戈［瑞］（gray），符号 Gy。旧用的单位还有拉德，符号为 rad。1Gy＝1kg/J＝100rad。

311 照射量与吸收剂量有什么联系与区别?

照射量 X 与吸收剂量 D 是两个意义完全不同的辐射量。照射量只能作为 X 或 γ 射线辐射场的量度，描述电离辐射在空气中的电离本领；而吸收剂量则可以用于任何类型的电离辐射，反映被照介质吸收辐射能量的程度。但是，这两个不同量在一定条件下相互可以换算。对于同种类、同能量的射线和同一种被照物质来说，吸收剂量是与照射量成正比的。由于 X 或 γ 射线在空气中产生一对离子的平均能量约为 32.5eV，所以 1R 的 X 或 γ 射线在空气中的吸收剂量约为 0.838rad；而在软组织中的吸收剂量约为 0.931rad。

312 什么是当量剂量?

相同的吸收剂量未必产生同样程度的生物效应，因为生物效应受到辐射类型、剂量与剂量率大小、照射条件、生物种类和个体生理差异等因素的影响。为了比较不同类型辐射引起的有害效应，在辐射防护中引进了一些系数，当吸收剂量乘上这些修正系数后，就可以用同一尺度来比较不同类型辐射照射所造成的生物效应的严重程度或产生概率。

把乘上了适当的修正系数后的吸收剂量称为当量剂量，用符号 H 表示。当量剂量只限于防护中应用。组织中某点处的当量剂量用下式计算。

$$H=DQN$$

式中，D 为吸收剂量；Q 为品质因子；N 为其他修正系数的乘积，目前指定 N 值为 1。

品质因子依不同类型辐射而异，它与传能线密度（LET）关系非常密切（表 5-1）。

表 5-1 品质因子（Q）与传能线密度（LET）间的关系

水中的平均 LET/(keV/μm)	≤3.5	7.0	23	53	≥175
品质因子	1	2	5	10	20

当量剂量 H 的 SI 单位是 J/kg，SI 单位专名是希沃特，符号为 Sv。旧用的单位还有雷姆，符号为 rem。1Sv=1J/kg=100rem。

313 开放场址土壤中剩余放射性可接受的水平是多少？

根据我国辐射防护标准，居民平均年有效剂量不得超过 1mSv 的要求，土壤中剩余放射性核素一般为年剂量限值的 1/10～1/4，即 0.1～0.25mSv。相当于 0.1mSv/a 剂量约束值的土壤中剩余活度浓度可接受水平参考值见表 5-2。

表 5-2 土壤中放射性核素的剩余活度浓度可接受水平

核素	^{60}Co	^{90}Sr	^{137}Cs	^{238}Pu	^{239}Pu	^{241}Am	^{244}Cm	$^{232}Th+D$
可接受水平/(Bq/g)	0.03	0.1	0.12	0.38	0.34	0.41	0.73	0.063

314 有哪些放射性检测仪器？

放射性检测仪器种类很多，需根据监测目的、试样形态、射线类型、强度及能量等因素进行选择。放射性测量仪器的基本原理基于射线与物质间相互作用所产生的各种效应，包括电离、发光、热效应、化学效应和能产生次级粒子的核反应等。最常用的检测器有三类，即电离型检测器、闪烁检测器和半导体检测器。表 5-3 中列举了不同类型的常用放射性检测器。

表 5-3 常用放射性检测器

射线种类	检测器	特点
α	闪烁检测器	检测灵敏度低，探测面积大
	正比计数管	检测效率高，技术要求高
	半导体检测器	本底小，灵敏度高，探测面积小
β	电流电离室	检测较大放射性活度
	正比计数管	检测效率较高，装置体积较大
	盖革计数管	检测效率较高，装置体积较大
	半导体检测器	检测面积小，装置体积小
	闪烁检测器	检测效率较低，本底小
γ	半导体检测器	能量分辨能力强，装置体积小
	闪烁检测器	检测效率高，能量分辨能力强

315 放射性污染监测的监测对象和内容是什么？

放射性监测按照监测对象可分为：

① 现场监测，即对放射性物质生产或应用单位内部工作区域所作的监测；

② 个人剂量监测，即对放射性专业工作人员或公众作内照射和外照射的剂量监测；

③ 环境监测，即对放射性物质生产和应用单位外部环境，包括空气、水体、土壤、生物、固体废物等所作的监测。

在环境监测中，主要测定的放射性核素为：

① α放射性核素，即^{239}Pu、^{226}Ra、^{222}Rn、^{210}Po、^{222}Th、^{234}U、^{235}U等；

② β放射性核素，即^{3}H、^{90}Sr、^{89}Sr、^{134}Cs、^{137}Cs、^{131}I和^{60}Co等。

这些核素在环境中出现的可能性较大，其毒性也较大。

对放射性核素具体测量的内容有：

① 放射源强度、半衰期、射线种类及能量；

② 环境和人体中放射性物质含量、放射性强度、空间照射量或电离辐射剂量。

316 怎样采集放射性样品？

根据放射性物质的不同，采用不同的采集方式。

（1）放射性沉降物的采集

沉降物包括干沉降物和湿沉降物，主要来源于大气层核爆炸所产生的放射性尘埃，小部分来源于人工放射性微粒。对于放射性干沉降物样品可用水盘法、黏纸法、高罐法采集。湿沉降物是指随雨（雪）降落的沉降物，其采集方法除上述方法外，常用一种能同时对雨水中核素进行浓集的采样器。

（2）放射性气溶胶的采集

这种样品的采集常用滤料阻留采样法，其原理与大气中颗粒物的采集相同。

（3）其他类型样品的采集

对于水体、土壤、生物样品的采集、制备和保存方法与非放射性样品所用的方法没有大的差别。

317 怎样对放射性样品进行预处理？

对放射性样品进行预处理的目的是将样品的欲测核素转变成适于测量的形态并进行浓集，以及去除干扰核素。预处理方法有以下几种。

（1）衰变法

采样后，将其放置一段时间，让样品中一些寿命短的非待测核素衰变除去，然后再进行放射性测量。

(2) 共沉淀法

用一般化学沉淀法分离环境样品中的放射性核素，因核素含量很低，达不到溶度积，故不能达到分离目的，但如果加入毫克数量级与欲分离放射性核素性质相近的非放射性元素载体，则由于二者之间同晶共沉淀或吸附共沉淀作用，载体将放射性核素载带下来，达到分离和富集的目的。例如，用^{59}Co作载体，则与^{60}Co发生同晶共沉淀。这种富集分离方法具有简便、实验条件容易满足等优点。

(3) 灰化法

对蒸干的水样或固体样品，可在瓷坩埚内于500℃马弗炉中灰化，冷却后称重，再转入测量盘中铺成薄层检测其放射性。

(4) 电化学法

该方法是通过电解将放射性核素沉积在阴极上（如Ag^{+}、Bi^{2+}、Pb^{2+}等），或以氧化物形式沉积在阳极上（如Pb^{2+}、Co^{2+}等）。其优点是分离核素的纯度高。如果将放射性核素沉积在惰性金属片电极上，可直接进行放射性测量；如将其沉积在惰性金属丝电极上，可先将沉积物溶出，再制备成样品源。

(5) 其他预处理方法

如蒸馏法、有机溶剂溶解法、溶剂萃取法、离子交换法等，其原理和操作与非放射性物质无本质区别。

318 怎样测量土壤中总 α 和总 β 放射性活度?

在采样点选定的范围内，沿直线每隔一定距离采集一份土壤样品，共采集4～5份。采样时用取土器或小刀取10cm×10cm，深1cm的表土。除去土壤中的石块、草类等杂物，在实验室内晾干或烘干，移至干净的平板上压碎，铺成1～2cm厚方块，用四分法反复缩分，直到剩余200～300g土样，再于500℃灼烧，待冷却后研细，过筛备用。

称取适量制备好的土样放于测量盘中，铺成均匀的样品层，用相应的探测器分别测量α和β比放射性活度（测β放射性的样品层应厚于测α放射性的样品层）。其值分别用以下两式计算。

$$Q_{\alpha}=\frac{n_{\alpha}-n_{b}}{60\varepsilon SlF}\times 10^{6}$$

$$Q_{\beta}=\frac{n_{\beta}}{n_{KCl}}\times 1.48\times 10^{4}$$

式中，Q_{α}为α比放射性活度，Bq/kg干土；Q_{β}为β比放射性活度，Bq/kg干土；n_{α}为样品α放射性总计数率，计数/min；n_{b}为本底计数率，计数/min；ε为检测器计数效率，计数/（Bq·min）；S为样品面积，cm^{2}；l为样品厚度，mg/cm^{2}；F为自吸收校正因子，对较厚的样品一般取0.5；n_{β}为样品β放射性总计数率，计数/min；n_{KCl}为氯化钾标准源的计数率，计数/min；1.48×10^{4}为1kg氯化钾所含^{40}K的β放射性的贝可数。

附录

附录一　中华人民共和国固体废物污染环境防治法

中华人民共和国固体废物污染环境防治法

第一章　总　则

第一条　为了保护和改善生态环境，防治固体废物污染环境，保障公众健康，维护生态安全，推进生态文明建设，促进经济社会可持续发展，制定本法。

第二条　固体废物污染环境的防治适用本法。

固体废物污染海洋环境的防治和放射性固体废物污染环境的防治不适用本法。

第三条　国家推行绿色发展方式，促进清洁生产和循环经济发展。

国家倡导简约适度、绿色低碳的生活方式，引导公众积极参与固体废物污染环境防治。

第四条　固体废物污染环境防治坚持减量化、资源化和无害化的原则。

任何单位和个人都应当采取措施，减少固体废物的产生量，促进固体废物的综合利用，降低固体废物的危害性。

第五条　固体废物污染环境防治坚持污染担责的原则。

产生、收集、贮存、运输、利用、处置固体废物的单位和个人，应当采取措施，防止或者减少固体废物对环境的污染，对所造成的环境污染依法承担责任。

第六条　国家推行生活垃圾分类制度。

生活垃圾分类坚持政府推动、全民参与、城乡统筹、因地制宜、简便易行的原则。

第七条　地方各级人民政府对本行政区域固体废物污染环境防治负责。

国家实行固体废物污染环境防治目标责任制和考核评价制度，将固体废物污染环境防治目标完成情况纳入考核评价的内容。

第八条　各级人民政府应当加强对固体废物污染环境防治工作的领导，组织、协调、督促有关部门依法履行固体废物污染环境防治监督管理职责。

省、自治区、直辖市之间可以协商建立跨行政区域固体废物污染环境的联防联控机制，统筹规划制定、设施建设、固体废物转移等工作。

第九条 国务院生态环境主管部门对全国固体废物污染环境防治工作实施统一监督管理。国务院发展改革、工业和信息化、自然资源、住房城乡建设、交通运输、农业农村、商务、卫生健康、海关等主管部门在各自职责范围内负责固体废物污染环境防治的监督管理工作。

地方人民政府生态环境主管部门对本行政区域固体废物污染环境防治工作实施统一监督管理。地方人民政府发展改革、工业和信息化、自然资源、住房城乡建设、交通运输、农业农村、商务、卫生健康等主管部门在各自职责范围内负责固体废物污染环境防治的监督管理工作。

第十条 国家鼓励、支持固体废物污染环境防治的科学研究、技术开发、先进技术推广和科学普及，加强固体废物污染环境防治科技支撑。

第十一条 国家机关、社会团体、企业事业单位、基层群众性自治组织和新闻媒体应当加强固体废物污染环境防治宣传教育和科学普及，增强公众固体废物污染环境防治意识。

学校应当开展生活垃圾分类以及其他固体废物污染环境防治知识普及和教育。

第十二条 各级人民政府对在固体废物污染环境防治工作以及相关的综合利用活动中做出显著成绩的单位和个人，按照国家有关规定给予表彰、奖励。

第二章 监督管理

第十三条 县级以上人民政府应当将固体废物污染环境防治工作纳入国民经济和社会发展规划、生态环境保护规划，并采取有效措施减少固体废物的产生量、促进固体废物的综合利用、降低固体废物的危害性，最大限度降低固体废物填埋量。

第十四条 国务院生态环境主管部门应当会同国务院有关部门根据国家环境质量标准和国家经济、技术条件，制定固体废物鉴别标准、鉴别程序和国家固体废物污染环境防治技术标准。

第十五条 国务院标准化主管部门应当会同国务院发展改革、工业和信息化、生态环境、农业农村等主管部门，制定固体废物综合利用标准。

综合利用固体废物应当遵守生态环境法律法规，符合固体废物污染环境防治技术标准。使用固体废物综合利用产物应当符合国家规定的用途、标准。

第十六条 国务院生态环境主管部门应当会同国务院有关部门建立全国危险废物等固体废物污染环境防治信息平台，推进固体废物收集、转移、处置等全过程监控和信息化追溯。

第十七条 建设产生、贮存、利用、处置固体废物的项目，应当依法进行环境影响评价，并遵守国家有关建设项目环境保护管理的规定。

第十八条 建设项目的环境影响评价文件确定需要配套建设的固体废物污染环境防治设施，应当与主体工程同时设计、同时施工、同时投入使用。建设项目的初步设计，应当按照环境保护设计规范的要求，将固体废物污染环境防治内容纳入环境影响评价文件，落实防治固体废物污染环境和破坏生态的措施以及固体废物污染环境防治设施投资概算。

建设单位应当依照有关法律法规的规定，对配套建设的固体废物污染环境防治设施进行验收，编制验收报告，并向社会公开。

第十九条 收集、贮存、运输、利用、处置固体废物的单位和其他生产经营者，应当加强对相关设施、设备和场所的管理和维护，保证其正常运行和使用。

第二十条 产生、收集、贮存、运输、利用、处置固体废物的单位和其他生产经营者，应当采取防扬散、防流失、防渗漏或者其他防止污染环境的措施，不得擅自倾倒、堆放、丢弃、遗撒固体废物。

禁止任何单位或者个人向江河、湖泊、运河、渠道、水库及其最高水位线以下的滩地和岸坡以及法律法规规定的其他地点倾倒、堆放、贮存固体废物。

第二十一条 在生态保护红线区域、永久基本农田集中区域和其他需要特别保护的区域内，禁止建设工业固体废物、危险废物集中贮存、利用、处置的设施、场所和生活垃圾填埋场。

第二十二条 转移固体废物出省、自治区、直辖市行政区域贮存、处置的，应当向固体废物移出地的省、自治区、直辖市人民政府生态环境主管部门提出申请。移出地的省、自治区、直辖市人民政府生态环境主管部门应当及时商经接受地的省、自治区、直辖市人民政府生态环境主管部门同意后，在规定期限内批准转移该固体废物出省、自治区、直辖市行政区域。未经批准的，不得转移。

转移固体废物出省、自治区、直辖市行政区域利用的，应当报固体废物移出地的省、自治区、直辖市人民政府生态环境主管部门备案。移出地的省、自治区、直辖市人民政府生态环境主管部门应当将备案信息通报接受地的省、自治区、直辖市人民政府生态环境主管部门。

第二十三条 禁止中华人民共和国境外的固体废物进境倾倒、堆放、处置。

第二十四条 国家逐步实现固体废物零进口，由国务院生态环境主管部门会同国务院商务、发展改革、海关等主管部门组织实施。

第二十五条 海关发现进口货物疑似固体废物的，可以委托专业机构开展属性鉴别，并根据鉴别结论依法管理。

第二十六条 生态环境主管部门及其环境执法机构和其他负有固体废物污染环境防治监督管理职责的部门，在各自职责范围内有权对从事产生、收集、贮存、运输、利用、处置固体废物等活动的单位和其他生产经营者进行现场检查。被检查者应当如实反映情况，并提供必要的资料。

实施现场检查，可以采取现场监测、采集样品、查阅或者复制与固体废物污染环境防治相关的资料等措施。检查人员进行现场检查，应当出示证件。对现场检查中知悉的商业秘密应当保密。

第二十七条 有下列情形之一，生态环境主管部门和其他负有固体废物污染环境防治监督管理职责的部门，可以对违法收集、贮存、运输、利用、处置的固体废物及设施、设备、场所、工具、物品予以查封、扣押：

（一）可能造成证据灭失、被隐匿或者非法转移的；

（二）造成或者可能造成严重环境污染的。

第二十八条 生态环境主管部门应当会同有关部门建立产生、收集、贮存、运输、利用、处置固体废物的单位和其他生产经营者信用记录制度，将相关信用记录纳入全国信用信息共享平台。

第二十九条 设区的市级人民政府生态环境主管部门应当会同住房城乡建设、农业农村、卫生健康等主管部门，定期向社会发布固体废物的种类、产生量、处置能力、利用处置状况等信息。

产生、收集、贮存、运输、利用、处置固体废物的单位，应当依法及时公开固体废物污染环境防治信息，主动接受社会监督。

利用、处置固体废物的单位，应当依法向公众开放设施、场所，提高公众环境保护意识和参与程度。

第三十条 县级以上人民政府应当将工业固体废物、生活垃圾、危险废物等固体废物污染环境防治情况纳入环境状况和环境保护目标完成情况年度报告，向本级人民代表大会或者人民代表大会常务委员会报告。

第三十一条 任何单位和个人都有权对造成固体废物污染环境的单位和个人进行举报。

生态环境主管部门和其他负有固体废物污染环境防治监督管理职责的部门应当将固体废物污染环境防治举报方式向社会公布，方便公众举报。

接到举报的部门应当及时处理并对举报人的相关信息予以保密；对实名举报并查证属实的，给予奖励。

举报人举报所在单位的，该单位不得以解除、变更劳动合同或者其他方式对举报人进行打击报复。

第三章 工业固体废物

第三十二条 国务院生态环境主管部门应当会同国务院发展改革、工业和信息化等主管部门对工业固体废物对公众健康、生态环境的危害和影响程度等作出界定，制定防治工业固体废物污染环境的技术政策，组织推广先进的防治工业固体废物污染环境的生产工艺和设备。

第三十三条 国务院工业和信息化主管部门应当会同国务院有关部门组织研究开发、推广减少工业固体废物产生量和降低工业固体废物危害性的生产工艺和设备，公布限期淘汰产生严重污染环境的工业固体废物的落后生产工艺、设备的名录。

生产者、销售者、进口者、使用者应当在国务院工业和信息化主管部门会同国务院有关部门规定的期限内分别停止生产、销售、进口或者使用列入前款规定名录中的设备。生产工艺的采用者应当在国务院工业和信息化主管部门会同国务院有关部门规定的期限内停止采用列入前款规定名录中的工艺。

列入限期淘汰名录被淘汰的设备，不得转让给他人使用。

第三十四条 国务院工业和信息化主管部门应当会同国务院发展改革、生态环境等主管部门，定期发布工业固体废物综合利用技术、工艺、设备和产品导向目录，组织开展工业固体废物资源综合利用评价，推动工业固体废物综合利用。

第三十五条 县级以上地方人民政府应当制定工业固体废物污染环境防治工作规划，组织建设工业固体废物集中处置等设施，推动工业固体废物污染环境防治工作。

第三十六条 产生工业固体废物的单位应当建立健全工业固体废物产生、收集、贮存、运输、利用、处置全过程的污染环境防治责任制度，建立工业固体废物管理台账，如实记录产生工业固体废物的种类、数量、流向、贮存、利用、处置等信息，实现工业固体废物可追溯、可查询，并采取防治工业固体废物污染环境的措施。

禁止向生活垃圾收集设施中投放工业固体废物。

第三十七条 产生工业固体废物的单位委托他人运输、利用、处置工业固体废物的，应当对受托方的主体资格和技术能力进行核实，依法签订书面合同，在合同中约定污染防治要求。

受托方运输、利用、处置工业固体废物，应当依照有关法律法规的规定和合同约定履行污染防治要求，并将运输、利用、处置情况告知产生工业固体废物的单位。

产生工业固体废物的单位违反本条第一款规定的，除依照有关法律法规的规定予以处罚外，还应当与造成环境污染和生态破坏的受托方承担连带责任。

第三十八条 产生工业固体废物的单位应当依法实施清洁生产审核，合理选择和利用原材料、能源和其他资源，采用先进的生产工艺和设备，减少工业固体废物的产生量，降低工业固体废物的危害性。

第三十九条 产生工业固体废物的单位应当取得排污许可证。排污许可的具体办法和实施步骤由国务院规定。

产生工业固体废物的单位应当向所在地生态环境主管部门提供工业固体废物的种类、数量、流向、贮存、利用、处置等有关资料，以及减少工业固体废物产生、促进综合利用的具体措施，并执行排污许可管理制度的相关规定。

第四十条 产生工业固体废物的单位应当根据经济、技术条件对工业固体废物加以利用；对暂时不利用或者不能利用的，应当按照国务院生态环境等主管部门的规定建设贮存设施、场所，安全分类存放，或者采取无害化处置措施。贮存工业固体废物应当采取符合国家环境保护标准的防护措施。

建设工业固体废物贮存、处置的设施、场所，应当符合国家环境保护标准。

第四十一条 产生工业固体废物的单位终止的，应当在终止前对工业固体废物的贮存、处置的设施、场所采取污染防治措施，并对未处置的工业固体废物作出妥善处置，防止污染环境。

产生工业固体废物的单位发生变更的，变更后的单位应当按照国家有关环境保护的规定对未处置的工业固体废物及其贮存、处置的设施、场所进行安全处置或者采取有效措施保证该设施、场所安全运行。变更前当事人对工业固体废物及其贮存、处置的设施、场所的污染防治责任另有约定的，从其约定；但是，不得免除当事人的污染防治义务。

对 2005 年 4 月 1 日前已经终止的单位未处置的工业固体废物及其贮存、处置的设施、场所进行安全处置的费用，由有关人民政府承担；但是，该单位享有的土地使用权依法转让的，应当由土地使用权受让人承担处置费用。当事人另有约定的，从其约定；但是，不得免除当事人的污染防治义务。

第四十二条 矿山企业应当采取科学的开采方法和选矿工艺，减少尾矿、煤矸石、废石等矿业固体废物的产生量和贮存量。

国家鼓励采取先进工艺对尾矿、煤矸石、废石等矿业固体废物进行综合利用。

尾矿、煤矸石、废石等矿业固体废物贮存设施停止使用后，矿山企业应当按照国家有关环境保护等规定进行封场，防止造成环境污染和生态破坏。

第四章 生活垃圾

第四十三条 县级以上地方人民政府应当加快建立分类投放、分类收集、分类运输、分类处理的生活垃圾管理系统，实现生活垃圾分类制度有效覆盖。

县级以上地方人民政府应当建立生活垃圾分类工作协调机制，加强和统筹生活垃圾分类管理能力建设。

各级人民政府及其有关部门应当组织开展生活垃圾分类宣传，教育引导公众养成生活垃圾分类习惯，督促和指导生活垃圾分类工作。

第四十四条 县级以上地方人民政府应当有计划地改进燃料结构，发展清洁能源，减少燃料废渣等固体废物的产生量。

县级以上地方人民政府有关部门应当加强产品生产和流通过程管理，避免过度包装，组织净菜上市，减少生活垃圾的产生量。

第四十五条 县级以上人民政府应当统筹安排建设城乡生活垃圾收集、运输、处理设施，确定设施厂址，提高生活垃圾的综合利用和无害化处置水平，促进生活垃圾收集、处理的产业化发展，逐步建立和完善生活垃圾污染环境防治的社会服务体系。

县级以上地方人民政府有关部门应当统筹规划，合理安排回收、分拣、打包网点，促进生活垃圾的回收利用工作。

第四十六条 地方各级人民政府应当加强农村生活垃圾污染环境的防治，保护和改善农村人居环境。

国家鼓励农村生活垃圾源头减量。城乡结合部、人口密集的农村地区和其他有条件的地方，应当建立城乡一体的生活垃圾管理系统；其他农村地区应当积极探索生活垃圾管理模式，因地制宜，就近就地利用或者妥善处理生活垃圾。

第四十七条 设区的市级以上人民政府环境卫生主管部门应当制定生活垃圾清扫、收集、贮存、运输和处理设施、场所建设运行规范，发布生活垃圾分类指导目录，加强监督管理。

第四十八条 县级以上地方人民政府环境卫生等主管部门应当组织对城乡生活垃圾进行清扫、收集、运输和处理，可以通过招标等方式选择具备条件的单位从事生活垃圾的清扫、收集、运输和处理。

第四十九条 产生生活垃圾的单位、家庭和个人应当依法履行生活垃圾源头减量和分类投放义务，承担生活垃圾产生者责任。

任何单位和个人都应当依法在指定的地点分类投放生活垃圾。禁止随意倾倒、抛撒、堆放或者焚烧生活垃圾。

机关、事业单位等应当在生活垃圾分类工作中起示范带头作用。

已经分类投放的生活垃圾，应当按照规定分类收集、分类运输、分类处理。

第五十条 清扫、收集、运输、处理城乡生活垃圾，应当遵守国家有关环境保护和环境卫生管理的规定，防止污染环境。

从生活垃圾中分类并集中收集的有害垃圾，属于危险废物的，应当按照危险废物管理。

第五十一条 从事公共交通运输的经营单位，应当及时清扫、收集运输过程中产生的生活垃圾。

第五十二条 农贸市场、农产品批发市场等应当加强环境卫生管理，保持环境卫生清洁，对所产生的垃圾及时清扫、分类收集、妥善处理。

第五十三条 从事城市新区开发、旧区改建和住宅小区开发建设、村镇建设的单位，以及机场、码头、车站、公园、商场、体育场馆等公共设施、场所的经营管理单位，应当按照国家有关环境卫生的规定，配套建设生活垃圾收集设施。

县级以上地方人民政府应当统筹生活垃圾公共转运、处理设施与前款规定的收集设施的有效衔接，并加强生活垃圾分类收运体系和再生资源回收体系在规划、建设、运营等方面的融合。

第五十四条 从生活垃圾中回收的物质应当按照国家规定的用途、标准使用，不得用于生产可能危害人体健康的产品。

第五十五条 建设生活垃圾处理设施、场所，应当符合国务院生态环境主管部门和国务院住房城乡建设主管部门规定的环境保护和环境卫生标准。

鼓励相邻地区统筹生活垃圾处理设施建设，促进生活垃圾处理设施跨行政区域共建共享。

禁止擅自关闭、闲置或者拆除生活垃圾处理设施、场所；确有必要关闭、闲置或者拆除的，应当经所在地的市、县级人民政府环境卫生主管部门商所在地生态环境主管部门同意后核准，并采取防止污染环境的措施。

第五十六条 生活垃圾处理单位应当按照国家有关规定，安装使用监测设备，实时监测污染物的排放情况，将污染排放数据实时公开。监测设备应当与所在地生态环境主管部门的监控设备联网。

第五十七条 县级以上地方人民政府环境卫生主管部门负责组织开展厨余垃圾资源化、无害化处理工作。

产生、收集厨余垃圾的单位和其他生产经营者，应当将厨余垃圾交由具备相应资质条件的单位进行无害化处理。

禁止畜禽养殖场、养殖小区利用未经无害化处理的厨余垃圾饲喂畜禽。

第五十八条 县级以上地方人民政府应当按照产生者付费原则，建立生活垃圾处理收费制度。

县级以上地方人民政府制定生活垃圾处理收费标准，应当根据本地实际，结合生活垃圾分类情况，体现分类计价、计量收费等差别化管理，并充分征求公众意见。生活垃圾处理收费标准应当向社会公布。

生活垃圾处理费应当专项用于生活垃圾的收集、运输和处理等，不得挪作他用。

第五十九条 省、自治区、直辖市和设区的市、自治州可以结合实际，制定本地方生活垃圾具体管理办法。

第五章 建筑垃圾、农业固体废物等

第六十条 县级以上地方人民政府应当加强建筑垃圾污染环境的防治，建立建筑垃圾分类处理制度。

县级以上地方人民政府应当制定包括源头减量、分类处理、消纳设施和场所布局及建设等在内的建筑垃圾污染环境防治工作规划。

第六十一条 国家鼓励采用先进技术、工艺、设备和管理措施，推进建筑垃圾源头减量，建立建筑垃圾回收利用体系。

县级以上地方人民政府应当推动建筑垃圾综合利用产品应用。

第六十二条 县级以上地方人民政府环境卫生主管部门负责建筑垃圾污染环境防治工作，建立建筑垃圾全过程管理制度，规范建筑垃圾产生、收集、贮存、运输、利用、处置行为，推进综合利用，加强建筑垃圾处置设施、场所建设，保障处置安全，防止污染环境。

第六十三条 工程施工单位应当编制建筑垃圾处理方案，采取污染防治措施，并报县级以上地方人民政府环境卫生主管部门备案。

工程施工单位应当及时清运工程施工过程中产生的建筑垃圾等固体废物，并按照环境卫生主管部门的规定进行利用或者处置。

工程施工单位不得擅自倾倒、抛撒或者堆放工程施工过程中产生的建筑垃圾。

第六十四条 县级以上人民政府农业农村主管部门负责指导农业固体废物回收利用体系建设，鼓励和引导有关单位和其他生产经营者依法收集、贮存、运输、利用、处置农业固体废物，加强监督管理，防止污染环境。

第六十五条 产生秸秆、废弃农用薄膜、农药包装废弃物等农业固体废物的单位和其他生产经营者，应当采取回收利用和其他防止污染环境的措施。

从事畜禽规模养殖应当及时收集、贮存、利用或者处置养殖过程中产生的畜禽粪污等固体废物，避免造成环境污染。

禁止在人口集中地区、机场周围、交通干线附近以及当地人民政府划定的其他区域露天焚烧秸秆。

国家鼓励研究开发、生产、销售、使用在环境中可降解且无害的农用薄膜。

第六十六条 国家建立电器电子、铅蓄电池、车用动力电池等产品的生产者责任延伸制度。

电器电子、铅蓄电池、车用动力电池等产品的生产者应当按照规定以自建或者委托等方式建立与产品销售量相匹配的废旧产品回收体系，并向社会公开，实现有效回收和利用。

国家鼓励产品的生产者开展生态设计，促进资源回收利用。

第六十七条 国家对废弃电器电子产品等实行多渠道回收和集中处理制度。

禁止将废弃机动车船等交由不符合规定条件的企业或者个人回收、拆解。

拆解、利用、处置废弃电器电子产品、废弃机动车船等，应当遵守有关法律法规的规定，采取防止污染环境的措施。

第六十八条 产品和包装物的设计、制造，应当遵守国家有关清洁生产的规定。国务院标准化主管部门应当根据国家经济和技术条件、固体废物污染环境防治状况以及产品的技术要求，组织制定有关标准，防止过度包装造成环境污染。

生产经营者应当遵守限制商品过度包装的强制性标准，避免过度包装。县级以上地方人民政府市场监督管理部门和有关部门应当按照各自职责，加强对过度包装的监督管理。

生产、销售、进口依法被列入强制回收目录的产品和包装物的企业，应当按照国家有关规定对该产品和包装物进行回收。

电子商务、快递、外卖等行业应当优先采用可重复使用、易回收利用的包装物，优化物品包装，减少包装物的使用，并积极回收利用包装物。县级以上地方人民政府商务、邮政等主管部门应当加强监督管理。

国家鼓励和引导消费者使用绿色包装和减量包装。

第六十九条 国家依法禁止、限制生产、销售和使用不可降解塑料袋等一次性塑料制品。

商品零售场所开办单位、电子商务平台企业和快递企业、外卖企业应当按照国家有关规定向商务、邮政等主管部门报告塑料袋等一次性塑料制品的使用、回收情况。

国家鼓励和引导减少使用、积极回收塑料袋等一次性塑料制品，推广应用可循环、易回收、可降解的替代产品。

第七十条 旅游、住宿等行业应当按照国家有关规定推行不主动提供一次性用品。

机关、企业事业单位等的办公场所应当使用有利于保护环境的产品、设备和设施，减少使用一次性办公用品。

第七十一条 城镇污水处理设施维护运营单位或者污泥处理单位应当安全处理污泥，保证处理后的污泥符合国家有关标准，对污泥的流向、用途、用量等进行跟踪、记录，并报告城镇排水主管部门、生态环境主管部门。

县级以上人民政府城镇排水主管部门应当将污泥处理设施纳入城镇排水与污水处理规划，推动同步建设污泥处理设施与污水处理设施，鼓励协同处理，污水处理费征收标准和补偿范围应当覆盖污泥处理成本和污水处理设施正常运营成本。

第七十二条 禁止擅自倾倒、堆放、丢弃、遗撒城镇污水处理设施产生的污泥和处理后的污泥。

禁止重金属或者其他有毒有害物质含量超标的污泥进入农用地。

从事水体清淤疏浚应当按照国家有关规定处理清淤疏浚过程中产生的底泥，防止污染环境。

第七十三条 各级各类实验室及其设立单位应当加强对实验室产生的固体废物的管理，依法收集、贮存、运输、利用、处置实验室固体废物。实验室固体废物属于危险废物的，应当按照危险废物管理。

第六章 危险废物

第七十四条 危险废物污染环境的防治，适用本章规定；本章未作规定的，适用本法其他有关规定。

第七十五条 国务院生态环境主管部门应当会同国务院有关部门制定国家危险废物名录，规定统一的危险废物鉴别标准、鉴别方法、识别标志和鉴别单位管理要求。国家危险废物名录应当动态调整。

国务院生态环境主管部门根据危险废物的危害特性和产生数量，科学评估其环境风险，实施分级分类管理，建立信息化监管体系，并通过信息化手段管理、共享危险废物转移数据和信息。

第七十六条 省、自治区、直辖市人民政府应当组织有关部门编制危险废物集中处置设施、场所的建设规划，科学评估危险废物处置需求，合理布局危险废物集中处置设施、场所，确保本行政区域的危险废物得到妥善处置。

编制危险废物集中处置设施、场所的建设规划，应当征求有关行业协会、企业事业单位、专家和公众等方面的意见。

相邻省、自治区、直辖市之间可以开展区域合作，统筹建设区域性危险废物集中处置设施、场所。

第七十七条 对危险废物的容器和包装物以及收集、贮存、运输、利用、处置危险废物的设施、场所，应当按照规定设置危险废物识别标志。

第七十八条 产生危险废物的单位，应当按照国家有关规定制定危险废物管理计划；建立危险废物管理台账，如实记录有关信息，并通过国家危险废物信息管理系统向所在地生态环境主管部门申报危险废物的种类、产生量、流向、贮存、处置等有关资料。

前款所称危险废物管理计划应当包括减少危险废物产生量和降低危险废物危害性的措施以及危险废物贮存、利用、处置措施。危险废物管理计划应当报产生危险废物的单位所在地生态环境主管部门备案。

产生危险废物的单位已经取得排污许可证的，执行排污许可管理制度的规定。

第七十九条 产生危险废物的单位，应当按照国家有关规定和环境保护标准要求贮存、利用、处置危险废物，不得擅自倾倒、堆放。

第八十条 从事收集、贮存、利用、处置危险废物经营活动的单位，应当按照国家有关规定申请取得许可证。许可证的具体管理办法由国务院制定。

禁止无许可证或者未按照许可证规定从事危险废物收集、贮存、利用、处置的经营活动。

禁止将危险废物提供或者委托给无许可证的单位或者其他生产经营者从事收集、贮存、利用、处置活动。

第八十一条 收集、贮存危险废物，应当按照危险废物特性分类进行。禁止混合收集、贮存、运输、处置性质不相容而未经安全性处置的危险废物。

贮存危险废物应当采取符合国家环境保护标准的防护措施。禁止将危险废物混入非危险废物中贮存。

从事收集、贮存、利用、处置危险废物经营活动的单位，贮存危险废物不得超过一年；确需延长期限的，应当报经颁发许可证的生态环境主管部门批准；法律、行政法规另有规定的除外。

第八十二条 转移危险废物的，应当按照国家有关规定填写、运行危险废物电子或者纸质转移联单。

跨省、自治区、直辖市转移危险废物的，应当向危险废物移出地省、自治区、直辖市人民政府生态环境主管部门申请。移出地省、自治区、直辖市人民政府生态环境主管部门应当及时商经接受地省、自治区、直辖市人民政府生态环境主管部门同意后，在规定期限内批准转移该危险废物，并将批准信息通报相关省、自治区、直辖市人民政府生态环境主管部门和交通运输主管部门。未经批准的，不得转移。

危险废物转移管理应当全程管控、提高效率，具体办法由国务院生态环境主管部门会同国务院交通运输主管部门和公安部门制定。

第八十三条 运输危险废物，应当采取防止污染环境的措施，并遵守国家有关危险货物运输管理的规定。

禁止将危险废物与旅客在同一运输工具上载运。

第八十四条 收集、贮存、运输、利用、处置危险废物的场所、设施、设备和容器、包装物及其他物品转作他用时，应当按照国家有关规定经过消除污染处理，方可使用。

第八十五条 产生、收集、贮存、运输、利用、处置危险废物的单位，应当依法制定意外事故的防范措施和应急预案，并向所在地生态环境主管部门和其他负有固体废物污染环境防治监督管理职责的部门备案；生态环境主管部门和其他负有固体废物污染环境防治监督管理职责的部门应当进行检查。

第八十六条 因发生事故或者其他突发性事件，造成危险废物严重污染环境的单位，应当立即采取有效措施消除或者减轻对环境的污染危害，及时通报可能受到污染危害的单位和居民，并向所在地生态环境主管部门和有关部门报告，接受调查处理。

第八十七条 在发生或者有证据证明可能发生危险废物严重污染环境、威胁居民生命财产安全时，生态环境主管部门或者其他负有固体废物污染环境防治监督管理职责的部门应当立即向本级人民政府和上一级人民政府有关部门报告，由人民政府采取防止或者减轻危害的有效措施。有关人民政府可以根据需要责令停止导致或者可能导致环境污染事故的作业。

第八十八条 重点危险废物集中处置设施、场所退役前，运营单位应当按照国家有关规定对设施、场所采取污染防治措施。退役的费用应当预提，列入投资概算或者生产成本，专门用于重点危险废物集中处置设施、场所的退役。具体提取和管理办法，由国务院财政部门、价格主管部门会同国务院生态环境主管部门规定。

第八十九条 禁止经中华人民共和国过境转移危险废物。

第九十条 医疗废物按照国家危险废物名录管理。县级以上地方人民政府应当加强医疗废物集中处置能力建设。

县级以上人民政府卫生健康、生态环境等主管部门应当在各自职责范围内加强对医疗废物收集、贮存、运输、处置的监督管理，防止危害公众健康、污染环境。

医疗卫生机构应当依法分类收集本单位产生的医疗废物，交由医疗废物集中处置单位处置。医疗废物集中处置单位应当及时收集、运输和处置医疗废物。

医疗卫生机构和医疗废物集中处置单位，应当采取有效措施，防止医疗废物流失、泄漏、渗漏、扩散。

第九十一条 重大传染病疫情等突发事件发生时，县级以上人民政府应当统筹协调医疗废物等危险废物收集、贮存、运输、处置等工作，保障所需的车辆、场地、处置设施和防护物资。卫生健康、生态环境、环境卫生、交通运输等主管部门应当协同配合，依法履行应急处置职责。

第七章 保障措施

第九十二条 国务院有关部门、县级以上地方人民政府及其有关部门在编制国土空间规划和相关专项规划时，应当统筹生活垃圾、建筑垃圾、危险废物等固体废物转运、集中处置等设施建设需求，保障转运、集中处置等设施用地。

第九十三条 国家采取有利于固体废物污染环境防治的经济、技术政策和措施，鼓励、支持有关方面采取有利于固体废物污染环境防治的措施，加强对从事固体废物污染环境防治工作人员的培训和指导，促进固体废物污染环境防治产业专业化、规模化发展。

第九十四条 国家鼓励和支持科研单位、固体废物产生单位、固体废物利用单位、固体废物处置单位等联合攻关，研究开发固体废物综合利用、集中处置等的新技术，推动固体废物污染环境防治技术进步。

第九十五条 各级人民政府应当加强固体废物污染环境的防治，按照事权划分的原则安排必要的资金用于下列事项：

（一）固体废物污染环境防治的科学研究、技术开发；

（二）生活垃圾分类；

（三）固体废物集中处置设施建设；

（四）重大传染病疫情等突发事件产生的医疗废物等危险废物应急处置；

（五）涉及固体废物污染环境防治的其他事项。

使用资金应当加强绩效管理和审计监督，确保资金使用效益。

第九十六条 国家鼓励和支持社会力量参与固体废物污染环境防治工作，并按照国家有关规定给予政策扶持。

第九十七条 国家发展绿色金融，鼓励金融机构加大对固体废物污染环境防治项目的信贷投放。

第九十八条 从事固体废物综合利用等固体废物污染环境防治工作的，依照法律、行政法规的规定，享受税收优惠。

国家鼓励并提倡社会各界为防治固体废物污染环境捐赠财产，并依照法律、行政法规的规定，给予税收优惠。

第九十九条 收集、贮存、运输、利用、处置危险废物的单位，应当按照国家有关规定，投保环境污染责任保险。

第一百条 国家鼓励单位和个人购买、使用综合利用产品和可重复使用产品。

县级以上人民政府及其有关部门在政府采购过程中，应当优先采购综合利用产品和可重复使用产品。

第八章 法律责任

第一百零一条 生态环境主管部门或者其他负有固体废物污染环境防治监督管理职责的部门违反本法规定，有下列行为之一，由本级人民政府或者上级人民政府有关部门责令改正，对直接负责的主管人员和其他直接责任人员依法给予处分：

（一）未依法作出行政许可或者办理批准文件的；

（二）对违法行为进行包庇的；

（三）未依法查封、扣押的；

（四）发现违法行为或者接到对违法行为的举报后未予查处的；

（五）有其他滥用职权、玩忽职守、徇私舞弊等违法行为的。

依照本法规定应当作出行政处罚决定而未作出的，上级主管部门可以直接作出行政处罚决定。

第一百零二条 违反本法规定，有下列行为之一，由生态环境主管部门责令改正，处以罚款，没收违法所得；情节严重的，报经有批准权的人民政府批准，可以责令停业或者关闭：

（一）产生、收集、贮存、运输、利用、处置固体废物的单位未依法及时公开固体废物污染环境防治信息的；

（二）生活垃圾处理单位未按照国家有关规定安装使用监测设备、实时监测污染物的排放情况并公开污染排放数据的；

（三）将列入限期淘汰名录被淘汰的设备转让给他人使用的；

（四）在生态保护红线区域、永久基本农田集中区域和其他需要特别保护的区域内，建设工业固体废物、危险废物集中贮存、利用、处置的设施、场所和生活垃圾填埋场的；

（五）转移固体废物出省、自治区、直辖市行政区域贮存、处置未经批准的；

（六）转移固体废物出省、自治区、直辖市行政区域利用未报备案的；

（七）擅自倾倒、堆放、丢弃、遗撒工业固体废物，或者未采取相应防范措施，造成工业固体废物扬散、流失、渗漏或者其他环境污染的；

（八）产生工业固体废物的单位未建立固体废物管理台账并如实记录的；

（九）产生工业固体废物的单位违反本法规定委托他人运输、利用、处置工业固体废物的；

（十）贮存工业固体废物未采取符合国家环境保护标准的防护措施的；

（十一）单位和其他生产经营者违反固体废物管理其他要求，污染环境、破坏生态的。

有前款第一项、第八项行为之一，处五万元以上二十万元以下的罚款；有前款第二项、第三项、第四项、第五项、第六项、第九项、第十项、第十一项行为之一，处十万元以上一百万元以下的罚款；有前款第七项行为，处所需处置费用一倍以上三倍以下的罚款，所需处置费用不足十万元的，按十万元计算。对前款第十一项行为的处罚，有关法律、行政法规另有规定的，适用其规定。

第一百零三条 违反本法规定，以拖延、围堵、滞留执法人员等方式拒绝、阻挠监督检查，或者在接受监督检查时弄虚作假的，由生态环境主管部门或者其他负有固体废物污染环境防治监督管理职责的部门责令改正，处五万元以上二十万元以下的罚款；对直接负责的主管人员和其他直接责任人员，处二万元以上十万元以下的罚款。

第一百零四条 违反本法规定，未依法取得排污许可证产生工业固体废物的，由生态环境主管部门责令改正或者限制生产、停产整治，处十万元以上一百万元以下的罚款；情节严重的，报经有批准权的人民政府批准，责令停业或者关闭。

第一百零五条 违反本法规定，生产经营者未遵守限制商品过度包装的强制性标准的，由县级以上地方人民政府市场监督管理部门或者有关部门责令改正；拒不改正的，处二千元以上二万元以下的罚款；情节严重的，处二万元以上十万元以下的罚款。

第一百零六条 违反本法规定，未遵守国家有关禁止、限制使用不可降解塑料袋等一次性塑料制品的规定，或者未按照国家有关规定报告塑料袋等一次性塑料制品的使用情况的，由县级以上地方人民政府商务、邮政等主管部门责令改正，处一万元以上十万元以下的罚款。

第一百零七条 从事畜禽规模养殖未及时收集、贮存、利用或者处置养殖过程中产生的畜禽粪污等固体废物的，由生态环境主管部门责令改正，可以处十万元以下的罚款；情节严重的，报经有批准权的人民政府批准，责令停业或者关闭。

第一百零八条 违反本法规定，城镇污水处理设施维护运营单位或者污泥处理单位对污泥流向、用途、用量等未进行跟踪、记录，或者处理后的污泥不符合国家有关标准的，由城镇排水主管部门责令改正，给予警告；造成严重后果的，处十万元以上二十万元以下的罚款；拒不改正的，城镇排水主管部门可以指定有治理能力的单位代为治理，所需费用由违法者承担。

违反本法规定，擅自倾倒、堆放、丢弃、遗撒城镇污水处理设施产生的污泥和处理后的污泥的，由城镇排水主管部门责令改正，处二十万元以上二百万元以下的罚款，对直接负责的主管人员和其他直接责任人员处二万元以上十万元以下的罚款；造成严重后果的，处二百万元以上五百万元以下的罚款，对直接负责的主管人员和其他直接责任人员处五万元以上五十万元以下的罚款；拒不改正的，城镇排水主管部门可以指定有治理能力的单位代为治理，所需费用由违法者承担。

第一百零九条 违反本法规定，生产、销售、进口或者使用淘汰的设备，或者采用淘汰的生产工艺的，由县级以上地方人民政府指定的部门责令改正，处十万元以上一百万元以下的罚款，没收违法所得；情节严重的，由县级以上地方人民政府指定的部门提出意见，报经有批准权的人民政府批准，责令停业或者关闭。

第一百一十条 尾矿、煤矸石、废石等矿业固体废物贮存设施停止使用后，未按照国家有关环境保护规定进行封场的，由生态环境主管部门责令改正，处二十万元以上一百万元以下的罚款。

第一百一十一条 违反本法规定，有下列行为之一，由县级以上地方人民政府环境卫生主管部门责令改正，处以罚款，没收违法所得：

（一）随意倾倒、抛撒、堆放或者焚烧生活垃圾的；

（二）擅自关闭、闲置或者拆除生活垃圾处理设施、场所的；

（三）工程施工单位未编制建筑垃圾处理方案报备案，或者未及时清运施工过程中产生的固体废物的；

（四）工程施工单位擅自倾倒、抛撒或者堆放工程施工过程中产生的建筑垃圾，或者未按照规定对施工过程中产生的固体废物进行利用或者处置的；

（五）产生、收集厨余垃圾的单位和其他生产经营者未将厨余垃圾交由具备相应资质条件的单位进行无害化处理的；

（六）畜禽养殖场、养殖小区利用未经无害化处理的厨余垃圾饲喂畜禽的；

（七）在运输过程中沿途丢弃、遗撒生活垃圾的。

单位有前款第一项、第七项行为之一，处五万元以上五十万元以下的罚款；单位有前款第二项、第三项、第四项、第五项、第六项行为之一，处十万元以上一百万元以下的罚款；个人有前款第一项、第五项、第七项行为之一，处一百元以上五百元以下的罚款。

违反本法规定，未在指定的地点分类投放生活垃圾的，由县级以上地方人民政府环境卫生主管部门责令改正；情节严重的，对单位处五万元以上五十万元以下的罚款，对个人依法处以罚款。

第一百一十二条 违反本法规定，有下列行为之一，由生态环境主管部门责令改正，处以罚款，没收违法所得；情节严重的，报经有批准权的人民政府批准，可以责令停业或者关闭：

（一）未按照规定设置危险废物识别标志的；

（二）未按照国家有关规定制定危险废物管理计划或者申报危险废物有关资料的；

（三）擅自倾倒、堆放危险废物的；

（四）将危险废物提供或者委托给无许可证的单位或者其他生产经营者从事经营活动的；

（五）未按照国家有关规定填写、运行危险废物转移联单或者未经批准擅自转移危险废物的；

（六）未按照国家环境保护标准贮存、利用、处置危险废物或者将危险废物混入非危险废物中贮存的；

（七）未经安全性处置，混合收集、贮存、运输、处置具有不相容性质的危险废物的；

（八）将危险废物与旅客在同一运输工具上载运的；

（九）未经消除污染处理，将收集、贮存、运输、处置危险废物的场所、设施、设备和容器、包装物及其他物品转作他用的；

（十）未采取相应防范措施，造成危险废物扬散、流失、渗漏或者其他环境污染的；

（十一）在运输过程中沿途丢弃、遗撒危险废物的；

（十二）未制定危险废物意外事故防范措施和应急预案的；

（十三）未按照国家有关规定建立危险废物管理台账并如实记录的。

有前款第一项、第二项、第五项、第六项、第七项、第八项、第九项、第十二项、第十三项行为之一，处十万元以上一百万元以下的罚款；有前款第三项、第四项、第十项、第十一项行为之一，处所需处置费用三倍以上五倍以下的罚款，所需处置费用不足二十万元的，按二十万元计算。

第一百一十三条 违反本法规定，危险废物产生者未按照规定处置其产生的危险废物被责令改正后拒不改正的，由生态环境主管部门组织代为处置，处置费用由危险废物产生者承担；拒不承担代为处置费用的，处代为处置费用一倍以上三倍以下的罚款。

第一百一十四条 无许可证从事收集、贮存、利用、处置危险废物经营活动的，由生态环境主管部门责令改正，处一百万元以上五百万元以下的罚款，并报经有批准权的人民政府批准，责令停业或者关闭；对法定代表人、主要负责人、直接负责的主管人员和其他责任人员，处十万元以上一百万元以下的罚款。

未按照许可证规定从事收集、贮存、利用、处置危险废物经营活动的，由生态环境主管部门责令改正，限制生产、停产整治，处五十万元以上二百万元以下的罚款；对法定代表人、主要负责人、直接负责的主管人员和其他责任人员，处五万元以上五十万元以下的罚款；情节严重的，报经有批准权的人民政府批准，责令停业或者关闭，还可以由发证机关吊销许可证。

第一百一十五条 违反本法规定，将中华人民共和国境外的固体废物输入境内的，由海关责令退运该固体废物，处五十万元以上五百万元以下的罚款。

承运人对前款规定的固体废物的退运、处置，与进口者承担连带责任。

第一百一十六条 违反本法规定，经中华人民共和国过境转移危险废物的，由海关责令退运该危险废物，处五十万元以上五百万元以下的罚款。

第一百一十七条 对已经非法入境的固体废物，由省级以上人民政府生态环境主管部门依法向海关提出处理意见，海关应当依照本法第一百一十五条的规定作出处罚决定；已经造成环境污染的，由省级以上人民政府生态环境主管部门责令进口者消除污染。

第一百一十八条 违反本法规定，造成固体废物污染环境事故的，除依法承担赔偿责任外，由生态环境主管部门依照本条第二款的规定处以罚款，责令限期采取治理措施；造成重大或者特大固体废物污染环境事故的，还可以报经有批准权的人民政府批准，责令关闭。

造成一般或者较大固体废物污染环境事故的，按照事故造成的直接经济损失的一倍以上三倍以下计算罚款；造成重大或者特大固体废物污染环境事故的，按照事故造成的直接经济损失的三倍以上五倍以下计算罚款，并对法定代表人、主要负责人、直接负责的主管人员和其他责任人员处上一年度从本单位取得的收入百分之五十以下的罚款。

第一百一十九条 单位和其他生产经营者违反本法规定排放固体废物，受到罚款处罚，被责令改正的，依法作出处罚决定的行政机关应当组织复查，发现其继续实施该违法行为的，依照《中华人民共和国环境保护法》的规定按日连续处罚。

第一百二十条 违反本法规定，有下列行为之一，尚不构成犯罪的，由公安机关对法定代表人、主要负责人、直接负责的主管人员和其他责任人员处十日以上十五日以下的拘留；情节较轻的，处五日以上十日以下的拘留：

（一）擅自倾倒、堆放、丢弃、遗撒固体废物，造成严重后果的；

（二）在生态保护红线区域、永久基本农田集中区域和其他需要特别保护的区域内，建设工业固体废物、危险废物集中贮存、利用、处置的设施、场所和生活垃圾填埋场的；

（三）将危险废物提供或者委托给无许可证的单位或者其他生产经营者堆放、利用、处置的；

（四）无许可证或者未按照许可证规定从事收集、贮存、利用、处置危险废物经营活动的；

（五）未经批准擅自转移危险废物的；

（六）未采取防范措施，造成危险废物扬散、流失、渗漏或者其他严重后果的。

第一百二十一条 固体废物污染环境、破坏生态，损害国家利益、社会公共利益的，有关机关和组织可以依照《中华人民共和国环境保护法》、《中华人民共和国民事诉讼法》、《中华人民共和国行政诉讼法》等法律的规定向人民法院提起诉讼。

第一百二十二条 固体废物污染环境、破坏生态给国家造成重大损失的，由设区的市级以上地方人民政府或者其指定的部门、机构组织与造成环境污染和生态破坏的单位和其他生产经营者进行磋商，要求其承担损害赔偿责任；磋商未达成一致的，可以向人民法院提起诉讼。

对于执法过程中查获的无法确定责任人或者无法退运的固体废物，由所在地县级以上地方人民政府组织处理。

第一百二十三条 违反本法规定，构成违反治安管理行为的，由公安机关依法给予治安管理处罚；构成犯罪的，依法追究刑事责任；造成人身、财产损害的，依法承担民事责任。

第九章 附 则

第一百二十四条 本法下列用语的含义：

（一）固体废物，是指在生产、生活和其他活动中产生的丧失原有利用价值或者虽未丧失利用价值但被抛弃或者放弃的固态、半固态和置于容器中的气态的物品、物质以及法律、行政法规规定纳入固体废物管理的物品、物质。经无害化加工处理，并且符合强制性国家产品质量标准，不会危害公众健康和生态安全，或者根据固体废物鉴别标准和鉴别程序认定为不属于固体废物的除外。

（二）工业固体废物，是指在工业生产活动中产生的固体废物。

（三）生活垃圾，是指在日常生活中或者为日常生活提供服务的活动中产生的固体废物，以及法律、行政法规规定视为生活垃圾的固体废物。

（四）建筑垃圾，是指建设单位、施工单位新建、改建、扩建和拆除各类建筑物、构筑物、管网等，以及居民装饰装修房屋过程中产生的弃土、弃料和其他固体废物。

（五）农业固体废物，是指在农业生产活动中产生的固体废物。

（六）危险废物，是指列入国家危险废物名录或者根据国家规定的危险废物鉴别标准和鉴别方法认定的具有危险特性的固体废物。

（七）贮存，是指将固体废物临时置于特定设施或者场所中的活动。

（八）利用，是指从固体废物中提取物质作为原材料或者燃料的活动。

（九）处置，是指将固体废物焚烧和用其他改变固体废物的物理、化学、生物特性的方法，达到减少已产生的固体废物数量、缩小固体废物体积、减少或者消除其危险成分的活动，或者将固体废物最终置于符合环境保护规定要求的填埋场的活动。

第一百二十五条 液态废物的污染防治，适用本法；但是，排入水体的废水的污染防治适用有关法律，不适用本法。

第一百二十六条 本法自 2020 年 9 月 1 日起施行。

附录二 土壤环境质量 农用地土壤污染风险管控标准（试行）（GB 15618—2018）

土壤环境质量 农用地土壤污染风险管控标准（试行）（GB 15618—2018）

为贯彻落实《中华人民共和国环境保护法》，加强建设用地土壤环境监管，管控污染地块对人体健康的风险，保障人居环境安全，制定本标准。

1 适用范围

本标准规定了农用地土壤污染风险筛选值和管制值，以及监测、实施和监督要求。

本标准适用于耕地土壤污染风险筛查和分类。园地和牧草地可参照执行。

2 规范性引用文件

本标准内容引用了下列文件或其中的条款。凡是不注明日期的引用文件，其最新版本适用于本标准。

GB/T 14550 土壤质量 六六六和滴滴涕的测定 气相色谱法

GB/T 17136 土壤质量 总汞的测定 冷原子吸收分光光度法

GB/T 17138 土壤质量 铜、锌的测定 火焰原子吸收分光光度法

GB/T 17139 土壤质量 镍的测定 火焰原子吸收分光光度法

GB/T 17141 土壤质量 铅、镉的测定 石墨炉原子吸收分光光度法

GB/T 21010 土地利用现状分类

GB/T 22105 土壤质量 总汞、总砷、总铅的测定 原子荧光法

HJ/T 166 土壤环境监测技术规范

HJ 491 土壤 总铬的测定 火焰原子吸收分光光度法

HJ 680 土壤和沉积物 汞、砷、硒、铋、锑的测定 微波消解/原子荧光法

HJ 780 土壤和沉积物 无机元素的测定 波长色散 X 射线荧光光谱法

HJ 784 土壤和沉积物 多环芳烃的测定 高效液相色谱法

HJ 803 土壤和沉积物 12 种金属元素的测定 王水提取-电感耦合等离子体质谱法

HJ 805 土壤和沉积物 多环芳烃的测定 气相色谱-质谱法

HJ 834 土壤和沉积物 半挥发性有机物的测定 气相色谱-质谱法

HJ 835 土壤和沉积物 有机氯农药的测定 气相色谱-质谱法

HJ 921 土壤和沉积物 有机氯农药的测定 气相色谱法

HJ 923 土壤和沉积物 总汞的测定 催化热解-冷原子吸收分光光度法

3 术语和定义

下列术语和定义适用于本标准。

3.1 土壤 soil

指位于陆地表层能够生长植物的疏松多孔物质层及其相关自然地理要素的综合体。

3.2 农用地 agricultural land

指 GB/T 21010 中的 01 耕地（0101 水田、0102 水浇地、0103 旱地）、02 园地（0201 果园、0202 茶园）和 04 草地（0401 天然牧草地、0403 人工牧草地）。

3.3 农用地土壤污染风险 soil contamination risk of agricultural land

指因土壤污染导致食用农产品质量安全、农作物生长或土壤生态环境受到不利影响。

3.4 农用地土壤污染风险筛选值 risk screening values for soil contamination of agricultural land

指农用地土壤中污染物含量等于或者低于该值的，对农产品质量安全、农作物生长或土壤生态环境的风险低，一般情况下可以忽略；超过该值的，对农产品质量安全、农作物生长或土壤生态环境可能存在风险，应当加强土壤环境监测和农产品协同监测，原则上应当采取安全利用措施。

3.5 农用地土壤污染风险管制值 risk intervention values for soil contamination of agricultural land

指农用地土壤中污染物含量超过该值的，食用农产品不符合质量安全标准等农用地土壤污染风险高，原则上应当采取严格管控措施。

4 农用地土壤污染风险筛选值

4.1 基本项目

4.1.1 农用地土壤污染风险筛选值的基本项目为必测项目，包括镉、汞、砷、铅、铬、铜、镍、锌，风险筛选值见表1。

表1 农用地土壤污染风险筛选值（基本项目） 单位：mg/kg

序号	污染物项目①②		风险筛选值			
			pH≤5.5	5.5<pH≤6.5	6.5<pH≤7.5	pH>7.5
1	镉	水田	0.3	0.4	0.6	0.8
		其他	0.3	0.3	0.3	0.6
2	汞	水田	0.5	0.5	0.6	1.0
		其他	1.3	1.8	2.4	3.4
3	砷	水田	30	30	25	20
		其他	40	40	30	25
4	铅	水田	80	100	140	240
		其他	70	90	120	170
5	铬	水田	250	250	300	350
		其他	150	150	200	250
6	铜	果园	150	150	200	200
		其他	50	50	100	100
7	镍		60	70	100	190
8	锌		200	200	250	300

① 重金属和类金属砷均按元素总量计。

② 对于水旱轮作地，采用其中较严格的风险筛选值。

4.2 其他项目

4.2.1 农用地土壤污染风险筛选值的其他项目为选测项目，包括六六六、滴滴涕和苯并[*a*]芘，风险筛选值见表2。

4.2.2 其他项目由地方环境保护主管部门根据本地区土壤污染特点和环境管理需求进行选择。

表2 农用地土壤污染风险筛选值（其他项目） 单位：mg/kg

序号	污染物项目	风险筛选值
1	六六六总量①	0.10
2	滴滴涕总量②	0.10
3	苯并[*a*]芘	0.55

① 六六六总量为α-六六六、β-六六六、γ-六六六、δ-六六六四种异构体的含量总和。

② 滴滴涕总量为*p*,*p*′-滴滴伊、*p*,*p*′-滴滴滴、*o*,*p*′-滴滴涕、*p*,*p*′-滴滴涕四种衍生物的含量总和。

5 农用地土壤污染风险管制值

5.1 农用地土壤污染风险管制值项目包括镉、汞、砷、铅、铬，风险管制值见表3。

表 3 农用地土壤污染风险管制值

序号	污染物项目	风险管制值			
		pH≤5.5	5.5<pH≤6.5	6.5<pH≤7.5	pH>7.5
1	镉	1.5	2.0	3.0	4.0
2	汞	2.0	2.5	4.0	6.0
3	砷	200	150	120	100
4	铅	400	500	700	1000
5	铬	800	850	1000	1300

6 农用地土壤污染风险筛选值和管制值的使用

6.1 当土壤中污染物含量等于或者低于表 1 和表 2 规定的风险筛选值时，农用地土壤污染风险低，一般情况下可以忽略；高于表 1 和表 2 规定的风险筛选值时，可能存在农用地土壤污染风险，应加强土壤环境监测和农产品协同监测。

6.2 当土壤中镉、汞、砷、铅、铬的含量高于表 1 规定的风险筛选值、等于或者低于表 3 规定的风险管制值时，可能存在食用农产品不符合质量安全标准等土壤污染风险，原则上应当采取农艺调控、替代种植等安全利用措施。

6.3 当土壤中镉、汞、砷、铅、铬的含量高于表 3 规定的风险管制值时，食用农产品不符合质量安全标准等农用地土壤污染风险高，且难以通过安全利用措施降低食用农产品不符合质量安全标准等农用地土壤污染风险，原则上应当采取禁止种植食用农产品、退耕还林等严格管控措施。

6.4 土壤环境质量类别划分应以本标准为基础，结合食用农产品协同监测结果，依据相关技术规定进行划定。

7 监测要求

7.1 监测点位和样品采集

7.1.1 农用地土壤污染调查监测点位布设和样品采集执行 HJ/T 166 等相关技术规定要求。

7.2 土壤污染物分析

7.2.1 土壤污染物分析方法按表 4 执行。

表 4 土壤污染物分析方法

序号	污染物项目	分析方法	标准编号
1	镉	土壤质量 铅、镉的测定 石墨炉原子吸收分光光度法	GB/T 17141
2	汞	土壤和沉积物 汞、砷、硒、铋、锑的测定 微波消解/原子荧光法	HJ 680
		土壤质量 总汞、总砷、总铅的测定 原子荧光法 第 1 部分：土壤中总汞的测定	GB/T 22105.1
		土壤质量 总汞的测定 冷原子吸收分光光度法	GB/T 17136
		土壤和沉积物 总汞的测定 催化热解-冷原子吸收分光光度法	HJ 923
3	砷	土壤和沉积物 12 种金属元素的测定 王水提取-电感耦合等离子体质谱法	HJ 803
		土壤和沉积物 汞、砷、硒、铋、锑的测定 微波消解/原子荧光法	HJ 680
		土壤质量 总汞、总砷、总铅的测定 原子荧光法 第 2 部分：土壤中总砷的测定	GB/T 22105.2

续表

序号	污染物项目	分析方法	标准编号
4	铅	土壤质量 铅、镉的测定 石墨炉原子吸收分光光度法	GB/T 17141
		土壤和沉积物 无机元素的测定 波长色散X射线荧光光谱法	HJ 780
5	铬	土壤 总铬的测定 火焰原子吸收分光光度法	HJ 491
		土壤和沉积物 无机元素的测定 波长色散X射线荧光光谱法	HJ 780
6	铜	土壤质量 铜、锌的测定 火焰原子吸收分光光度法	GB/T 17138
		土壤和沉积物 无机元素的测定 波长色散X射线荧光光谱法	HJ 780
7	镍	土壤质量 镍的测定 火焰原子吸收分光光度法	GB/T 17139
		土壤和沉积物 无机元素的测定 波长色散X射线荧光光谱法	HJ 780
8	锌	土壤质量 铜、锌的测定 火焰原子吸收分光光度法	GB/T 17138
		土壤和沉积物 无机元素的测定 波长色散X射线荧光光谱法	HJ 780
9	六六六总量	土壤和沉积物 有机氯农药的测定 气相色谱-质谱法	HJ 835
		土壤和沉积物 有机氯农药的测定 气相色谱法	HJ 921
		土壤质量 六六六和滴滴涕的测定 气相色谱法	GB/T 14550
10	滴滴涕总量	土壤和沉积物 有机氯农药的测定 气相色谱-质谱法	HJ 835
		土壤和沉积物 有机氯农药的测定 气相色谱法	HJ 921
		土壤质量 六六六和滴滴涕的测定 气相色谱法	GB/T 14550
11	苯并[a]芘	土壤和沉积物 多环芳烃的测定 气相色谱-质谱法	HJ 805
		土壤和沉积物 多环芳烃的测定 高效液相色谱法	HJ 784
		土壤和沉积物 半挥发性有机物的测定 气相色谱-质谱法	HJ 834
12	pH	土壤 pH值的测定 电位法	HJ 962

8 实施与监督

8.1 本标准由各级生态环境主管部门会同农业农村等相关主管部门监督实施。

附录三 土壤环境质量 建设用地土壤污染风险管控标准（试行）（GB 36600—2018）

土壤环境质量 建设用地土壤污染风险管控标准（试行）（GB 36600—2018）

为贯彻落实《中华人民共和国环境保护法》，加强建设用地土壤环境监管，管控污染地块对人体健康的风险，保障人居环境安全，制定本标准。

1 适用范围

本标准规定了保护人体健康的建设用地土壤污染风险筛选值和管制值，以及监测、实施与监督要求。

本标准适用于建设用地土壤污染风险筛查和风险管制。

2 规范性引用文件

本标准内容引用了下列文件或其中的条款。凡是不注明日期的引用文件，其最新版本适用于本标准。

GB/T 14550 土壤质量 六六六和滴滴涕的测定 气相色谱法

GB/T 17136 土壤质量 总汞的测定 冷原子吸收分光光度法

GB/T 17138 土壤质量 铜、锌的测定 火焰原子吸收分光光度法

GB/T 17139 土壤质量 镍的测定 火焰原子吸收分光光度法

GB/T 17141 土壤质量 铅、镉的测定 石墨炉原子吸收分光光度法

GB/T 22105 土壤质量 总汞、总砷、总铅的测定 原子荧光法

GB 50137 城市用地分类与规划建设用地标准

HJ 25.1 场地环境调查技术导则

HJ 25.2 场地环境监测技术导则

HJ 25.3 污染场地风险评估技术导则

HJ 25.4 污染场地土壤修复技术导则

HJ 77.4 土壤和沉积物 二噁英类的测定 同位素稀释高分辨气相色谱-高分辨质谱法

HJ 605 土壤和沉积物 挥发性有机物的测定 吹扫捕集/气相色谱-质谱法

HJ 642 土壤和沉积物 挥发性有机物的测定 顶空/气相色谱-质谱法

HJ 680 土壤和沉积物 汞、砷、硒、铋、锑的测定 微波消解/原子荧光法

HJ 703 土壤和沉积物 酚类化合物的测定 气相色谱法

HJ 735 土壤和沉积物 挥发性卤代烃的测定 吹扫捕集/气相色谱-质谱法

HJ 736 土壤和沉积物 挥发性卤代烃的测定 顶空/气相色谱-质谱法

HJ 737 土壤和沉积物 铍的测定 石墨炉原子吸收分光光度法

HJ 741 土壤和沉积物 挥发性有机物的测定 顶空/气相色谱法

HJ 742 土壤和沉积物 挥发性芳香烃的测定 顶空/气相色谱法

HJ 743 土壤和沉积物 多氯联苯的测定 气相色谱-质谱法

HJ 745 土壤 氰化物和总氰化物的测定 分光光度法

HJ 780 土壤和沉积物 无机元素的测定 波长色散 X 射线荧光光谱法

HJ 784 土壤和沉积物 多环芳烃的测定 高效液相色谱法

HJ 803 土壤和沉积物 12 种金属元素的测定 王水提取电感耦合等离子体质谱法

HJ 805 土壤和沉积物 多环芳烃的测定 气相色谱-质谱法

HJ 834 土壤和沉积物 半挥发性有机物的测定 气相色谱-质谱法

HJ 835 土壤和沉积物 有机氯农药的测定 气相色谱-质谱法

HJ 921 土壤和沉积物 有机氯农药的测定 气相色谱法

HJ 922 土壤和沉积物 多氯联苯的测定 气相色谱法

HJ 923 土壤和沉积物 总汞的测定 催化热解-冷原子吸收分光光度法

CJJ/T 85 城市绿地分类标准

3 术语和定义

下列术语和定义适用于本标准。

3.1 建设用地 development land

指建造建筑物、构筑物的土地，包括城乡住宅和公共设施用地、工矿用地、交通水利设施用地、旅游用地、军事设施用地等。

3.2 建设用地土壤污染风险 soil contamination risk of development land

指建设用地上居住、工作人群长期暴露于土壤中污染物，因慢性毒性效应或致癌效应而对健康产生的不利影响。

3.3 暴露途径 exposure pathway

指建设用地土壤中污染物迁移到达和暴露于人体的方式。主要包括：①经口摄入土壤；②皮肤接触土壤；③吸入土壤颗粒物；④吸入室外空气中来自表层土壤的气态污染物；⑤吸入室外空气中来自下层土壤的气态污染物；⑥吸入室内空气中来自下层土壤的气态污染物。

3.4 建设用地土壤污染风险筛选值 risk screening values for soil contamination of development land

指在特定土地利用方式下，建设用地土壤中污染物含量等于或者低于该值的，对人体健康的风险可以忽略；超过该值的，对人体健康可能存在风险，应当开展进一步的详细调查和风险评估，确定具体污染范围和风险水平。

3.5 建设用地土壤污染风险管制值 risk intervention values for soil contamination of development land

指在特定土地利用方式下，建设用地土壤中污染物含量超过该值的，对人体健康通常存在不可接受风险，应当采取风险管控或修复措施。

3.6 土壤环境背景值 environmental background values of soil

指基于土壤环境背景含量的统计值。通常以土壤环境背景含量的某一分位值表示。其中土壤环境背景含量是指在一定时间条件下，仅受地球化学过程和非点源输入影响的土壤中元素或化合物的含量。

4 建设用地分类

4.1 建设用地中，城市建设用地根据保护对象暴露情况的不同，可划分为以下两类。

4.1.1 第一类用地：包括 GB 50137 规定的城市建设用地中的居住用地（R），公共管理与公共服务用地中的中小学用地（A33）、医疗卫生用地（A5）和社会福利设施用地（A6），以及公园绿地（G1）中的社区公园或儿童公园用地等。

4.1.2 第二类用地：包括 GB 50137 规定的城市建设用地中的工业用地（M），物流仓储用地（W），商业服务业设施用地（B），道路与交通设施用地（S），公用设施用地（U），公共管理与公共服务用地（A）（A33、A5、A6 除外），以及绿地与广场用地（G）（G1 中的社区公园或儿童公园用地除外）等。

4.2 建设用地中，其他建设用地可参照 4.1 划分类别。

5 建设用地土壤污染风险筛选值和管制值

5.1 保护人体健康的建设用地土壤污染风险筛选值和管制值见表 1 和表 2，其中

表 1 为基本项目，表 2 为其他项目。本标准考虑的暴露途径见 3.3。

表 1 建设用地土壤污染风险筛选值和管制值（基本项目） 单位：mg/kg

序号	污染物项目	CAS 编号	筛选值		管制值	
			第一类用地	第二类用地	第一类用地	第二类用地
重金属和无机物						
1	砷	7440-38-2	20[①]	60[①]	120	140
2	镉	7440-43-9	20	65	47	172
3	铬(六价)	18540-29-9	3.0	5.7	30	78
4	铜	7440-50-8	2000	18000	8000	36000
5	铅	7439-92-1	400	800	800	2500
6	汞	7439-97-6	8	38	33	82
7	镍	7440-02-0	150	900	600	2000
挥发性有机物						
8	四氯化碳	56-23-5	0.9	2.8	9	36
9	氯仿	67-66-3	0.3	0.9	5	10
10	氯甲烷	74-87-3	12	37	21	120
11	1,1-二氯乙烷	75-34-3	3	9	20	100
12	1,2-二氯乙烷	107-06-2	0.52	5	6	21
13	1,1-二氯乙烯	75-35-4	12	66	40	200
14	顺-1,2-二氯乙烯	156-59-2	66	596	200	2000
15	反-1,2-二氯乙烯	156-60-5	10	54	31	163
16	二氯甲烷	75-09-2	94	616	300	2000
17	1,2-二氯丙烷	78-87-5	1	5	5	47
18	1,1,1,2-四氯乙烷	630-20-6	2.6	10	26	100
19	1,1,2,2-四氯乙烷	79-34-5	1.6	6.8	14	50
20	四氯乙烯	127-18-4	11	53	34	183
21	1,1,1-三氯乙烷	71-55-6	701	840	840	840
22	1,1,2-三氯乙烷	79-00-5	0.6	2.8	5	15
23	三氯乙烯	79-01-6	0.7	2.8	7	20
24	1,2,3-三氯丙烷	96-18-4	0.05	0.5	0.5	5
25	氯乙烯	75-01-4	0.12	0.43	1.2	4.3
26	苯	71-43-2	1	4	10	40
27	氯苯	108-90-7	68	270	200	1000
28	1,2-二氯苯	95-50-1	560	560	560	560
29	1,4-二氯苯	106-46-7	5.6	20	56	200
30	乙苯	100-41-4	7.2	28	72	280
31	苯乙烯	100-42-5	1290	1290	1290	1290
32	甲苯	108-88-3	1200	1200	1200	1200
33	间二甲苯+对二甲苯	108-38-3, 106-42-3	163	570	500	570
34	邻二甲苯	95-47-6	222	640	640	640

续表

序号	污染物项目	CAS 编号	筛选值		管制值	
			第一类用地	第二类用地	第一类用地	第二类用地
半挥发性有机物						
35	硝基苯	98-95-3	34	76	190	760
36	苯胺	62-53-3	92	260	211	663
37	2-氯酚	95-57-8	250	2256	500	4500
38	苯并[a]蒽	56-55-3	5.5	15	55	151
39	苯并[*a*]芘	50-32-8	0.55	1.5	5.5	15
40	苯并[*b*]荧蒽	205-99-2	5.5	15	55	151
41	苯并[*k*]荧蒽	207-08-9	55	151	550	1500
42	䓛	218-01-9	490	1293	4900	12900
43	二苯并[*a*,*h*]蒽	53-70-3	0.55	1.5	5.5	15
44	茚并[1,2,3-*cd*]芘	193-39-5	5.5	15	55	151
45	萘	91-20-3	25	70	255	700

① 具体地块土壤中污染物检测含量超过筛选值，但等于或者低于土壤环境背景值（见 3.6）水平的，不纳入污染地块管理。土壤环境背景值可参见附录 A。

表 2　建设用地土壤污染风险筛选值和管制值（其他项目）　单位：mg/kg

序号	污染物项目	CAS 编号	筛选值		管制值	
			第一类用地	第二类用地	第一类用地	第二类用地
重金属和无机物						
1	锑	7440-36-0	20	180	40	360
2	铍	7440-41-7	15	29	98	290
3	钴	7440-48-4	20①	70①	190	350
4	甲基汞	22967-92-6	5	45	10	120
5	钒	7440-62-2	165①	752	330	1500
6	氰化物	57-12-5	22	135	44	270
挥发性有机物						
7	一溴二氯甲烷	75-27-4	0.29	1.2	2.9	12
8	溴仿	75-25-2	32	103	320	1030
9	二溴氯甲烷	124-48-1	9.3	33	93	330
10	1,2-二溴乙烷	106-93-4	0.07	0.24	0.7	2.4
半挥发性有机物						
11	六氯环戊二烯	77-47-4	1.1	5.2	2.3	10
12	2,4-二硝基甲苯	121-14-2	1.8	5.2	18	52
13	2,4-二氯酚	120-83-2	117	843	234	1690
14	2,4,6-三氯酚	88-06-2	39	137	78	560
15	2,4-二硝基酚	51-28-5	78	562	156	1130

续表

序号	污染物项目	CAS 编号	筛选值		管制值	
			第一类用地	第二类用地	第一类用地	第二类用地
半挥发性有机物						
16	五氯酚	87-86-5	1.1	2.7	12	27
17	邻苯二甲酸二(2-乙基己基)酯	117-81-7	42	121	420	1210
18	邻苯二甲酸丁基苄酯	85-68-7	312	900	3120	9000
19	邻苯二甲酸二正辛酯	117-84-0	390	2812	800	5700
20	3,3′-二氯联苯胺	91-94-1	1.3	3.6	13	36
有机农药类						
21	阿特拉津	1912-24-9	2.6	7.4	26	74
22	氯丹②	12789-03-6	2	6.2	20	62
23	p,p′-滴滴滴	72-54-8	2.5	7.1	25	71
24	p,p′-滴滴伊	72-55-9	2	7	20	70
25	滴滴涕③	50-29-3	2	6.7	21	67
26	敌敌畏	62-73-7	1.8	5	18	50
27	乐果	60-51-5	86	619	170	1240
28	硫丹④	115-29-7	234	1687	470	3400
29	七氯	76-44-8	0.13	0.37	1.3	3.7
30	α-六六六	319-84-6	0.09	0.3	0.9	3
31	β-六六六	319-85-7	0.32	0.92	3.2	9.2
32	γ-六六六	58-89-9	0.62	1.9	6.2	19
33	六氯苯	118-74-1	0.33	1	3.3	10
34	灭蚁灵	2385-85-5	0.03	0.09	0.3	0.9
多氯联苯、多溴联苯和二噁英						
35	多氯联苯(总量)⑤	—	0.14	0.38	1.4	3.8
36	3,3′,4,4′,5-五氯联苯(PCB 126)	57465-28-8	4×10^{-5}	1×10^{-4}	4×10^{-4}	1×10^{-3}
37	3,3′,4,4′,5,5′-六氯联苯(PCB 169)	32774-16-6	1×10^{-4}	4×10^{-4}	1×10^{-3}	4×10^{-3}
38	二噁英(总毒性当量)	—	1×10^{-5}	4×10^{-5}	1×10^{-4}	4×10^{-4}
39	多溴联苯(总量)	—	0.02	0.06	0.2	0.6
石油烃类						
40	石油烃(C10-C40)	—	826	4500	5000	9000

① 具体地块土壤中污染物检测含量超过筛选值，但等于或者低于土壤环境背景值（见 3.6）水平的，不纳入污染地块管理。土壤环境背景值可参见附录 A。

② 氯丹为 α-氯丹、γ-氯丹两种物质含量总和。

③ 滴滴涕为 o,p′-滴滴涕、p,p′-滴滴涕两种物质含量总和。

④ 硫丹为 α-硫丹、β-硫丹两种物质含量总和。

⑤ 多氯联苯（总量）为 PCB77、PCB81、PCB105、PCB114、PCB118、PCB123、PCB126、PCB156、PCB157、PCB167、PCB169、PCB189 十二种物质含量总和。

5.2 建设用地土壤污染风险筛选污染物项目的确定

5.2.1 表 1 中所列项目为初步调查阶段建设用地土壤污染风险筛选的必测项目。

5.2.2 初步调查阶段建设用地土壤污染风险筛选的选测项目依据 HJ 25.1、HJ 25.2 及相关技术规定确定，可以包括但不限于表 2 中所列项目。

5.3 建设用地土壤污染风险筛选值和管制值的使用

5.3.1 建设用地规划用途为第一类用地的，适用表 1 和表 2 中第一类用地的筛选值和管制值；规划用途为第二类用地的，适用表 1 和表 2 中第二类用地的筛选值和管制值。规划用途不明确的，适用表 1 和表 2 中第一类用地的筛选值和管制值。

5.3.2 建设用地土壤中污染物含量等于或者低于风险筛选值的，建设用地土壤污染风险一般情况下可以忽略。

5.3.3 通过初步调查确定建设用地土壤中污染物含量高于风险筛选值，应当依据 HJ 25.1、HJ 25.2 等标准及相关技术要求，开展详细调查。

5.3.4 通过详细调查确定建设用地土壤中污染物含量等于或者低于风险管制值，应当依据 HJ 25.3 等标准及相关技术要求，开展风险评估，确定风险水平，判断是否需要采取风险管控或修复措施。

5.3.5 通过详细调查确定建设用地土壤中污染物含量高于风险管制值，对人体健康通常存在不可接受风险，应当采取风险管控或修复措施。

5.3.6 建设用地若需采取修复措施，其修复目标应当依据 HJ 25.3、HJ 25.4 等标准及相关技术要求确定，且应当低于风险管制值。

5.3.7 表 1 和表 2 中未列入的污染物项目，可依据 HJ 25.3 等标准及相关技术要求开展风险评估，推导特定污染物的土壤污染风险筛选值。

6 监测要求

6.1 建设用地土壤环境调查与监测按 HJ 25.1、HJ 25.2 及相关技术规定要求执行。

6.2 土壤污染物分析方法按表 3 执行。暂未制定分析方法标准的污染物项目，待相应分析方法标准发布后实施。

表 3 土壤污染物分析方法

序号	污染物项目	分析方法	标准编号
1	砷	土壤和沉积物 汞、砷、硒、铋、锑的测定 微波消解/原子荧光法	HJ 680
		土壤和沉积物 12 种金属元素的测定 王水提取-电感耦合等离子体质谱法	HJ 803
		土壤质量 总汞、总砷、总铅的测定 原子荧光法第 2 部分：土壤中总砷的测定	GB/T 22105.2
2	镉	土壤质量 铅、镉的测定 石墨炉原子吸收分光光度法	GB/T 17141
3	铬(六价)	土壤和沉积物 六价铬的测定 碱溶液提取/原子吸收分光光度法	—
4	铜	土壤质量 铜、锌的测定 火焰原子吸收分光光度法	GB/T 17138
		土壤和沉积物 无机元素的测定 波长色散 X 射线荧光光谱法	HJ 780
5	铅	土壤质量 铅、镉的测定 石墨炉原子吸收分光光度法	GB/T 17141
		土壤和沉积物 无机元素的测定 波长色散 X 射线荧光光谱法	HJ 780

续表

序号	污染物项目	分析方法	标准编号
6	汞	土壤和沉积物 汞、砷、硒、铋、锑的测定 微波消解/原子荧光法	HJ 680
		土壤质量 总汞、总砷、总铅的测定 原子荧光法第1部分:土壤中总汞的测定	GB/T 22105.1
		土壤质量 总汞的测定 冷原子吸收分光光度法	GB/T 17136
		土壤和沉积物 总汞的测定 催化热解-冷原子吸收分光光度法	HJ 923
7	镍	土壤质量 镍的测定 火焰原子吸收分光光度法	GB/T 17139
		土壤和沉积物 无机元素的测定 波长色散X射线荧光光谱法	HJ 780
8	四氯化碳	土壤和沉积物 挥发性有机物的测定 顶空/气相色谱-质谱法	HJ 642
		土壤和沉积物 挥发性卤代烃的测定 顶空/气相色谱-质谱法	HJ 736
		土壤和沉积物 挥发性有机物的测定 吹扫捕集/气相色谱-质谱法	HJ 605
		土壤和沉积物 挥发性卤代烃的测定 吹扫捕集/气相色谱-质谱法	HJ 735
		土壤和沉积物 挥发性有机物的测定 顶空/气相色谱法	HJ 741
9	氯仿	土壤和沉积物 挥发性有机物的测定 顶空/气相色谱-质谱法	HJ 642
		土壤和沉积物 挥发性卤代烃的测定 顶空/气相色谱-质谱法	HJ 736
		土壤和沉积物 挥发性有机物的测定 吹扫捕集/气相色谱-质谱法	HJ 605
		土壤和沉积物 挥发性卤代烃的测定 吹扫捕集/气相色谱-质谱法	HJ 735
		土壤和沉积物 挥发性有机物的测定 顶空/气相色谱法	HJ 741
10	氯甲烷	土壤和沉积物 挥发性卤代烃的测定 顶空/气相色谱-质谱法	HJ 736
		土壤和沉积物 挥发性有机物的测定 吹扫捕集/气相色谱-质谱法	HJ 605
		土壤和沉积物 挥发性卤代烃的测定 吹扫捕集/气相色谱-质谱法	HJ 735
11	1,1-二氯乙烷	土壤和沉积物 挥发性有机物的测定 顶空/气相色谱-质谱法	HJ 642
		土壤和沉积物 挥发性卤代烃的测定 顶空/气相色谱-质谱法	HJ 736
		土壤和沉积物 挥发性有机物的测定 吹扫捕集/气相色谱-质谱法	HJ 605
		土壤和沉积物 挥发性卤代烃的测定 吹扫捕集/气相色谱-质谱法	HJ 735
		土壤和沉积物 挥发性有机物的测定 顶空/气相色谱法	HJ 741
12	1,2-二氯乙烷	土壤和沉积物 挥发性有机物的测定 顶空/气相色谱-质谱法	HJ 642
		土壤和沉积物 挥发性卤代烃的测定 顶空/气相色谱-质谱法	HJ 736
		土壤和沉积物 挥发性有机物的测定 吹扫捕集/气相色谱-质谱法	HJ 605
		土壤和沉积物 挥发性卤代烃的测定 吹扫捕集/气相色谱-质谱法	HJ 735
		土壤和沉积物 挥发性有机物的测定 顶空/气相色谱法	HJ 741
13	1,1-二氯乙烯	土壤和沉积物 挥发性有机物的测定 顶空/气相色谱-质谱法	HJ 642
		土壤和沉积物 挥发性卤代烃的测定 顶空/气相色谱-质谱法	HJ 736
		土壤和沉积物 挥发性有机物的测定 吹扫捕集/气相色谱-质谱法	HJ 605
		土壤和沉积物 挥发性卤代烃的测定 吹扫捕集/气相色谱-质谱法	HJ 735
		土壤和沉积物 挥发性有机物的测定 顶空/气相色谱法	HJ 741
14	顺-1,2-二氯乙烯	土壤和沉积物 挥发性有机物的测定 顶空/气相色谱-质谱法	HJ 642
		土壤和沉积物 挥发性卤代烃的测定 顶空/气相色谱-质谱法	HJ 736
		土壤和沉积物 挥发性有机物的测定 吹扫捕集/气相色谱-质谱法	HJ 605
		土壤和沉积物 挥发性卤代烃的测定 吹扫捕集/气相色谱-质谱法	HJ 735
		土壤和沉积物 挥发性有机物的测定 顶空/气相色谱法	HJ 741

续表

序号	污染物项目	分析方法	标准编号
15	反-1,2-二氯乙烯	土壤和沉积物 挥发性有机物的测定 顶空/气相色谱-质谱法	HJ 642
		土壤和沉积物 挥发性卤代烃的测定 顶空/气相色谱-质谱法	HJ 736
		土壤和沉积物 挥发性有机物的测定 吹扫捕集/气相色谱-质谱法	HJ 605
		土壤和沉积物 挥发性卤代烃的测定 吹扫捕集/气相色谱-质谱法	HJ 735
		土壤和沉积物 挥发性有机物的测定 顶空/气相色谱法	HJ 741
16	二氯甲烷	土壤和沉积物 挥发性有机物的测定 顶空/气相色谱-质谱法	HJ 642
		土壤和沉积物 挥发性卤代烃的测定 顶空/气相色谱-质谱法	HJ 736
		土壤和沉积物 挥发性有机物的测定 吹扫捕集/气相色谱-质谱法	HJ 605
		土壤和沉积物 挥发性卤代烃的测定 吹扫捕集/气相色谱-质谱法	HJ 735
		土壤和沉积物 挥发性有机物的测定 顶空/气相色谱法	HJ 741
17	1,2-二氯丙烷	土壤和沉积物 挥发性有机物的测定 顶空/气相色谱-质谱法	HJ 642
		土壤和沉积物 挥发性卤代烃的测定 顶空/气相色谱-质谱法	HJ 736
		土壤和沉积物 挥发性有机物的测定 吹扫捕集/气相色谱-质谱法	HJ 605
		土壤和沉积物 挥发性卤代烃的测定 吹扫捕集/气相色谱-质谱法	HJ 735
		土壤和沉积物 挥发性有机物的测定 顶空/气相色谱法	HJ 741
18	1,1,1,2-四氯乙烷	土壤和沉积物 挥发性有机物的测定 顶空/气相色谱-质谱法	HJ 642
		土壤和沉积物 挥发性卤代烃的测定 顶空/气相色谱-质谱法	HJ 736
		土壤和沉积物 挥发性有机物的测定 吹扫捕集/气相色谱-质谱法	HJ 605
		土壤和沉积物 挥发性卤代烃的测定 吹扫捕集/气相色谱-质谱法	HJ 735
		土壤和沉积物 挥发性有机物的测定 顶空/气相色谱法	HJ 741
19	1,1,2,2-四氯乙烷	土壤和沉积物 挥发性有机物的测定 顶空/气相色谱-质谱法	HJ 642
		土壤和沉积物 挥发性卤代烃的测定 顶空/气相色谱-质谱法	HJ 736
		土壤和沉积物 挥发性有机物的测定 吹扫捕集/气相色谱-质谱法	HJ 605
		土壤和沉积物 挥发性卤代烃的测定 吹扫捕集/气相色谱-质谱法	HJ 735
		土壤和沉积物 挥发性有机物的测定 顶空/气相色谱法	HJ 741
20	四氯乙烯	土壤和沉积物 挥发性有机物的测定 顶空/气相色谱-质谱法	HJ 642
		土壤和沉积物 挥发性卤代烃的测定 顶空/气相色谱-质谱法	HJ 736
		土壤和沉积物 挥发性有机物的测定 吹扫捕集/气相色谱-质谱法	HJ 605
		土壤和沉积物 挥发性卤代烃的测定 吹扫捕集/气相色谱-质谱法	HJ 735
		土壤和沉积物 挥发性有机物的测定 顶空/气相色谱法	HJ 741
21	1,1,1-三氯乙烷	土壤和沉积物 挥发性有机物的测定 顶空/气相色谱-质谱法	HJ 642
		土壤和沉积物 挥发性卤代烃的测定 顶空/气相色谱-质谱法	HJ 736
		土壤和沉积物 挥发性有机物的测定 吹扫捕集/气相色谱-质谱法	HJ 605
		土壤和沉积物 挥发性卤代烃的测定 吹扫捕集/气相色谱-质谱法	HJ 735
		土壤和沉积物 挥发性有机物的测定 顶空/气相色谱法	HJ 741
22	1,1,2-三氯乙烷	土壤和沉积物 挥发性有机物的测定 顶空/气相色谱-质谱法	HJ 642
		土壤和沉积物 挥发性卤代烃的测定 顶空/气相色谱-质谱法	HJ 736

续表

序号	污染物项目	分析方法	标准编号
22	1,1,2-三氯乙烷	土壤和沉积物 挥发性有机物的测定 吹扫捕集/气相色谱-质谱法	HJ 605
22	1,1,2-三氯乙烷	土壤和沉积物 挥发性卤代烃的测定 吹扫捕集/气相色谱-质谱法	HJ 735
22	1,1,2-三氯乙烷	土壤和沉积物 挥发性有机物的测定 顶空/气相色谱法	HJ 741
23	三氯乙烯	土壤和沉积物 挥发性有机物的测定 顶空/气相色谱-质谱法	HJ 642
23	三氯乙烯	土壤和沉积物 挥发性卤代烃的测定 顶空/气相色谱-质谱法	HJ 736
23	三氯乙烯	土壤和沉积物 挥发性有机物的测定 吹扫捕集/气相色谱-质谱法	HJ 605
23	三氯乙烯	土壤和沉积物 挥发性卤代烃的测定 吹扫捕集/气相色谱-质谱法	HJ 735
23	三氯乙烯	土壤和沉积物 挥发性有机物的测定 顶空/气相色谱法	HJ 741
24	1,2,3-三氯丙烷	土壤和沉积物 挥发性有机物的测定 顶空/气相色谱-质谱法	HJ 642
24	1,2,3-三氯丙烷	土壤和沉积物 挥发性卤代烃的测定 顶空/气相色谱-质谱法	HJ 736
24	1,2,3-三氯丙烷	土壤和沉积物 挥发性有机物的测定 吹扫捕集/气相色谱-质谱法	HJ 605
24	1,2,3-三氯丙烷	土壤和沉积物 挥发性卤代烃的测定 吹扫捕集/气相色谱-质谱法	HJ 735
24	1,2,3-三氯丙烷	土壤和沉积物 挥发性有机物的测定 顶空/气相色谱法	HJ 741
25	氯乙烯	土壤和沉积物 挥发性有机物的测定 顶空/气相色谱-质谱法	HJ 642
25	氯乙烯	土壤和沉积物 挥发性卤代烃的测定 顶空/气相色谱-质谱法	HJ 736
25	氯乙烯	土壤和沉积物 挥发性有机物的测定 吹扫捕集/气相色谱-质谱法	HJ 605
25	氯乙烯	土壤和沉积物 挥发性卤代烃的测定 吹扫捕集/气相色谱-质谱法	HJ 735
25	氯乙烯	土壤和沉积物 挥发性有机物的测定 顶空/气相色谱法	HJ 741
26	苯	土壤和沉积物 挥发性有机物的测定 顶空/气相色谱-质谱法	HJ 642
26	苯	土壤和沉积物 挥发性有机物的测定 吹扫捕集/气相色谱-质谱法	HJ 605
26	苯	土壤和沉积物 挥发性有机物的测定 顶空/气相色谱法	HJ 741
26	苯	土壤和沉积物 挥发性芳香烃的测定 顶空/气相色谱法	HJ 742
27	氯苯	土壤和沉积物 挥发性有机物的测定 顶空/气相色谱-质谱法	HJ 642
27	氯苯	土壤和沉积物 挥发性有机物的测定 吹扫捕集/气相色谱-质谱法	HJ 605
27	氯苯	土壤和沉积物 挥发性有机物的测定 顶空/气相色谱法	HJ 741
27	氯苯	土壤和沉积物 挥发性芳香烃的测定 顶空/气相色谱法	HJ 742
28	1,2-二氯苯	土壤和沉积物 挥发性有机物的测定 顶空/气相色谱-质谱法	HJ 642
28	1,2-二氯苯	土壤和沉积物 挥发性有机物的测定 吹扫捕集/气相色谱-质谱法	HJ 605
28	1,2-二氯苯	土壤和沉积物 半挥发性有机物的测定 气相色谱-质谱法	HJ 834
28	1,2-二氯苯	土壤和沉积物 挥发性有机物的测定 顶空/气相色谱法	HJ 741
28	1,2-二氯苯	土壤和沉积物 挥发性芳香烃的测定 顶空/气相色谱法	HJ 742
29	1,4-二氯苯	土壤和沉积物 挥发性有机物的测定 顶空/气相色谱-质谱法	HJ 642
29	1,4-二氯苯	土壤和沉积物 挥发性有机物的测定 吹扫捕集/气相色谱-质谱法	HJ 605
29	1,4-二氯苯	土壤和沉积物 半挥发性有机物的测定 气相色谱-质谱法	HJ 834
29	1,4-二氯苯	土壤和沉积物 挥发性有机物的测定 顶空/气相色谱法	HJ 741
29	1,4-二氯苯	土壤和沉积物 挥发性芳香烃的测定 顶空/气相色谱法	HJ 742
30	乙苯	土壤和沉积物 挥发性有机物的测定 顶空/气相色谱-质谱法	HJ 642
30	乙苯	土壤和沉积物 挥发性有机物的测定 吹扫捕集/气相色谱-质谱法	HJ 605

续表

序号	污染物项目	分析方法	标准编号
30	乙苯	土壤和沉积物 挥发性有机物的测定 顶空/气相色谱法	HJ 741
		土壤和沉积物 挥发性芳香烃的测定 顶空/气相色谱法	HJ 742
31	苯乙烯	土壤和沉积物 挥发性有机物的测定 顶空/气相色谱-质谱法	HJ 642
		土壤和沉积物 挥发性有机物的测定 吹扫捕集/气相色谱-质谱法	HJ 605
		土壤和沉积物 挥发性有机物的测定 顶空/气相色谱法	HJ 741
		土壤和沉积物 挥发性芳香烃的测定 顶空/气相色谱法	HJ 742
32	甲苯	土壤和沉积物 挥发性有机物的测定 顶空/气相色谱-质谱法	HJ 642
		土壤和沉积物 挥发性有机物的测定 吹扫捕集/气相色谱-质谱法	HJ 605
		土壤和沉积物 挥发性有机物的测定 顶空/气相色谱法	HJ 741
		土壤和沉积物 挥发性芳香烃的测定 顶空/气相色谱法	HJ 742
33	间二甲苯+对二甲苯	土壤和沉积物 挥发性有机物的测定 顶空/气相色谱-质谱法	HJ 642
		土壤和沉积物 挥发性有机物的测定 吹扫捕集/气相色谱-质谱法	HJ 605
		土壤和沉积物 挥发性有机物的测定 顶空/气相色谱法	HJ 741
		土壤和沉积物 挥发性芳香烃的测定 顶空/气相色谱法	HJ 742
34	邻二甲苯	土壤和沉积物 挥发性有机物的测定 顶空/气相色谱-质谱法	HJ 642
		土壤和沉积物 挥发性有机物的测定 吹扫捕集/气相色谱-质谱法	HJ 605
		土壤和沉积物 挥发性有机物的测定 顶空/气相色谱法	HJ 741
		土壤和沉积物 挥发性芳香烃的测定 顶空/气相色谱法	HJ 742
35	硝基苯	土壤和沉积物 半挥发性有机物的测定 气相色谱-质谱法	HJ 834
36	苯胺	土壤和沉积物 苯胺类和联苯胺类的测定 液相色谱-质谱法	—
		土壤和沉积物 半挥发性有机物的测定 气相色谱-质谱法	HJ 834
37	2-氯酚	土壤和沉积物 半挥发性有机物的测定 气相色谱-质谱法	HJ 834
		土壤和沉积物 酚类化合物的测定 气相色谱法	HJ 703
38	苯并[*a*]蒽	土壤和沉积物 多环芳烃的测定 高效液相色谱法	HJ 784
		土壤和沉积物 多环芳烃的测定 气相色谱-质谱法	HJ 805
		土壤和沉积物 半挥发性有机物的测定 气相色谱-质谱法	HJ 834
39	苯并[*a*]芘	土壤和沉积物 多环芳烃的测定 气相色谱-质谱法	HJ 805
		土壤和沉积物 多环芳烃的测定 高效液相色谱法	HJ 784
		土壤和沉积物 半挥发性有机物的测定 气相色谱-质谱法	HJ 834
40	苯并[*b*]荧蒽	土壤和沉积物 多环芳烃的测定 气相色谱-质谱法	HJ 805
		土壤和沉积物 多环芳烃的测定 高效液相色谱法	HJ 784
		土壤和沉积物 半挥发性有机物的测定 气相色谱-质谱法	HJ 834
41	苯并[*k*]荧蒽	土壤和沉积物 多环芳烃的测定 气相色谱-质谱法	HJ 805
		土壤和沉积物 多环芳烃的测定 高效液相色谱法	HJ 784
		土壤和沉积物 半挥发性有机物的测定 气相色谱-质谱法	HJ 834
42	䓛	土壤和沉积物 多环芳烃的测定 气相色谱-质谱法	HJ 805
		土壤和沉积物 多环芳烃的测定 高效液相色谱法	HJ 784
		土壤和沉积物 半挥发性有机物的测定 气相色谱-质谱法	HJ 834

续表

序号	污染物项目	分析方法	标准编号
43	二苯并[a,h]蒽	土壤和沉积物 多环芳烃的测定 气相色谱-质谱法	HJ 805
		土壤和沉积物 多环芳烃的测定 高效液相色谱法	HJ 784
		土壤和沉积物 半挥发性有机物的测定 气相色谱-质谱法	HJ 834
44	茚并[1,2,3-cd]芘	土壤和沉积物 多环芳烃的测定 气相色谱-质谱法	HJ 805
		土壤和沉积物 多环芳烃的测定 高效液相色谱法	HJ 784
		土壤和沉积物 半挥发性有机物的测定 气相色谱-质谱法	HJ 834
45	萘	土壤和沉积物 多环芳烃的测定 气相色谱-质谱法	HJ 805
		土壤和沉积物 挥发性有机物的测定 吹扫捕集/气相色谱-质谱法	HJ 605
		土壤和沉积物 挥发性有机物的测定 顶空/气相色谱法	HJ 741
		土壤和沉积物 半挥发性有机物的测定 气相色谱-质谱法	HJ 834
46	锑	土壤和沉积物 汞、砷、硒、铋、锑的测定 微波消解/原子荧光法	HJ 680
		土壤和沉积物 12 种金属元素的测定 王水提取-电感耦合等离子体质谱法	HJ 803
47	铍	土壤和沉积物 铍的测定 石墨炉原子吸收分光光度法	HJ 737
48	钴	土壤和沉积物 12 种金属元素的测定 王水提取-电感耦合等离子体质谱法	HJ 803
		土壤和沉积物 无机元素的测定 波长色散 X 射线荧光光谱法	HJ 780
49	甲基汞	土壤和沉积物 烷基汞的测定 吹扫捕集/气相色谱原子荧光法	—
50	钒	土壤和沉积物 12 种金属元素的测定 王水提取-电感耦合等离子体质谱法	HJ 803
		土壤和沉积物 无机元素的测定 波长色散 X 射线荧光光谱法	HJ 780
51	氰化物	土壤 氰化物和总氰化物的测定 分光光度法	HJ 745
52	一溴二氯甲烷	土壤和沉积物 挥发性有机物的测定 顶空/气相色谱-质谱法	HJ 642
		土壤和沉积物 挥发性卤代烃的测定 顶空/气相色谱-质谱法	HJ 736
		土壤和沉积物 挥发性有机物的测定 吹扫捕集/气相色谱-质谱法	HJ 605
		土壤和沉积物 挥发性卤代烃的测定 吹扫捕集/气相色谱-质谱法	HJ 735
		土壤和沉积物 挥发性有机物的测定 顶空/气相色诺法	HJ 741
53	溴仿	土壤和沉积物 挥发性有机物的测定 顶空/气相色谱-质谱法	HJ 642
		土壤和沉积物 挥发性卤代烃的测定 顶空/气相色谱-质谱法	HJ 736
		土壤和沉积物 挥发性有机物的测定 吹扫捕集/气相色谱-质谱法	HJ 605
		土壤和沉积物 挥发性卤代烃的测定 吹扫捕集/气相色谱-质谱法	HJ 735
		土壤和沉积物 挥发性有机物的测定 顶空/气相色谱法	HJ 741
54	二溴氯甲烷	土壤和沉积物 挥发性有机物的测定 顶空/气相色谱-质谱法	HJ 642
		土壤和沉积物 挥发性卤代烃的测定 顶空/气相色谱-质谱法	HJ 736
		土壤和沉积物 挥发性有机物的测定 吹扫捕集/气相色谱-质谱法	HJ 605
		土壤和沉积物 挥发性卤代烃的测定 吹扫捕集/气相色谱-质谱法	HJ 735
		土壤和沉积物 挥发性有机物的测定 顶空/气相色谱法	HJ 741
55	1,2-二溴乙烷	土壤和沉积物 挥发性有机物的测定 顶空/气相色谱-质谱法	HJ 642
		土壤和沉积物 挥发性卤代烃的测定 顶空/气相色谱-质谱法	HJ 736
		土壤和沉积物 挥发性有机物的测定 吹扫捕集/气相色谱-质谱法	HJ 605

续表

序号	污染物项目	分析方法	标准编号
55	1,2-二溴乙烷	土壤和沉积物 挥发性卤代烃的测定 吹扫捕集/气相色谱-质谱法	HJ 735
		土壤和沉积物 挥发性有机物的测定 顶空/气相色谱法	HJ 741
56	六氯环戊二烯	土壤和沉积物 半挥发性有机物的测定 气相色谱-质谱法	HJ 834
57	2,4-二硝基甲苯	土壤和沉积物 半挥发性有机物的测定 气相色谱-质谱法	HJ 834
58	2,4-二氯酚	土壤和沉积物 半挥发性有机物的测定 气相色谱-质谱法	HJ 834
		土壤和沉积物 酚类化合物的测定 气相色谱法	HJ 703
59	2,4,6-三氯酚	土壤和沉积物 半挥发性有机物的测定 气相色谱-质谱法	HJ 834
		土壤和沉积物 酚类化合物的测定 气相色谱法	HJ 703
60	2,4-二硝基酚	土壤和沉积物 半挥发性有机物的测定 气相色谱-质谱法	HJ 834
		土壤和沉积物 酚类化合物的测定 气相色谱法	HJ 703
61	五氯酚	土壤和沉积物 半挥发性有机物的测定 气相色谱-质谱法	HJ 834
		土壤和沉积物 酚类化合物的测定 气相色谱法	HJ 703
62	邻苯二甲酸二(2-乙基己基)酯	土壤和沉积物 半挥发性有机物的测定 气相色谱-质谱法	HJ 834
63	邻苯二甲酸丁基苄酯	土壤和沉积物 半挥发性有机物的测定 气相色谱-质谱法	HJ 834
64	邻苯二甲酸二正辛酯	土壤和沉积物 半挥发性有机物的测定 气相色谱-质谱法	HJ 834
65	3,3′-二氯联苯胺	土壤和沉积物 苯胺类和联苯胺类的测定 液相色谱-质谱法	—
		土壤和沉积物 半挥发性有机物的测定 气相色谱-质谱法	HJ 834
66	阿特拉津	土壤和沉积物 阿特拉津和西玛津的测定 液相色谱法	—
67	氯丹	土壤和沉积物 有机氯农药的测定 气相色谱-质谱法	HJ 835
		土壤和沉积物 有机氯农药的测定 气相色谱法	HJ 921
68	p,p′-滴滴滴	土壤和沉积物 有机氯农药的测定 气相色谱-质谱法	HJ 835
		土壤和沉积物 有机氯农药的测定 气相色谱法	HJ 921
		土壤质量 六六六和滴滴涕的测定 气相色谱法	GB/T 14550
69	p,p′-滴滴伊	土壤和沉积物 有机氯农药的测定 气相色谱-质谱法	HJ 835
		土壤和沉积物 有机氯农药的测定 气相色谱法	HJ 921
		土壤质量 六六六和滴滴涕的测定 气相色谱法	GB/T 14550
70	滴滴涕	土壤和沉积物 有机氯农药的测定 气相色谱-质谱法	HJ 835
		土壤和沉积物 有机氯农药的测定 气相色谱法	HJ 921
		土壤质量 六六六和滴滴涕的测定 气相色谱法	GB/T 14550
71	敌敌畏	土壤和沉积物 杀虫剂 气相色谱法、气相色谱-质谱法或高效液相色谱法	—
72	乐果	土壤和沉积物 杀虫剂 气相色谱法、气相色谱-质谱法或高效液相色谱法	—
73	硫丹	土壤和沉积物 有机氯农药的测定 气相色谱-质谱法	HJ 835
		土壤和沉积物 有机氯农药的测定 气相色谱法	HJ 921

续表

序号	污染物项目	分析方法	标准编号
74	七氯	土壤和沉积物 有机氯农药的测定 气相色谱-质谱法	HJ 835
75	α-六六六	土壤和沉积物 有机氯农药的测定 气相色谱-质谱法	HJ 835
		土壤和沉积物 有机氯农药的测定 气相色谱法	HJ 921
		土壤质量 六六六和滴滴涕的测定 气相色谱法	GB/T 14550
76	β-六六六	土壤和沉积物 有机氯农药的测定 气相色谱-质谱法	HJ 835
		土壤和沉积物 有机氯农药的测定 气相色谱法	HJ 921
		土壤质量 六六六和滴滴涕的测定 气相色谱法	GB/T 14550
77	γ-六六六	土壤和沉积物 有机氯农药的测定 气相色谱-质谱法	HJ 835
		土壤和沉积物 有机氯农药的测定 气相色谱法	HJ 921
		土壤质量 六六六和滴滴涕的测定 气相色谱法	GB/T 14550
78	六氯苯	土壤和沉积物 有机氯农药的测定 气相色谱-质谱法	HJ 835
		土壤和沉积物 有机氯农药的测定 气相色谱法	HJ 921
79	灭蚁灵	土壤和沉积物 有机氯农药的测定 气相色谱-质谱法	HJ 835
		土壤和沉积物 有机氯农药的测定 气相色谱法	HJ 921
80	多氯联苯（总量）	土壤和沉积物 多氯联苯的测定 气相色谱-质谱法	HJ 743
		土壤和沉积物 多氯联苯的测定 气相色谱法	HJ 922
81	3,3′,4,4′,5-五氯联苯（PCB 126）	土壤和沉积物 多氯联苯的测定 气相色谱-质谱法	HJ 743
		土壤和沉积物 多氯联苯的测定 气相色谱法	HJ 922
82	3,3′,4,4′,5,5′-六氯联苯（PCB 169）	土壤和沉积物 多氯联苯的测定 气相色谱-质谱法	HJ 743
		土壤和沉积物 多氯联苯的测定 气相色谱法	HJ 922
83	二噁英（总毒性当量）	土壤和沉积物 二噁英类的测定 同位素稀释高分辨气相色谱-高分辨质谱法	HJ 77.4
84	多溴联苯（总量）	土壤和沉积物 多溴联苯的测定 气相色谱-质谱法	—
85	石油烃（C_{10}-C_{40}）	土壤和沉积物 总石油烃的测定 气相色谱法	—

7 实施与监督

7.1 本标准由各级生态环境主管部门及其他相关主管部门监督实施。

附录 A
（资料性附录）
砷、钴和钒的土壤环境背景值

表 A.1 各主要类型土壤中砷的背景值

土壤类型	砷背景值/(mg/kg)
绵土、篓土、黑垆土、黑土、白浆土、黑钙土、潮土、绿洲土、砖红壤、褐土、灰褐土、暗棕壤、棕色针叶林土、灰色森林土、棕钙土、灰钙土、灰漠土、灰棕漠土、棕漠土、草甸土、磷质石灰土、紫色土、风沙土、碱土	20

续表

土壤类型	砷背景值/(mg/kg)
水稻土、红壤、黄壤、黄棕壤、棕壤、栗钙土、沼泽土、盐土、黑毡土、草毡土、巴嘎土、莎嘎土、高山漠土、寒漠土	40
赤红壤、燥红土、石灰(岩)土	60

表 A.2　各主要类型土壤中钴的背景值

土壤类型	钴背景值/(mg/kg)
白浆土、潮土、赤红壤、风沙土、高山漠土、寒漠土、黑垆土、黑土、灰钙土、灰色森林土、碱土、栗钙土、磷质石灰土、𪫉土、绵土、莎嘎土、盐土、棕钙土	20
暗棕壤、巴嘎土、草甸土、草毡土、褐土、黑钙土、黑毡土、红壤、黄壤、黄棕壤、灰褐土、灰漠土、灰棕漠土、绿洲土、水稻土、燥红土、沼泽土、紫色土、棕漠土、棕壤、棕色针叶林土	40
石灰(岩)土、砖红壤	70

表 A.3　各主要类型土壤中钒的背景值

土壤类型	钒背景值/(mg/kg)
磷质石灰土	10
风沙土、灰钙土、灰漠土、棕漠土、𪫉土、黑垆土、灰色森林土、高山漠土、棕钙土、灰棕漠土、绿洲土、棕色针叶林土、栗钙土、灰褐土、沼泽土	100
莎嘎土、黑土、绵土、黑钙土、草甸土、草毡土、盐土、潮土、暗棕壤、褐土、巴嘎土、黑毡土、白浆土、水稻土、紫色土、棕壤、寒漠土、黄棕壤、碱土、燥红土、赤红壤	200
红壤、黄壤、砖红壤、石灰(岩)土	300

附录四　土壤环境监测技术规范（HJ/T 166—2004）

土壤环境监测技术规范
(HJ/T 166—2004)

1　范围

本规范规定了土壤环境监测的布点采样、样品制备、分析方法、结果表征、资料统计和质量评价等技术内容。

本规范适用于全国区域土壤背景、农田土壤环境、建设项目土壤环境评价、土壤污染事故等类型的监测。

2　引用标准

下列标准所包含的条文，通过本规范中引用而构成本规范的条文。本规范出版时，所示版本均为有效。所有标准都会被修订，使用本标准的各方应探讨使用下列标准最新版本的可能性。

GB 6266 土壤中氧化稀土总量的测定 对马尿酸偶氮氯膦分光光度法

GB 7859 森林土壤 pH 测定

GB 8170 数值修约规则

GB 10111 利用随机数骰子进行随机抽样的办法

GB 13198 六种特定多环芳烃测定 高效液相色谱法

GB 15618 土壤环境质量标准

GB/T 1.1 标准化工作导则 第一部分：标准的结构和编写规则

GB/T 14550 土壤质量 六六六和滴滴涕的测定 气相色谱法

GB/T 17134 土壤质量 总砷的测定 二乙基二硫代氨基甲酸银分光光度法

GB/T 17135 土壤质量 总砷的测定 硼氢化钾-硝酸银分光光度法

GB/T 17136 土壤质量 总汞的测定 冷原子吸收分光光度法

GB/T 17137 土壤质量 总铬的测定 火焰原子吸收分光光度法

GB/T 17138 土壤质量 铜、锌的测定 火焰原子吸收分光光度法

GB/T 17140 土壤质量 铅、镉的测定 KI-MIBK 萃取火焰原子吸收分光光度法

GB/T 17141 土壤质量 铅、镉的测定 石墨炉原子吸收分光光度法

JJF 1059 测量不确定度评定和表示

NY/T 395 农田土壤环境质量监测技术规范

3 术语和定义

本规范采用下列术语和定义：

3.1 土壤 soil

连续覆被于地球陆地表面具有肥力的疏松物质，是随着气候、生物、母质、地形和时间因素变化而变化的历史自然体。

3.2 土壤环境 soil environment

地球环境由岩石圈、水圈、土壤圈、生物圈和大气圈构成，土壤位于该系统的中心，既是各圈层相互作用的产物，又是各圈层物质循环与能量交换的枢纽。受自然和人为作用，内在或外显的土壤状况称之为土壤环境。

3.3 土壤背景 soil back ground

区域内很少受人类活动影响和不受或未明显受现代工业污染与破坏的情况下，土壤原来固有的化学组成和元素含量水平。但实际上目前已经很难找到不受人类活动和污染影响的土壤，只能去找影响尽可能少的土壤。不同自然条件下发育的不同土类或同一种土类发育于不同的母质母岩区，其土壤环境背景值也有明显差异；就是同一地点采集的样品，分析结果也不可能完全相同，因此土壤环境背景值是统计性的。

3.4 农田土壤 soil in farmland

用于种植各种粮食作物、蔬菜、水果、纤维和糖料作物、油料作物及农区森林、花卉、药材、草料等作物的农业用地土壤。

3.5 监测单元 monitoring unit

按地形—成土母质—土壤类型—环境影响划分的监测区域范围。

3.6 土壤采样点 soil sampling point

监测单元内实施监测采样的地点。

3.7 土壤剖面 soil profile

按土壤特征，将表土竖直向下的土壤平面划分成的不同层面的取样区域，在各层中部位多点取样，等量混匀。或根据研究的目的采取不同层的土壤样品。

3.8 土壤混合样 soil mixture sample

在农田耕作层采集若干点的等量耕作层土壤并经混合均匀后的土壤样品，组成混合样的分点数要在 5～20 个。

3.9 监测类型 monitoring type

根据土壤监测目的，土壤环境监测有 4 种主要类型：区域土壤环境背景监测、农田土壤环境质量监测、建设项目土壤环境评价监测和土壤污染事故监测。

4 采样准备

4.1 组织准备

由具有野外调查经验且掌握土壤采样技术规程的专业技术人员组成采样组，采样前组织学习有关技术文件，了解监测技术规范。

4.2 资料收集

收集包括监测区域的交通图、土壤图、地质图、大比例尺地形图等资料，供制作采样工作图和标注采样点位用。

收集包括监测区域土类、成土母质等土壤信息资料。

收集工程建设或生产过程对土壤造成影响的环境研究资料。

收集造成土壤污染事故的主要污染物的毒性、稳定性以及如何消除等资料。

收集土壤历史资料和相应的法律（法规）。

收集监测区域工农业生产及排污、污灌、化肥农药施用情况资料。

收集监测区域气候资料（温度、降水量和蒸发量）、水文资料。

收集监测区域遥感与土壤利用及其演变过程方面的资料等。

4.3 现场调查

现场踏勘，将调查得到的信息进行整理和利用，丰富采样工作图的内容。

4.4 采样器具准备

4.4.1 工具类：铁锹、铁铲、圆状取土钻、螺旋取土钻、竹片以及适合特殊采样要求的工具等。

4.4.2 器材类：GPS、罗盘、照相机、胶卷、卷尺、铝盒、样品袋、样品箱等。

4.4.3 文具类：样品标签、采样记录表、铅笔、资料夹等。

4.4.4 安全防护用品：工作服、工作鞋、安全帽、药品箱等。

4.4.5 采样用车辆

4.5 监测项目与频次

监测项目分常规项目、特定项目和选测项目；监测频次与其相应。

常规项目：原则上为 GB 15618《土壤环境质量标准》中所要求控制的污染物。

特定项目：GB 15618《土壤环境质量标准》中未要求控制的污染物，但根据当地环境污染状况，确认在土壤中积累较多、对环境危害较大、影响范围广、毒性较强的污染物，或者污染事故对土壤环境造成严重不良影响的物质，具体项目由各地自行确定。

选测项目：一般包括新纳入的在土壤中积累较少的污染物、由于环境污染导致土壤性状发生改变的土壤性状指标以及生态环境指标等，由各地自行选择测定。

土壤监测项目与监测频次见表 4-1。监测频次原则上按表 4-1 执行，常规项目可按当地实际适当降低监测频次，但不可低于 5 年一次，选测项目可按当地实际适当提高监测频次。

表 4-1 土壤监测项目与监测频次

项目类别		监测项目	监测频次
常规项目	基本项目	pH、阳离子交换量	每 3 年一次 农田在夏收或秋收后采样
	重点项目	镉、铬、汞、砷、铅、铜、锌、镍、六六六、滴滴涕	
特定项目(污染事故)		特征项目	及时采样，根据污染物变化趋势决定监测频次
选测项目	影响产量项目	全盐量、硼、氟、氮、磷、钾等	每 3 年监测一次 农田在夏收或秋收后采样
	污水灌溉项目	氰化物、六价铬、挥发酚、烷基汞、苯并[a]芘、有机质、硫化物、石油类等	
	POPs 与高毒类农药	苯、挥发性卤代烃、有机磷农药、PCB、PAH 等	
	其他项目	结合态铝(酸雨区)、硒、钒、氧化稀土总量、钼、铁、锰、镁、钙、钠、铝、硅、放射性比活度等	

5 布点与样品数容量

5.1 “随机”和“等量”原则

样品是由总体中随机采集的一些个体所组成，个体之间存在变异，因此样品与总体之间，既存在同质的“亲缘”关系，样品可作为总体的代表，但同时也存在着一定程度的异质性的，差异愈小，样品的代表性愈好；反之亦然。为了达到采集的监测样品具有好的代表性，必须避免一切主观因素，使组成总体的个体有同样的机会被选入样品，即组成样品的个体应当是随机地取自总体。另一方面，在一组需要相互之间进行比较的样品应当有同样的个体组成，否则样本大的个体所组成的样品，其代表性会大于样本少的个体组成的样品。所以“随机”和“等量”是决定样品具有同等代表性的重要条件。

5.2 布点方法

5.2.1 简单随机

将监测单元分成网格，每个网格编上号码，决定采样点样品数后，随机抽取规定的样品数的样品，其样本号码对应的网格号，即为采样点。随机数的获得可以利用掷骰子、抽签、查随机数表的方法。关于随机数骰子的使用方法可见 GB 10111《利用随机数骰子进行随机抽样的办法》。简单随机布点是一种完全不带主观限制条件的布点方法。

5.2.2 分块随机

根据收集的资料，如果监测区域内的土壤有明显的几种类型，则可将区域分成几块，每块内污染物较均匀，块间的差异较明显。将每块作为一个监测单元，在每个监测单元内再随机布点。在正确分块的前提下，分块布点的代表性比简单随机布点好，如果分块不正确，分块布点的效果可能会适得其反。

5.2.3 系统随机

将监测区域分成面积相等的几部分（网格划分），每网格内布设一采样点，这种布点称为系统随机布点。如果区域内土壤污染物含量变化较大，系统随机布点比简单随机布点所采样品的代表性要好。

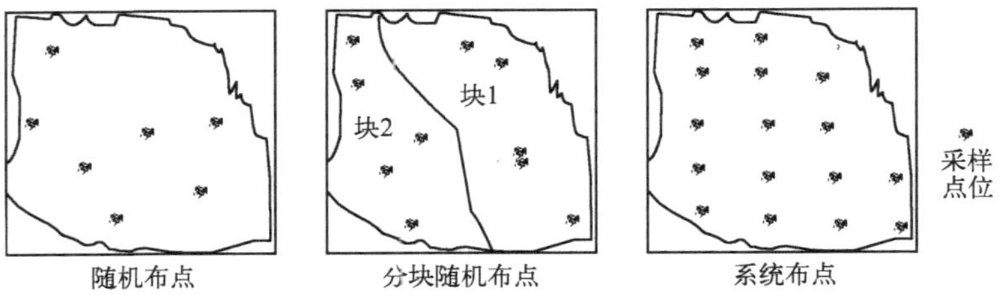

图 5-1 布点方式示意图

5.3 基础样品数量

5.3.1 由均方差和绝对偏差计算样品数

用下列公式可计算所需的样品数：

$$N=\frac{t^2s^2}{D^2}$$

式中，N 为样品数；t 为选定置信水平（土壤环境监测一般选定为 95%）一定自由度下的 t 值（附录 A）；s^2 为均方差，可从先前的其他研究或者从极差 R [$s^2=(R/4)^2$] 估计；D 为可接受的绝对偏差。

示例：

某地土壤多氯联苯(PCB)的浓度范围为 0～13mg/kg，若 95%置信度时，平均值与真值的绝对偏差为 1.5mg/kg，s 为 3.25mg/kg，初选自由度为 10，则

$$N=\frac{2.23^2 3.25^2}{1.5^2}=23$$

因为 23 比初选的 10 大得多，重新选择自由度查 t 值计算得：

$$N=\frac{2.069^2 3.25^2}{1.5^2}=20$$

20 个土壤样品数较大，原因是其土壤 PCB 含量分布不均匀（0～13mg/kg），要降低采样的样品数，就得牺牲监测结果的置信度（如从 95%降低到 90%），或放宽监测结果的置信距（如从 1.5mg/kg 增加到 2.0mg/kg）。

5.3.2 由变异系数和相对偏差计算样品数

$N=\frac{t^2s^2}{D^2}$可变为：

$$N=\frac{t^2C_V^2}{m^2}$$

式中，N 为样品数；t 为选定置信水平（土壤环境监测一般选定为 95%）一定自由度下的 t 值（附录 A）；C_V 为变异系数（%），可从先前的其他研究资料中估计；m 为可接受的相对偏差（%），土壤环境监测一般限定为 20%～30%。

没有历史资料的地区、土壤变异程度不太大的地区，一般 C_V 可用 10%～30%粗略估计，有效磷和有效钾变异系数 C_V 可取 50%。

5.4 布点数量

土壤监测的布点数量要满足样本容量的基本要求，即上述由均方差和绝对偏差、变异系数和相对偏差计算样品数是样品数的下限数值，实际工作中土壤布点数量还要根据调查目的、调查精度和调查区域环境状况等因素确定。

一般要求每个监测单元最少设 3 个点。

区域土壤环境调查按调查的精度不同可从 2.5km、5km、10km、20km、40km 中选择网距网格布点，区域内的网格结点数即为土壤采样点数量。

农田采集混合样的样点数量见“6.2.3.2 混合样”。

建设项目采样点数量见“6.3 建设项目土壤环境评价监测采样”。

城市土壤采样点数量见“6.4 城市土壤采样”。

土壤污染事故采样点数量见“6.5 污染事故监测土壤采样”。

6 样品采集

样品采集一般按三个阶段进行：

前期采样：根据背景资料与现场考察结果，采集一定数量的样品分析测定，用于初步验证污染物空间分异性和判断土壤污染程度，为制定监测方案（选择布点方式和确定监测项目及样品数量）提供依据，前期采样可与现场调查同时进行。

正式采样：按照监测方案，实施现场采样。

补充采样：正式采样测试后，发现布设的样点没有满足总体设计需要，则要进行增设采样点补充采样。

面积较小的土壤污染调查和突发性土壤污染事故调查可直接采样。

6.1 区域环境背景土壤采样

6.1.1 采样单元

采样单元的划分，全国土壤环境背景值监测一般以土类为主，省、自治区、直辖市级的土壤环境背景值监测以土类和成土母质母岩类型为主，省级以下或条件许可或特别工作需要的土壤环境背景值监测可划分到亚类或土属。

6.1.2 样品数量

各采样单元中的样品数量应符合“5.3 基础样品数量”要求。

6.1.3 网格布点

网格间距 L 按下式计算：

$$L=(A/N)^{1/2}$$

式中，L 为网格间距；A 为采样单元面积；N 为采样点数（同“5.3 基础样品数量”）。

A 和 L 的量纲要相匹配，如 A 的单位是 km^2，则 L 的单位就为 km。根据实际情况可适当减小网格间距，适当调整网格的起始经纬度，避开过多网格落在道路或河流上，使样品更具代表性。

6.1.4 野外选点

首先采样点的自然景观应符合土壤环境背景值研究的要求。采样点选在被采土壤类型特征明显的地方，地形相对平坦、稳定、植被良好的地点；坡脚、洼地等具有从属景观特征的地点不设采样点；城镇、住宅、道路、沟渠、粪坑、坟墓附近等处人为干扰大，失去土壤的代表性，不宜设采样点，采样点离铁路、公路至少 300m 以上；采样点以剖面发育完整、层次较清楚、无侵入体为准，不在水土流失严重或表土被破坏处设采样点；选择不施或少施化肥、农药的地块作为采样点，以使样品点尽可能少受人为活动的影响；不在多种土类、多种母质母岩交错分布、面积较小的边缘地区布设采样点。

6.1.5 采样

采样点可采表层样或土壤剖面。一般监测采集表层土，采样深度 0～20cm，特殊要求的监测（土壤背景、环评、污染事故等）必要时选择部分采样点采集剖面样品。剖面的规格一般为长 1.5m，宽 0.8m，深 1.2m。挖掘土壤剖面要使观察面向阳，表土和底土分两侧放置。

一般每个剖面采集 A、B、C 三层土样。地下水位较高时，剖面挖至地下水出露时为止；山地丘陵土层较薄时，剖面挖至风化层。

对 B 层发育不完整（不发育）的山地土壤，只采 A、C 两层；

干旱地区剖面发育不完善的土壤，在表层 5～20cm、心土层 50cm、底土层 100cm 左右采样。

水稻土按照 A 耕作层、P 犁底层、C 母质层（或 G 潜育层、W 潴育层）分层采样（图 6-1），对 P 层太薄的剖面，只采 A、C 两层（或 A、G 层或 A、W 层）。

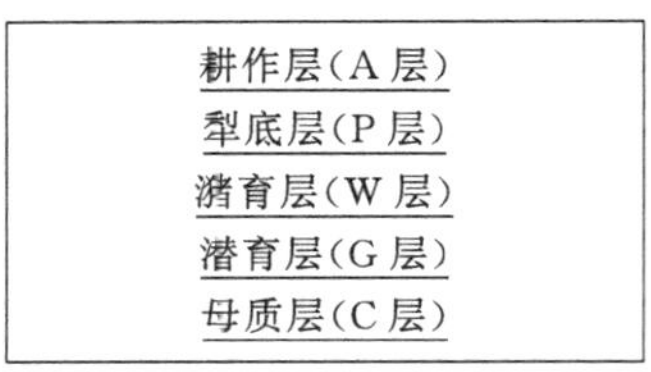

图 6-1 水稻土剖面示意图

对 A 层特别深厚，沉积层不甚发育，一米内见不到母质的土类剖面，按 A 层 5～20cm、A/B 层 60～90cm、B 层 100～200cm 采集土壤。草甸土和潮土一般在 A 层 5～20cm、C_1 层（或 B 层）50cm、C_2 层 100～120cm 处采样。

采样次序自下而上，先采剖面的底层样品，再采中层样品，最后采上层样品。测量重金属的样品尽量用竹片或竹刀去除与金属采样器接触的部分土壤，再用其取样。

剖面每层样品采集 1kg 左右，装入样品袋，样品袋一般由棉布缝制而成，如潮湿样品可内衬塑料袋（供无机化合物测定）或将样品置于玻璃瓶内（供有机化合物测定）。采样的同时，由专人填写样品标签、采样记录；标签一式两份，一份放入袋中，一份系在袋口，标签上标注采样时间、地点、样品编号、监测项目、采样深度和经纬度。采样结束，需逐项检查采样记录、样袋标签和土壤样品，如有缺项和错误，及时补齐更正。将底土和表土按原层回填到采样坑中，方可离开现场，并在采样示意图上标出采样地点，避免下次在相同处采集剖面样。

标签和采样记录格式见表 6-1、表 6-2 和图 6-2。

表 6-1 土壤样品标签样式

土壤样品标签
样品编号：
采用地点：
东经　　　　北纬
采样层次：
特征描述：
采样深度：
监测项目：
采样日期：
采样人员：

表 6-2 土壤现场记录表

<table>
<tr><td colspan="2">采用地点</td><td></td><td>东经</td><td></td><td>北纬</td><td></td></tr>
<tr><td colspan="2">样品编号</td><td></td><td colspan="3">采样日期</td><td></td></tr>
<tr><td colspan="2">样品类别</td><td></td><td colspan="3">采样人员</td><td></td></tr>
<tr><td colspan="2">采样层次</td><td></td><td colspan="3">采样深度/cm</td><td></td></tr>
<tr><td rowspan="3">样品描述</td><td>土壤颜色</td><td></td><td colspan="3">植物根系</td><td></td></tr>
<tr><td>土壤质地</td><td></td><td colspan="3">砂砾含量</td><td></td></tr>
<tr><td>土壤湿度</td><td></td><td colspan="3">其他异物</td><td></td></tr>
<tr><td colspan="2">采样点示意图</td><td></td><td colspan="3">自下而上植被描述</td><td></td></tr>
</table>

注 1：土壤颜色可采用门塞尔比色卡比色，也可按土壤颜色三角表进行描述。颜色描述可采用双名法，主色在后，副色在前，如黄棕、灰棕等。颜色深浅还可以冠以暗、淡等形容词，如浅棕、暗灰等。

注 2：土壤质地分为砂土、壤土（砂壤土、轻壤土、中壤土、重壤土）和黏土，野外估测方法为取小块土壤，加水潮润，然后揉搓，搓成细条并弯成直径为 2.5～3cm 的土环，据土环表现的性状确定质地。

砂土：不能搓成条；

砂壤土：只能搓成短条；

轻壤土：能搓直径为 3mm 的条，但易断裂；

中壤土：能搓成完整的细条，弯曲时容易断裂；

重壤土：能搓成完整的细条，弯曲成圆圈时容易断裂；

黏土：能搓成完整的细条，能弯曲成圆圈。

注 3：土壤湿度的野外估测，一般可分为五级：

干：土块放在手中，无潮润感觉；

潮：土块放在手中，有潮润感觉；

湿：手捏土块，在土团上塑有手印；

重潮：手捏土块时，在手指上留有湿印；

极潮：手捏土块时，有水流出。

注 4：植物根系含量的估计可分为五级：

无根系：在该土层中无任何根系；

少量：在该土层每 50cm^2 内少于 5 根；

中量：在该土层每 50cm^2 内有 5～15 根；

多量：该土层每 50cm^2 内多于 15 根；

根密集：在该土层中根系密集交织。

注 5：石砾含量以石砾量占该土层的体积百分数估计。

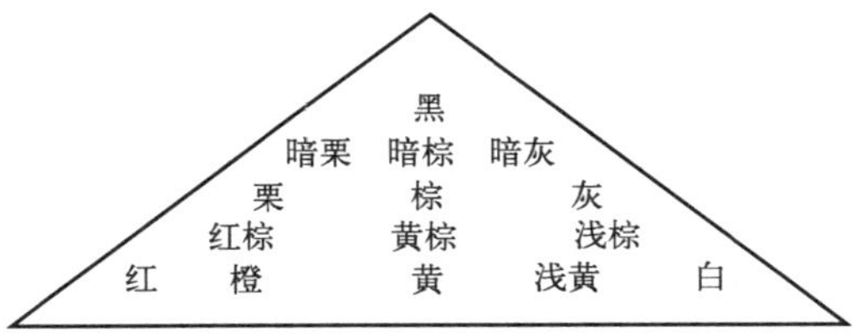

图 6-2　土壤颜色三角表

6.2　农田土壤采样

6.2.1　监测单元

土壤环境监测单元按土壤主要接纳污染物途径可划分为：

（1）大气污染型土壤监测单元；

（2）灌溉水污染监测单元；

（3）固体废物堆污染型土壤监测单元；

（4）农用固体废物污染型土壤监测单元；

（5）农用化学物质污染型土壤监测单元；

（6）综合污染型土壤监测单元（污染物主要来自上述两种以上途径）。

监测单元划分要参考土壤类型、农作物种类、耕作制度、商品生产基地、保护区类型、行政区划等要素的差异，同一单元的差别应尽可能地缩小。

6.2.2　布点

根据调查目的、调查精度和调查区域环境状况等因素确定监测单元。

部门专项农业产品生产土壤环境监测布点按其专项监测要求进行。

大气污染型土壤监测单元和固体废物堆污染型土壤监测单元以污染源为中心放射状布点，在主导风向和地表水的径流方向适当增加采样点（离污染源的距离远于其他点）；灌溉水污染监测单元、农用固体废物污染型土壤监测单元和农用化学物质污染型土壤监测单元采用均匀布点；灌溉水污染监测单元采用按水流方向带状布点，采样点自纳污口起由密渐疏；综合污染型土壤监测单元布点采用综合放射状、均匀、带状布点法。

6.2.3 样品采集

6.2.3.1 剖面样

特定的调查研究监测需了解污染物在土壤中的垂直分布时采集土壤剖面样，采样方法同6.1.5。

6.2.3.2 混合样

一般农田土壤环境监测采集耕作层土样，种植一般农作物采0～20cm，种植果林类农作物采0～60cm。为了保证样品的代表性，减低监测费用，采取采集混合样的方案。每个土壤单元设3～7个采样区，单个采样区可以是自然分割的一个田块，也可以由多个田块所构成，其范围以200m×200m左右为宜。每个采样区的样品为农田土壤混合样。混合样的采集主要有四种方法：

(1) 对角线法：适用于污灌农田土壤，对角线分5等份，以等分点为采样分点；

(2) 梅花点法：适用于面积较小，地势平坦，土壤组成和受污染程度相对比较均匀的地块，设分点5个左右；

(3) 棋盘式法：适宜中等面积、地势平坦、土壤不够均匀的地块，设分点10个左右；受污泥、垃圾等固体废物污染的土壤，分点应在20个以上；

(4) 蛇行法：适宜于面积较大、土壤不够均匀且地势不平坦的地块，设分点15个左右，多用于农业污染型土壤。各分点混匀后用四分法取1kg土样装入样品袋，多余部分弃去。样品标签和采样记录等要求同6.1.5。

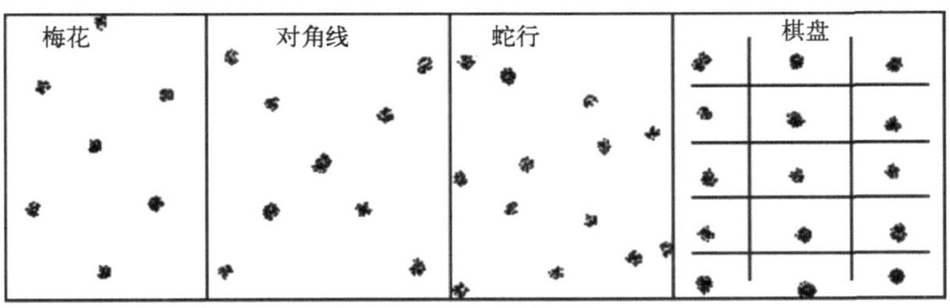

图6-3 混合土壤采样点布设示意图

6.3 建设项目土壤环境评价监测采样

每100公顷占地不少于5个且总数不少于5个采样点，其中小型建设项目设1个柱状样采样点，大中型建设项目不少于3个柱状样采样点，特大性建设项目或对土壤环境影响敏感的建设项目不少于5个柱状样采样点。

6.3.1 非机械干扰土

如果建设工程或生产没有翻动土层，表层土受污染的可能性最大，但不排除对中下层土壤的影响。生产或者将要生产导致的污染物，以工艺烟雾（尘）、污水、固体废物等形式污染周围土壤环境，采样点以污染源为中心放射状布设为主，在主导风向和地表水的径流方向适当增加采样点（离污染源的距离远于其他点）；以水污染型为主的土壤按水流方向带状布点，采样点自纳污口起由密渐疏；综合污染型土壤监测布点采用综合放射状、均匀、带状布点法。此类监测不采混合样，混合样虽然能降低监测费用，但损失了污染物空间分布的信息，不利于掌握工程及生产对土壤影响状况。

表层土样采集深度 0～20cm；每个柱状样取样深度都为 100cm，分取三个土样：表层样（0～20cm），中层样（20～60cm），深层样（60～100cm）。

6.3.2 机械干扰土

由于建设工程或生产中，土层受到翻动影响，污染物在土壤纵向分布不同于非机械干扰土。采样点布设同 6.3.1。各点取 1kg 装入样品袋，样品标签和采样记录等要求同 6.1.5。采样总深度由实际情况而定，一般同剖面样的采样深度，确定采样深度有 3 种方法可供参考。

6.3.2.1 随机深度采样

本方法适合土壤污染物水平方向变化不大的土壤监测单元，采样深度由下列公式计算：

$$深度=剖面土壤总深\times RN$$

式中，RN＝0～1 之间的随机数。RN 由随机数骰子法产生，GB 10111 推荐的随机数骰子是由均匀材料制成的正 20 面体，在 20 个面上，0～9 各数字都出现两次，使用时根据需产生的随机数的位数选取相应的骰子数，并规定好每种颜色的骰子各代表的位数。对于本规范用一个骰子，其出现的数字除以 10 即为 RN，当骰子出现的数为 0 时规定此时的 RN 为 1。

示例：

土壤剖面深度（H）1.2m，用一个骰子决定随机数。

若第一次掷骰子得随机数（n_1）6，则

$$RN_1=n_1/10=0.6$$

$$采样深度(H_1)=H\times RN_1=1.2\times 0.6=0.72(m)$$

即第一个点的采样深度离地面 0.72m；

若第二次掷骰子得随机数（n_2）3，则

$$RN_2=(n_2)/10=0.3$$

$$采样深度(H_2)=H\times RN_2=1.2\times 0.3=0.36(m)$$

即第二个点的采样深度离地面 0.36m；

若第三次掷骰子得随机数（n_3）8，同理可得第三个点的采样深度离地面 0.96m；

若第四次掷骰子得随机数（n_4）0，则

$RN_4=1$（规定当随机数为 0 时 RN 取 1）

$$采样深度(H_4)=H\times RN_4=1.2\times 1=1.2(m)$$

即第四个点的采样深度离地面 1.2m；

以此类推，直至决定所有点采样深度为止。

6.3.2.2 分层随机深度采样

本采样方法适合绝大多数的土壤采样，土壤纵向（深度）分成三层，每层采一样品，每层的采样深度由下列公式计算：

$$深度=每层土壤深\times RN$$

式中 RN＝0～1 之间的随机数，取值方法同 6.3.2.1 中的 RN 取值。

6.3.2.3 规定深度采样

本采样适合预采样（为初步了解土壤污染随深度的变化，制定土壤采样方案）和挥发性有机物的监测采样，表层多采，中下层等间距采样。

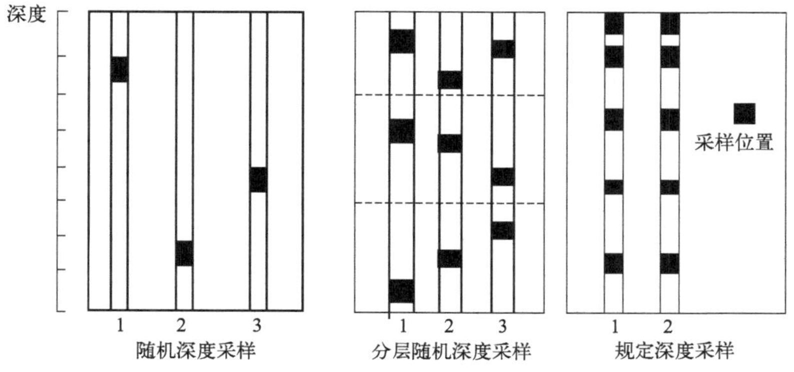

图 6-4 机械干扰土采样方式示意图

6.4 城市土壤采样

城市土壤是城市生态的重要组成部分，虽然城市土壤不用于农业生产，但其环境质量对城市生态系统影响极大。城区内大部分土壤被道路和建筑物覆盖，只有小部分土壤栽植草木，本规范中城市土壤主要是指后者，由于其复杂性分两层采样，上层（0～30cm）可能是回填土或受人为影响大的部分，另一层（30～60cm）为人为影响相对较小部分。两层分别取样监测。

城市土壤监测点以网距 2000m 的网格布设为主，功能区布点为辅，每个网格设一个采样点。对于专项研究和调查的采样点可适当加密。

6.5 污染事故监测土壤采样

污染事故不可预料，接到举报后立即组织采样。现场调查和观察，取证土壤被污染时间，根据污染物及其对土壤的影响确定监测项目，尤其是污染事故的特征污染物是监测的重点。据污染物的颜色、印渍和气味以及结合考虑地势、风向等因素初步界定污染事故对土壤的污染范围。

如果是固体污染物抛洒污染型，等打扫后采集表层 5cm 土样，采样点数不少于 3 个。

如果是液体倾翻污染型，污染物向低洼处流动的同时向深度方向渗透并向两侧横向方向扩散，每个点分层采样，事故发生点样品点较密，采样深度较深，离事故发生点相对远处样品点较疏，采样深度较浅。采样点不少于 5 个。

如果是爆炸污染型，以放射性同心圆方式布点，采样点不少于 5 个，爆炸中心采分层样，周围采表层土（0～20cm）。

事故土壤监测要设定 2～3 个背景对照点，各点（层）取 1kg 土样装入样品袋，有腐蚀性或要测定挥发性化合物，改用广口瓶装样。含易分解有机物的待测定样品，采集后置于低温（冰箱）中，直至运送、移交到分析室。

7 样品流转

7.1 装运前核对

在采样现场样品必须逐件与样品登记表、样品标签和采样记录进行核对，核对无误后分类装箱。

7.2 运输中防损

运输过程中严防样品的损失、混淆和沾污。对光敏感的样品应有避光外包装。

7.3 样品交接

由专人将土壤样品送到实验室，送样者和接样者双方同时清点核实样品，并在样品交接单上签字确认，样品交接单由双方各存一份备查。

8 样品制备

8.1 制样工作室要求

分设风干室和磨样室。风干室朝南（严防阳光直射土样），通风良好，整洁，无尘，无易挥发性化学物质。

8.2 制样工具及容器

风干用白色搪瓷盘及木盘；

粗粉碎用木锤、木滚、木棒、有机玻璃棒、有机玻璃板、硬质木板、无色聚乙烯薄膜；

磨样用玛瑙研磨机（球磨机）或玛瑙研钵、白色瓷研钵；

过筛用尼龙筛，规格为 2～100 目；

装样用具塞磨口玻璃瓶，具塞无色聚乙烯塑料瓶或特制牛皮纸袋，规格视量而定。

8.3 制样程序

制样者与样品管理员同时核实清点，交接样品，在样品交接单上双方签字确认。

8.3.1 风干

在风干室将土样放置于风干盘中，摊成 2～3cm 的薄层，适时地压碎、翻动，拣出碎石、砂砾、植物残体。

8.3.2 样品粗磨

在磨样室将风干的样品倒在有机玻璃板上，用木锤敲打，用木滚、木棒、有机玻璃棒再次压碎，拣出杂质，混匀，并用四分法取压碎样，过孔径 0.25mm（20 目）尼龙筛。过筛后的样品全部置无色聚乙烯薄膜上，并充分搅拌混匀，再采用四分法取其两份，一份交样品库存放，另一份作样品的细磨用。粗磨样可直接用于土壤 pH、阳离子交换量、元素有效态含量等项目的分析。

8.3.3 细磨样品

用于细磨的样品再用四分法分成两份，一份研磨到全部过孔径 0.25mm（60 目）筛，用于农药或土壤有机质、土壤全氮量等项目分析；另一份研磨到全部过孔径 0.15mm（100 目）筛，用于土壤元素全量分析。

制样过程见图 8-1。

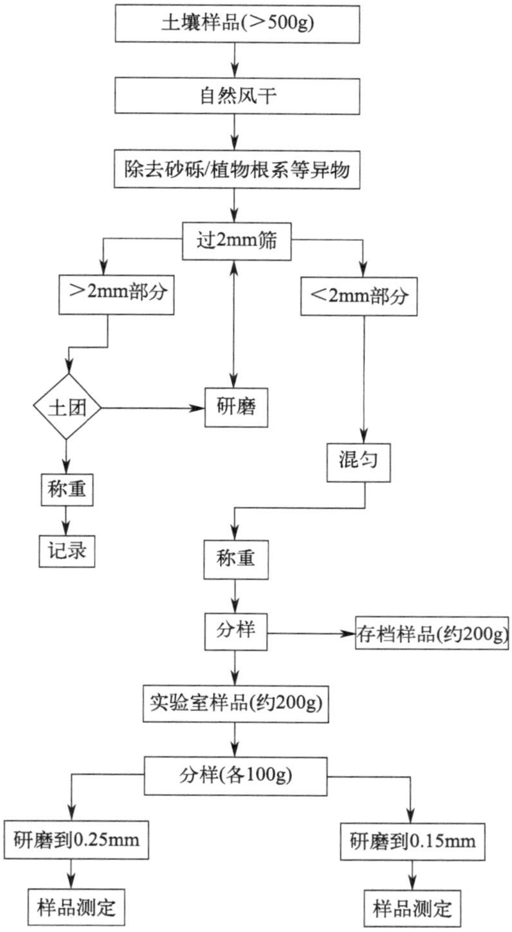

图 8-1 常规监测制样过程图

8.3.4 样品分装

研磨混匀后的样品，分别装于样品袋或样品瓶，填写土壤标签一式两份，瓶内或袋内一份，瓶外或袋外贴一份。

8.3.5 注意事项

制样过程中采样时的土壤标签与土壤始终放在一起，严禁混错，样品名称和编码始终不变；

制样工具每处理一份样后擦抹（洗）干净，严防交叉污染；

分析挥发性、半挥发性有机物或可萃取有机物无需上述制样，用新鲜样按特定的方法进行样品前处理。

9 样品保存

按样品名称、编号和粒径分类保存。

9.1 新鲜样品的保存

对于易分解或易挥发等不稳定组分的样品要采取低温保存的运输方法，并尽快送到实验室分析测试。测试项目需要新鲜样品的土样，采集后用可密封的聚乙烯或玻璃容器在 4℃以下避光保存，样品要充满容器。避免用含有待测组分或对测试有干扰的材料制成的容器盛装保存样品，测定有机污染物用的土壤样品要选用玻璃容器保存。具体保存条件见表 9-1。

表 9-1 新鲜样品的保存条件和保存时间

测试项目	容器材质	温度/℃	可保存时间/d	备注
金属(汞和六价铬除外)	聚乙烯、玻璃	<4	180	
汞	玻璃	<4	28	
砷	聚乙烯、玻璃	<4	180	
六价铬	聚乙烯、玻璃	<4	1	
氰化物	聚乙烯、玻璃	<4	2	
挥发性有机物	玻璃(棕色)	<4	7	采样瓶装满装实并密封
半挥发性有机物	玻璃(棕色)	<4	10	采样瓶装满装实并密封
难挥发性有机物	玻璃(棕色)	<4	14	

9.2 预留样品

预留样品在样品库造册保存。

9.3 分析取用后的剩余样品

分析取用后的剩余样品，待测定全部完成数据报出后，也移交样品库保存。

9.4 保存时间

分析取用后的剩余样品一般保留半年，预留样品一般保留 2 年。特殊、珍稀、仲裁、有争议样品一般要永久保存。

新鲜土样保存时间见“9.1 新鲜样品的保存”。

9.5 样品库要求

保持干燥、通风、无阳光直射、无污染；要定期清理样品，防止霉变、鼠害及标签脱落。样品入库、领用和清理均需记录。

10 土壤分析测定

10.1 测定项目

分常规项目、特定项目和选测项目，见“4.5 监测项目与频次”。

10.2 样品处理

土壤与污染物种类繁多，不同的污染物在不同土壤中的样品处理方法及测定方法各异。同时要根据不同的监测要求和监测目的，选定样品处理方法。

仲裁监测必须选定《土壤环境质量标准》中选配的分析方法中规定的样品处理方法，其他类型的监测优先使用国家土壤测定标准，如果《土壤环境质量标准》中没有的项目或国家土壤测定方法标准暂缺项目则可使用等效测定方法中的样品处理方法。样品处理方法见“10.3 分析方法”，按选用的分析方法中规定进行样品处理。

由于土壤组成的复杂性和土壤物理化学性状（pH、Eh 等）差异，造成重金属及其他污染物在土壤环境中形态的复杂和多样性。金属不同形态，其生理活性和毒性均有差异，其中以有效态和交换态的活性、毒性最大，残留态的活性、毒性最小，而其他结合态的活性、毒性居中。部分形态分析的样品处理方法见附录D。

一般区域背景值调查和《土壤环境质量标准》中重金属测定的是土壤中的重金属全量（除特殊说明，如六价铬），其测定土壤中金属全量的方法见相应的分析方法，其等效方法也可参见附录D。测定土壤中有机物的样品处理方法见相应分析方法，原则性的处理方法参见附录D。

10.3 分析方法

10.3.1 第一方法：标准方法（即仲裁方法），按土壤环境质量标准中选配的分析方法（表10-1）。

10.3.2 第二方法：由权威部门规定或推荐的方法。

10.3.3 第三方法：根据各地实情，自选等效方法，但应作标准样品验证或比对实验，其检出限、准确度、精密度不低于相应的通用方法要求水平或待测物准确定量的要求。

土壤监测项目与分析第一方法、第二方法和第三方法汇总见表10-2。

表10-1 土壤常规监测项目及分析方法

监测项目	监测仪器	监测方法	方法来源
镉	原子吸收光谱仪	石墨炉原子吸收分光光度法	GB/T 17141—1997
	原子吸收光谱仪	KI-MIBK萃取原子吸收分光光度法	GB/T 17140—1997
汞	测汞仪	冷原子吸收法	GB/T 17136—1997
砷	分光光度计	二乙基二硫代氨基甲酸银分光光度法	GB/T 17134—1997
	分光光度计	硼氢化钾-硝酸银分光光度法	GB/T 17135—1997
铜	原子吸收光谱仪	火焰原子吸收分光光度法	GB/T 17138—1997
铅	原子吸收光谱仪	石墨炉原子吸收分光光度法	GB/T17141—1997
	原子吸收光谱仪	KI-MIBK萃取原子吸收分光光度法	GB/T 17140—1997
铬	原子吸收光谱仪	火焰原子吸收分光光度法	GB/T 17137—1997
锌	原子吸收光谱仪	火焰原子吸收分光光度法	GB/T 17138—1997
镍	原子吸收光谱仪	火焰原子吸收分光光度法	GB/T 17139—1997
六六六和滴滴涕	气相色谱仪	电子捕获气相色谱法	GB/T 14550—1993
六种多环芳烃	液相色谱仪	高效液相色谱法	GB 13198—91
稀土总量	分光光度计	对马尿酸偶氮氯膦分光光度法	GB 6262
pH	pH计	森林土壤pH测定	GB 7859—87
阳离子交换量	滴定仪	乙酸铵法	①

①《土壤理化分析》，1978，中国科学院南京土壤研究所编，上海科技出版社。

表10-2 土壤监测项目与分析方法

监测项目	推荐方法	等效方法
砷	COL	HG-AAS、HG-AFS、XRF
镉	GF-AAS	POL、ICP-MS
钴	AAS	GF-AAS、ICP-AES、ICP-MS
铬	AAS	GF-AAS、ICP-AES、XRF、ICP-MS

续表

监测项目	推荐方法	等效方法
铜	AAS	GF-AAS、ICP-AES、XRF、ICP-MS
氟	ISE	
汞	HG-AAS	HG-AFS
锰	AAS	ICP-AES、INAA、ICP-MS
镍	AAS	GF-AAS、XRF、ICP-AES、ICP-MS
铅	GF-AAS	ICP-MS、XRF
硒	HG-AAS	HG-AFS、DAN 荧光、GC
钒	COL	ICP-AES、XRF、INAA、ICP-MS
锌	AAS	ICP-AES、XRF、INAA、ICP-MS
硫	COL	ICP-AES、ICP-MS
pH	ISE	
有机质	VOL	
PCBs、PAHs	LC、GC	
阳离子交换量	VOL	
VOC	GC、GC-MS	
SVOC	GC、GC-MS	
除草剂和杀虫剂	GC、GC-MS、LC	
POPs	GC、GC-MS、LC、LC-MS	

注：ICP-AES 为等离子发射光谱；XRF 为 X-荧光光谱分析；AAS 为火焰原子吸收；GF-AAS 为石墨炉原子吸收；HG-AAS 为氢化物发生原子吸收法；HG-AFS 为氢化物发生原子荧光法；POL 为催化极谱法；ISE 为选择性离子电极；VOL 为容量法；INAA 为中子活化分析法；GC 为气相色谱法；LC 为液相色谱法；GC-MS 为气相色谱-质谱联用法；COL 为分光比色法；LC-MS 为液相色谱-质谱联用法；ICP-MS 为等离子体质谱联用法。

11 分析记录与监测报告

11.1 分析记录

分析记录一般要设计成记录本格式，页码、内容齐全，用碳素墨水笔填写翔实，字迹要清楚，需要更正时，应在错误数据（文字）上划一横线，在其上方写上正确内容，并在所划横线上加盖修改者名章或者签字以示负责。

分析记录也可以设计成活页，随分析报告流转和保存，便于复核审查。

分析记录也可以是电子版本式的输出物（打印件）或存有其信息的磁盘、光盘等。

记录测量数据，要采用法定计量单位，只保留一位可疑数字，有效数字的位数应根据计量器具的精度及分析仪器的示值确定，不得随意增添或删除。

11.2 数据运算

有效数字的计算修约规则按 GB 8170 执行。采样、运输、储存、分析失误造成的离群数据应剔除。

11.3 结果表示

平行样的测定结果用平均数表示，一组测定数据用 Dixon 法、Grubbs 法检验剔除离群值后以平均值报出；低于分析方法检出限的测定结果以“未检出”报出，参加统计时按二分之一最低检出限计算。

土壤样品测定一般保留三位有效数字，含量较低的镉和汞保留两位有效数字，并注明检出限数值。分析结果的精密度数据，一般只取一位有效数字，当测定数据很多时，可取两位有效数字。表示分析结果的有效数字的位数不可超过方法检出限的最低位数。

11.4　监测报告

报告名称，实验室名称，报告编号，报告每页和总页数标识，采样地点名称，采样时间、分析时间，检测方法，监测依据，评价标准，监测数据，单项评价，总体结论，监测仪器编号，检出限（未检出时需列出），采样点示意图，采样（委托）者，分析者，报告编制、复核、审核和签发者及时间等内容。

12　土壤环境质量评价

土壤环境质量评价涉及评价因子、评价标准和评价模式。评价因子数量与项目类型取决于监测的目的和现实的经济和技术条件。评价标准常采用国家土壤环境质量标准、区域土壤背景值或部门（专业）土壤质量标准。评价模式常用污染指数法或者与其有关的评价方法。

12.1　污染指数、超标率（倍数）评价

土壤环境质量评价一般以单项污染指数为主，指数小污染轻，指数大污染则重。当区域内土壤环境质量作为一个整体与外区域进行比较或与历史资料进行比较时除用单项污染指数外，还常用综合污染指数。土壤由于地区背景差异较大，用土壤污染累积指数更能反映土壤的人为污染程度。土壤污染物分担率可评价确定土壤的主要污染项目，污染物分担率由大到小排序，污染物主次也同此序。除此之外，土壤污染超标倍数、样本超标率等统计量也能反映土壤的环境状况。污染指数和超标率等计算公式如下：

$$\text{土壤单项污染指数}=\frac{\text{土壤污染物实测值}}{\text{土壤污染物质量标准}}$$

$$\text{土壤污染累积指数}=\frac{\text{土壤污染物实测值}}{\text{污染物背景值}}$$

$$\text{土壤污染物分担率}(\%)=\frac{\text{土壤某项污染指数}}{\text{各项污染指数之和}}\times 100\%$$

$$\text{土壤污染超标倍数}=\frac{\text{土壤某污染物实测值}-\text{某污染物质量标准}}{\text{某污染物质量标准}}$$

$$\text{土壤污染样本超标率}(\%)=\frac{\text{土壤样本超标总数}}{\text{监测样本总数}}\times 100\%$$

12.2　内梅罗污染指数评价

$$\text{内梅罗污染指数}(P_N)=[(PI_{\text{均}}^2+PI_{\text{最大}}^2)/2]^{1/2}$$

式中，$PI_{\text{均}}$和$PI_{\text{最大}}$分别是平均单项污染指数和最大单项污染指数。

内梅罗指数反映了各污染物对土壤的作用，同时突出了高浓度污染物对土壤环境质量的影响，可按内梅罗污染指数，划定污染等级。内梅罗指数土壤污染评价标准见表12-1。

表 12-1 土壤内梅罗污染指数评价标准

等级	内梅罗污染指数	污染等级
Ⅰ	$P_N \leqslant 0.7$	清洁(安全)
Ⅱ	$0.7 < P_N \leqslant 1.0$	尚清洁(警戒线)
Ⅲ	$1.0 < P_N \leqslant 2.0$	轻度污染
Ⅳ	$2.0 < P_N \leqslant 3.0$	中度污染
Ⅴ	$P_N > 3.0$	重污染

12.3 背景值及标准偏差评价

用区域土壤环境背景值（x）95%置信度的范围（$x \pm 2s$）来评价：

若土壤某元素监测值 $x_i < x - 2s$，则该元素缺乏或属于低背景土壤。

若土壤某元素监测值在 $x \pm 2s$，则该元素含量正常。

若土壤某元素监测值 $x_i > x + 2s$，则土壤已受该元素污染，或属于高背景土壤。

12.4 综合污染指数法

综合污染指数（CPI）包含了土壤元素背景值、土壤元素标准（附录 B）尺度因素和价态效应综合影响。其表达式：

$$\mathrm{CPI} = X \times (1 + \mathrm{RPE}) + Y \times \mathrm{DDMB} / (Z \times \mathrm{DDSB})$$

式中，CPI 为综合污染指数；X、Y 分别为测量值超过标准值和背景值的数目；RPE 为相对污染当量；DDMB 为元素测定浓度偏离背景值的程度；DDSB 为土壤标准偏离背景值的程度；Z 为用作标准元素的数目。

主要有下列计算过程：

（1）计算相对污染当量（RPE）

$$\mathrm{RPE} = \left[\sum_{i=1}^{N} (C_i / C_{iS})^{1/n}\right] / N$$

式中，N 是测定元素的数目，C_i 是测定元素 i 的浓度，C_{iS} 是测定元素 i 的土壤标准值，n 为测定元素 i 的氧化数。

对于变价元素，应考虑价态与毒性的关系，在不同价态共存并同时用于评价时，应在计算中注意高低毒性价态的相互转换，以体现由价态不同所构成的风险差异性。

（2）计算元素测定浓度偏离背景值的程度（DDMB）

$$\mathrm{DDMB} = \left[\sum_{i=1}^{N} (C_i / C_{iB})^{1/n}\right] / N$$

式中，C_{iB} 是元素 i 的背景值，其余符号同上。

（3）计算土壤标准偏离背景值的程度（DDSB）

$$\mathrm{DDSB} = \left[\sum_{i=1}^{N} (C_i / C_{iB})^{1/n}\right] / Z$$

式中，Z 为用于评价元素的个数，其余符号的意义同上。

（4）综合污染指数计算（CPI）

（5）评价

用 CPI 评价土壤环境质量指标体系见表 12-2。

表 12-2 综合污染指数（CPI）评价表

X	Y	CPI	评价
0	0	0	背景状态
0	≥1	0<CPI<1	未污染状态，数值大小表示偏离背景值相对程度
≥1	≥1	≥1	污染状态，数值越大表示污染程度相对越严重

（6）污染表征

$$_{N}T_{\mathrm{CPI}}^{X}(a,b,c\cdots)$$

式中，X 是超过土壤标准的元素数目，a、b、c 等是超标污染元素的名称，N 是测定元素的数目，CPI 为综合污染指数。

13 质量保证和质量控制

质量保证和质量控制的目的是保证所产生的土壤环境质量监测资料具有代表性、准确性、精密性、可比性和完整性。质量控制涉及监测的全部过程。

13.1 采样、制样质量控制

布点方法及样品数量见“5 布点与样品数容量”。

样品采集及注意事项见“6 样品采集”。

样品流转见“7 样品流转”。

样品制备见“8 样品制备”。

样品保存见“9 样品保存”。

13.2 实验室质量控制

13.2.1 精密度控制

13.2.1.1 测定率

每批样品每个项目分析时均须做 20%平行样品；当 5 个样品以下时，平行样不少于 1 个。

13.2.1.2 测定方式

由分析者自行编入的明码平行样，或由质控员在采样现场或实验室编入的密码平行样。

13.2.1.3 合格要求

平行双样测定结果的误差在允许误差范围之内者为合格。允许误差范围见表 13-1。对未列出允许误差的方法，当样品的均匀性和稳定性较好时，参考表 13-2 的规定。当平行双样测定合格率低于 95%时，除对当批样品重新测定外再增加样品数 10%～20%的平行样，直至平行双样测定合格率大于 95%。

表 13-1 土壤监测平行双样测定值的精密度和准确度允许误差

监测项目	样品含量范围/(mg/kg)	精密度		准确度			适用的分析方法
		室内相对标准偏差/%	室间相对标准偏差/%	加标回收率/%	室内相对误差/%	室间相对误差/%	
镉	<0.1	±35	±40	75～110	±35	±40	原子吸收光谱法
	0.1～0.4	±30	±35	85～110	±30	±35	
	>0.4	±25	±30	90～105	±25	±30	

续表

监测项目	样品含量范围/(mg/kg)	精密度		准确度			适用的分析方法
		室内相对标准偏差/%	室间相对标准偏差/%	加标回收率/%	室内相对误差/%	室间相对误差/%	
汞	＜0.1	±35	±40	75～110	±35	±40	冷原子吸收法 原子荧光法
	0.1～0.4	±30	±35	85～110	±30	±35	
	＞0.4	±25	±30	90～105	±25	±30	
砷	＜10	±20	±30	85～105	±20	±30	原子荧光法分光光度法
	10～20	±15	±25	90～105	±15	±25	
	＞20	±15	±20	90～105	±15	±20	
铜	＜20	±20	±30	85～105	±20	±30	原子吸收光谱法
	20～30	±15	±25	90～105	±15	±25	
	＞30	±15	±20	90～105	±15	±20	
铅	＜20	±30	±35	80～110	±30	±35	原子吸收光谱法
	20～40	±25	±30	85～110	±25	±30	
	＞40	±20	±25	90～105	±20	±25	
铬	＜50	±25	±30	85～110	±25	±30	原子吸收光谱法
	50～90	±20	±30	85～110	±20	±30	
	＞90	±15	±25	90～105	±15	±25	
锌	＜50	±25	±30	85～110	±25	±30	原子吸收光谱法
	50～90	±20	±30	85～110	±20	±30	
	＞90	±15	±25	90～105	±15	±25	
镍	＜20	±30	±35	80～110	±30	±35	原子吸收光谱法
	20～40	±25	±30	85～110	±25	±30	
	＞40	±20	±25	90～105	±20	±25	

表 13-2 土壤监测平行双样最大允许相对偏差

含量范围/(mg/kg)	最大允许相对偏差/%
＞100	±5
10～100	±10
1.0～10	±20
0.1～1.0	±25
＜0.1	±30

13.2.2 准确度控制

13.2.2.1 使用标准物质或质控样品

例行分析中，每批要带测质控平行双样，在测定的精密度合格的前提下，质控样测定值必须落在质控样保证值（在95%的置信水平）范围之内，否则本批结果无效，需重新分析测定。

13.2.2.2 加标回收率的测定

当选测的项目无标准物质或质控样品时，可用加标回收实验来检查测定准确度。

加标率：在一批试样中，随机抽取10%～20%试样进行加标回收测定。样品数不足10个时，适当增加加标比率。每批同类型试样中，加标试样不应小于1个。

加标量：加标量视被测组分含量而定，含量高的加入被测组分含量的0.5～1.0倍，含量低的加2～3倍，但加标后被测组分的总量不得超出方法的测定上限。加标浓度宜高，体积应小，不应超过原试样体积的1%，否则需进行体积校正。

合格要求：加标回收率应在加标回收率允许范围之内。加标回收率允许范围见表13-1。当加标回收合格率小于70%时，对不合格者重新进行回收率的测定，并另增加10%～20%的试样作加标回收率测定，直至总合格率大于或等于70%以上。

13.2.3 质量控制图

必测项目应作准确度质控图，用质控样的保证值 x 与标准偏差 s，在95%的置信水平，以 x 作为中心线、$x \pm 2s$ 作为上下警告线、$x \pm 3s$ 作为上下控制线的基本数据，绘制准确度质控图，用于分析质量的自控。

每批所带质控样的测定值落在中心附近、上下警告线之内，则表示分析正常，此批样品测定结果可靠；如果测定值落在上下控制线之外，表示分析失控，测定结果不可信，检查原因，纠正后重新测定；如果测定值落在上下警告线和上下控制线之间，虽分析结果可接受，但有失控倾向，应予以注意。

13.2.4 土壤标准样品

土壤标准样品是直接用土壤样品或模拟土壤样品制得的一种固体物质。土壤标准样品具有良好的均匀性、稳定性和长期的可保存性。土壤标准物质可用于分析方法的验证和标准化，校正并标定分析测定仪器，评价测定方法的准确度和测试人员的技术水平，进行质量保证工作，实现各实验室内及实验室间，行业之间，国家之间数据可比性和一致性。

我国已经拥有多种类的土壤标准样品，如ESS系列和GSS系列等。使用土壤标准样品时，选择合适的标样，使标样的背景结构、组分、含量水平应尽可能与待测样品一致或近似。如果与标样在化学性质和基本组成差异很大，由于基体干扰，用土壤标样作为标定或校正仪器的标准，有可能产生一定的系统误差。

13.2.5 监测过程中受到干扰时的处理

检测过程中受到干扰时，按有关处理制度执行。一般要求如下：

停水、停电、停气等，凡影响到检测质量时，全部样品重新测定。

仪器发生故障时，可用相同等级并能满足检测要求的备用仪器重新测定。无备用仪器时，将仪器修复，重新检定合格后重测。

13.3 实验室间质量控制

参加实验室间比对和能力验证活动，确保实验室检测能力和水平，保证出具数据的可靠性和有效性。

13.4 土壤环境监测误差源剖析

土壤环境监测的误差由采样误差、制样误差和分析误差三部分组成。

13.4.1 采样误差（SE）

13.4.1.1 基础误差（FE）

由于土壤组成的不均匀性造成土壤监测的基础误差，该误差不能消除，但可通过研磨成小颗粒和混合均匀而减小。

13.4.1.2 分组和分割误差（GE）

分组和分割误差来自土壤分布不均匀性，它与土壤组成、分组（监测单元）因素和分割（减少样品量）因素有关。

13.4.1.3 短距不均匀波动误差（CE_1）

此误差产生在采样时，由组成和分布不均匀复合而成，其误差呈随机和不连续性。

13.4.1.4 长距不均匀波动误差（CE_2）

此误差有区域趋势（倾向），呈连续和非随机特性。

13.4.1.5 期间不均匀波动误差（CE_3）

此误差呈循环和非随机性质，其绝大部分的影响来自季节性的降水。

13.4.1.6 连续选择误差（CE）

连续选择误差由短距不均匀波动误差、长距不均匀波动误差和循环误差组成。

$$CE=CE_1+CE_2+CE_3$$

或表示为

$$CE=(FE+GE)+CE_2+CE_3$$

13.4.1.7 增加分界误差（DE）

来自不正确地规定样品体积的边界形状。分界基于土壤沉积或影响土壤质量的污染物的维数，零维为影响土壤的污染物样品全部取样分析（分界误差为零）；一维分界定义为表层样品或减少体积后的表层样品；二维分界定义为上下分层，上下层间有显著差别；三维定义为纵向和横向均有差别。土壤环境采样以一维和二维采集方式为主，即采集土壤的表层样和柱状（剖面）样。三维采集在方法学上是一个难题，划分监测单元使三维问题转化成二维问题。增加分界误差是理念上的。

13.4.1.8 增加抽样误差（EE）

由于理念上的增加分界误差的存在，同时实际采样时不能正确地抽样，便产生了增加抽样误差，该误差不是理念上的而是实际的。

13.4.2 制样误差（PE）

来自研磨、筛分和储存等制样过程中的误差，如样品间的交叉污染、待测组分的挥发损失、组分价态的变化、储存样品容器对待测组分的吸附等。

13.4.3 分析误差（AE）

此误差来自样品的再处理和实验室的测定误差。在规范管理的实验室内该误差主要是随机误差。

13.4.4 总误差（TE）

综上所述，土壤监测误差可分为采样误差（SE）、制样误差（PE）和分析误差（AE）三类，通常情况下 SE>PE>AE，总误差（TE）可表达为：

$$TE=SE+PE+AE$$

或

$$TE=(CE+DE+EE)+PE+AE$$

即

$$TE=[(FE+GE+EC_2+EC_3)+DE+EE]+PE+AE$$

13.5 测定不确定度

一般土壤监测对测定不确定度不作要求，但如有必要仍需计算。土壤测定不确定度来源于称样、样品消化（或其他方式前处理）、样品稀释定容、稀释标准及由标准与测定仪器响应的拟合直线。对各个不确定度分量的计算合成得出被测土壤样品中测定组分的标准不确定度和扩展不确定度。测定不确定度的具体过程和方法见国家计量技术规范《测量不确定度评定和表示》（JJF 1059）。

附录 A
（资料性附录）
t 分布表

df	置信度(%)：1−a/双尾							
	20	40	60	80	90	95	98	99
	置信度(%)：1−a/单尾							
	60	70	80	90	95	97.5	99	99.5
1	0.325	0.727	1.376	3.078	6.314	12.706	31.821	63.657
2	0.289	0.617	1.061	1.886	2.920	4.303	6.965	9.925
3	0.277	0.584	0.978	1.638	2.353	3.182	4.541	5.641
4	0.271	0.569	0.941	1.533	2.132	2.776	3.747	4.064
5	0.267	0.559	0.920	1.476	2.015	2.571	3.365	4.032
6	0.265	0.553	0.906	1.440	1.943	2.447	3.143	3.707
7	0.263	0.549	0.896	1.415	1.895	2.365	2.998	3.499
8	0.262	0.546	0.889	1.397	1.860	2.306	2.896	3.355
9	0.261	0.543	0.883	1.383	1.833	2.262	2.821	3.250
10	0.260	0.542	0.879	1.372	1.812	2.228	2.764	3.169
11	0.260	0.540	0.876	1.363	1.796	2.201	2.718	3.106
12	0.259	0.539	0.873	1.356	1.782	2.179	2.681	3.055
13	0.258	0.538	0.870	1.350	1.771	2.160	2.650	3.012
14	0.258	0.537	0.868	1.345	1.761	2.145	2.624	2.977
15	0.258	0.536	0.866	1.341	1.753	2.131	2.602	2.947
16	0.258	0.535	0.865	1.337	1.746	2.120	2.583	2.921
17	0.257	0.534	0.863	1.333	1.740	2.110	2.567	2.898
18	0.257	0.534	0.862	1.330	1.734	2.101	2.552	2.878
19	0.257	0.533	0.861	1.328	1.729	2.093	2.539	2.861
20	0.257	0.533	0.860	1.325	1.725	2.386	2.528	2.845
21	0.257	0.532	0.859	1.323	1.721	2.080	2.518	2.831
22	0.256	0.532	0.858	1.321	1.717	2.074	2.508	2.819
23	0.256	0.532	0.858	1.319	1.714	2.069	2.500	2.807
24	0.256	0.531	0.857	1.318	1.711	2.064	2.492	2.797
25	0.256	0.531	0.856	1.316	1.708	2.060	2.485	2.787
26	0.256	0.531	0.856	1.315	1.706	2.056	2.479	2.779

续表

df	置信度(%):1－a/双尾							
	20	40	60	80	90	95	98	99
	置信度(%):1－a/单尾							
	60	70	80	90	95	97.5	99	99.5
27	0.256	0.531	0.855	1.314	1.703	2.052	2.473	2.771
28	0.256	0.530	0.855	1.313	1.701	2.045	2.467	2.763
29	0.256	0.530	0.854	1.311	1.699	2.042	2.462	2.756
30	0.256	0.530	0.854	1.310	1.697	2.021	2.457	2.750
40	0.255	0.529	0.851	1.303	1.684	2.000	2.423	2.704
60	0.254	0.527	0.848	1.296	1.671	1.980	2.390	2.660
120	0.254	0.526	0.845	1.289	1.658	1.960	2.358	2.617
∞	0.253	0.524	0.842	1.282	1.645		2.326	2.576

附录 B
(资料性附录)
中国土壤分类

中国土壤分类采用六级分类制，即土纲、土类、亚类、土属、土种和变种。前三级为高级分类单元，以土类为主；后三级为基层分类单元，以土种为主。土类是指在一定的生物气候条件、水文条件或耕作制度下形成的土壤类型。将成土过程有共性的土壤类型归成的类称为土纲。全国 40 多个土类归纳为 10 个土纲。

中国土壤分类表

土纲	土类	亚类
铁铝土	砖红壤	砖红壤、暗色砖红壤、黄色砖红壤
	赤红壤	赤红壤、暗色赤红壤、黄色赤红壤、赤红壤性土
	红壤	红壤、暗红壤、黄红壤、褐红壤、红壤性土
	黄壤	黄壤、表潜黄壤、灰化黄壤、黄壤性土
淋溶土	黄棕壤	黄棕壤、粘盘黄棕壤
	棕壤	棕壤、白浆化棕、潮棕壤、棕壤性土
	暗棕壤	暗棕壤、草甸暗棕壤、潜育暗棕壤、白浆化暗棕壤
	灰黑土	淡灰黑土、暗灰黑土
	漂灰土	漂灰土、腐殖质淀积漂灰土、棕色针叶林土、棕色暗针叶林土
半淋溶土	燥红土	
	褐土	褐土、淋溶褐土、石灰性褐土、潮褐土、褐土性土
	埁土	
	灰褐土	淋溶灰褐土、石灰性灰褐土
钙层土	黑垆土	黑垆土、黏化黑垆土、轻质黑垆土、黑麻垆土
	黑钙土	黑钙土、淋溶黑钙土、草甸黑钙土、表灰性黑钙土

续表

土纲	土类	亚类
钙层土	栗钙土	栗钙土、暗栗钙土、淡栗钙土、草甸栗钙土
	棕钙土	棕钙土、淡棕钙土、草甸棕钙土、松沙质原始棕钙土
	灰钙土	灰钙土、草甸灰钙土、灌溉灰钙土
石膏盐层土	灰漠土	灰漠土、龟裂灰漠土、盐化灰漠土、碱化灰漠土
	灰棕漠土	灰棕漠土、石膏灰棕漠土、碱化灰棕漠土
	棕漠土	棕漠土、石膏棕漠土、石膏盐棕漠土、龟裂棕漠土
半水成土	黑土	黑土、草甸黑土、白浆化黑土、表潜黑土
	白浆土	白浆土、草甸白浆土、潜育白浆土
	潮土	黄潮土、盐化潮土、碱化潮土、褐土化潮土、湿潮土、灰潮土
	砂姜黑土	砂姜黑土、盐化砂姜黑土、碱化砂姜黑土
	灌淤土	
	绿洲土	绿洲灰土、绿洲白土、绿洲潮土
	草甸土	草甸土、暗草甸土、灰草甸土、林灌草甸土、盐化草甸土、碱化草甸土
水成土	沼泽土	草甸沼泽土、腐殖质沼泽土、泥炭腐殖质沼泽土、泥炭沼泽土、泥炭土
	水稻土	淹育性(氧化型)水稻土、潴育性(氧化还原型)水稻土、潜育性(还原型)水稻土、漂洗型水稻土、沼泽型水稻土、盐渍型水稻土
盐碱土	盐土	草甸盐土、滨海盐土、沼泽盐土、洪积盐土、残积盐土、碱化盐土
	碱土	草甸碱土、草原碱土、龟裂碱土
岩成土	紫色土	
	石灰土	黑色石灰土、棕色石灰土、黄色石灰土、红色石灰土
	磷质石灰土	磷质石灰土、硬盘磷质石灰土、潜育磷质石灰土、盐渍磷质石灰土
	黄绵土	
	风沙土	
	火山灰土	
高山土	山地草甸土	
	亚高山草甸土	亚高山草甸土、亚高山灌丛草甸土
	高山草甸土	
	亚高山草原土	亚高山草原土、亚高山草甸草原土
	高山草原土	高山草原土、高山草甸草原土
	亚高山漠土	
	高山漠土	
	高山寒冻土	

附录 C
(资料性附录)
中国土壤水平分布

中国土壤的水平地带性分布，在东部湿润、半湿润区域，表现为自南向北随气温带而变化的规律，热带为砖红壤，南亚热带为赤红壤，中亚热带为红壤和黄壤，北亚热带为黄棕壤，暖温带为棕壤和褐土，温带为暗棕壤，寒温带为漂灰土，其分布与纬度变化基本一致。中国北部干旱、半干旱区域，自东而西干燥度逐渐增加，土壤依次为暗棕壤、黑土、灰色森林土（灰黑土）、黑钙土、栗钙土、棕钙土、灰漠土、灰棕漠土，其分布与经度变化基本一致。

Ⅰ 富铝土区域

$Ⅰ_1$ 砖红壤带

$Ⅰ_{1(1)}$ 南海诸岛磷质石灰土区

$Ⅰ_{1(2)}$ 琼南砖红壤、水稻土区

$Ⅰ_{1(3)}$ 琼北、雷州半岛砖红壤、水稻土区

$Ⅰ_{1(4)}$ 河口、西双版纳砖红壤、水稻土区

$Ⅰ_2$ 赤红壤带

$Ⅰ_{2(1)}$ 台湾中、北部山地丘陵赤红壤、水稻土区

$Ⅰ_{2(2)}$ 华南低山丘陵赤红壤、水稻土区

$Ⅰ_{2(3)}$ 珠江三角洲水稻土、赤红壤区

$Ⅰ_{2(4)}$ 文山、德保石灰土、赤红壤区

$Ⅰ_{2(5)}$ 横断山脉南段赤红壤、燥红壤区

$Ⅰ_3$ 红壤、黄壤带

$Ⅰ_{3(1)}$ 江南山地红壤、黄壤、水稻土区

$Ⅰ_{3(2)}$ 桂中、黔南石灰区、红壤区

$Ⅰ_{3(3)}$ 云南高原红壤、水稻土区

$Ⅰ_{3(4)}$ 江南丘陵红壤、水稻土区

$Ⅰ_{3(5)}$ 鄱阳湖平原水稻土区

$Ⅰ_{3(6)}$ 洞庭湖平原水稻土区

$Ⅰ_{3(7)}$ 四川盆地周围山地、贵州高原黄壤、石灰土、水稻土区

$Ⅰ_{3(8)}$ 四川盆地紫色土、水稻土区

$Ⅰ_{3(9)}$ 成都平原水稻土区

$Ⅰ_{3(10)}$ 察隅、墨脱红壤、黄壤区

$Ⅰ_4$ 黄棕壤带

$Ⅰ_{4(1)}$ 长江下游平原水稻土区

$Ⅰ_{4(2)}$ 江淮丘陵黄棕壤、水稻土区

$Ⅰ_{4(3)}$ 大别山、大洪山黄棕壤、水稻土区

$Ⅰ_{4(4)}$ 江汉平原水稻土、灰潮土区

$Ⅰ_{4(5)}$ 壤阳谷地黄棕壤、水稻土区

$Ⅰ_{4(6)}$ 汉中、安康盆地黄棕壤区

Ⅱ 硅铝土区域

$Ⅱ_1$ 棕壤、褐土、黑垆土

$Ⅱ_{1(1)}$ 辽东、山东半岛棕壤褐土区

$Ⅱ_{1(2)}$ 黄淮海平原潮土、盐碱土、砂姜黑土区

$Ⅱ_{1(3)}$ 辽河下游平原潮土区

Ⅱ$_{1(4)}$　秦岭、伏牛山、南阳盆地黄棕壤、黄褐土区

Ⅱ$_{1(5)}$　华北山地褐土、粗骨褐土山地棕壤土

Ⅱ$_{1(6)}$　汾、渭谷地潮土、楼土、褐土区

Ⅱ$_{1(7)}$　黄土高原黄绵土、褐垆土区

Ⅱ$_{2}$　暗棕壤、黑土、黑钙土带

Ⅱ$_{2(1)}$　长白山暗棕壤、暗色草甸土、白浆土区

Ⅱ$_{2(2)}$　兴安岭暗棕壤、黑土区

Ⅱ$_{2(3)}$　三江平原暗色草甸土、白浆土、沼泽土区

Ⅱ$_{2(4)}$　松辽平原东部黑土、白浆土区

Ⅱ$_{2(5)}$　辽河下游平原灌淤土、风沙土区

Ⅱ$_{2(6)}$　松辽平原西部黑钙土、暗色草甸土区

Ⅱ$_{2(7)}$　大兴安岭西部黑钙土、暗栗钙土区

Ⅱ$_{3}$　漂灰土带

Ⅱ$_{3(1)}$　大兴安岭北端漂灰土区

Ⅲ　干旱土区域

Ⅲ$_{1}$　栗钙土、棕钙土、灰钙土带

Ⅲ$_{1(1)}$　内蒙古高原栗钙土、盐碱土、风沙土区

Ⅲ$_{1(2)}$　阴山、贺兰山棕钙土、栗钙土、灰钙土区

Ⅲ$_{1(3)}$　河套、银川平原灌淤土、盐碱土区

Ⅲ$_{1(4)}$　鄂尔多斯高原风沙土、栗钙土、棕钙土区

Ⅲ$_{1(5)}$　内蒙古高原西部灰钙土、黄绵土区

Ⅲ$_{1(6)}$　青海高原东部灰钙土、栗钙土区

Ⅲ$_{2}$　灰棕漠土带

Ⅲ$_{2(1)}$　阿拉善高原灰棕漠土、风沙土区

Ⅲ$_{2(2)}$　准噶尔盆地风沙土、灰漠土、灰棕漠土区

Ⅲ$_{2(3)}$　北疆山前伊宁盆地灰钙土、灰漠土、绿洲土、盐土区

Ⅲ$_{2(4)}$　阿尔泰山灰黑土、亚高山草甸土区

Ⅲ$_{2(5)}$　天山灰褐土、亚高山草甸土、棕钙土区

Ⅲ$_{3}$　棕漠土带

Ⅲ$_{3(1)}$　河西走廊灰棕漠、绿洲土区

Ⅲ$_{3(2)}$　祁连山及柴达木盆地高山草甸土、棕漠土、盐土区

Ⅲ$_{3(3)}$　塔里木盆地、罗布泊棕漠土、风沙土区

Ⅲ$_{3(4)}$　塔里木盆地边缘绿洲土、棕钙土、盐土区

Ⅳ　高山土区域

Ⅳ$_{1}$　亚高山草甸带

Ⅳ$_{1(1)}$　松潘、马尔康高原高山草甸土、沼泽土区

Ⅳ$_{1(2)}$　甘孜、昌都高原亚高山草甸土、亚高山灌丛草甸土区

$Ⅳ_2$　亚高山草原带

$Ⅳ_{2(1)}$　雅鲁藏布河谷山地灌丛草原土、亚高山草甸土区

$Ⅳ_{2(2)}$　中喜马拉雅山北侧亚高山草原土区

$Ⅳ_{2(3)}$　中喜马拉雅山北侧山地灌丛草原土、亚高山草甸土区

$Ⅳ_3$　高山草甸土带

$Ⅳ_4$　高山草原土带

$Ⅳ_5$　高山漠土带

附录 D
（资料性附录）
土壤样品预处理方法

D.1　全分解方法

D.1.1　普通酸分解法

准确称取 0.5g（准确到 0.1mg，以下都与此相同）风干土样于聚四氟乙烯坩埚中，用几滴水润湿后，加入 10mL HCl（ρ 为 1.19g/mL），于电热板上低温加热，蒸发至约剩 5mL 时加入 15mL HNO_3（ρ 为 1.42g/mL），继续加热蒸至近黏稠状，加入 10mL HF（ρ 为 1.15g/mL）并继续加热，为了达到良好的除硅效果应经常摇动坩埚。最后加入 5mL $HClO_4$（ρ 为 1.67g/mL），并加热至白烟冒尽。对于含有机质较多的土样应在加入 $HClO_4$ 之后加盖消解，土壤分解物应呈白色或淡黄色（含铁较高的土壤），倾斜坩埚时呈不流动的黏稠状。用稀酸溶液冲洗内壁及坩埚盖，温热溶解残渣，冷却后，定容至 100mL 或 50mL，最终体积依待测成分的含量而定。

D.1.2　高压密闭分解法

称取 0.5g 风干土样于内套聚四氟乙烯坩埚中，加入少许水润湿试样，再加入 HNO_3（ρ 为 1.42g/mL）、$HClO_4$（ρ 为 1.67g/mL）各 5mL，摇匀后将坩埚放入不锈钢套筒中，拧紧。放在 180℃的烘箱中分解 2h。取出，冷却至室温后，取出坩埚，用水冲洗坩埚盖的内壁，加入 3mL HF（ρ 为 1.15g/mL），置于电热板上，在 100～120℃加热除硅，待坩埚内剩下约 2～3mL 溶液时，调高温度至 150℃，蒸至冒浓白烟后再缓缓蒸至近干，按 D.1.1 同样操作定容后进行测定。

D.1.3　微波炉加热分解法

微波炉加热分解法是以被分解的土样及酸的混合液作为发热体，从内部进行加热使试样受到分解的方法。目前报道的微波加热分解试样的方法，有常压敞口分解和仅用厚壁聚四氟乙烯容器的密闭式分解法，也有密闭加压分解法。这种方法以聚四氟乙烯密闭容器作内筒，以能透过微波的材料如高强度聚合物树脂或聚丙烯树脂作外筒，在该密封系统内分解试样能达到良好的分解效果。微波加热分解也可分为开放系统和密闭系统两种。开放系统可分解多量试样，且可直接和流动系统相组合实现自动化，但由于要排出酸蒸气，所以分解时使用酸量较大，易受外环境污染，挥发性元素易造成损失，费时间且难以分解多数试样。密闭系统的优点较多，酸蒸气不会逸出，仅用少量酸即可，在分解少量试样时十分有效，不受外部环境的污染。在分解试样时不用观察及特殊操作，由

于压力高，所以分解试样很快，不会受外筒金属的污染（因为用树脂做外筒）。可同时分解大批量试样。其缺点是需要专门的分解器具，不能分解量大的试样，如果疏忽会有发生爆炸的危险。在进行土样的微波分解时，无论使用开放系统或密闭系统，一般使用 HNO_3-HCl-HF-$HClO_4$、HNO_3-HF-$HClO_4$、HNO_3-HCl-HF-H_2O_2、HNO_3-HF-H_2O_2 等体系。当不使用 HF 时（限于测定常量元素且称样量小于 0.1g），可将分解试样的溶液适当稀释后直接测定。若使用 HF 或 $HClO_4$ 对待测微量元素有干扰时，可将试样分解液蒸至近干，酸化后稀释定容。

D.1.4　碱融法

D.1.4.1　碳酸钠熔融法（适合测定氟、钼、钨）

称取 0.5000～1.0000g 风干土样放入预先用少量碳酸钠或氢氧化钠垫底的高铝坩埚中（以充满坩埚底部为宜，以防止熔融物粘底），分次加入 1.5～3.0g 碳酸钠，并用圆头玻璃棒小心搅拌，使与土样充分混匀，再放入 0.5～1g 碳酸钠，使平铺在混合物表面，盖好坩埚盖。移入马弗炉中，于 900～920℃熔融 0.5h。自然冷却至 500℃左右时，可稍打开炉门（不可开缝过大，否则高铝坩埚骤然冷却会开裂）以加速冷却，冷却至 60～80℃用水冲洗坩埚底部，然后放入 250mL 烧杯中，加入 100mL 水，在电热板上加热浸提熔融物，用水及 HCl（1+1）将坩埚及坩埚盖洗净取出，并小心用 HCl（1+1）中和、酸化（注意盖好表面皿，以免大量 CO_2 冒泡引起试样的溅失），待大量盐类溶解后，用中速滤纸过滤，用水及 5%HCl 洗净滤纸及其中的不溶物，定容待测。

D.1.4.2　碳酸锂-硼酸、石墨粉坩埚熔样法（适合铝、硅、钛、钙、镁、钾、钠等元素分析）

土壤矿质全量分析中土壤样品分解常用酸溶剂，酸溶试剂一般用氢氟酸加氧化性酸分解样品，其优点是酸度小，适用于仪器分析测定，但对某些难熔矿物分解不完全，特别对铝、钛的测定结果会偏低，且不能测定硅（已被除去）。

碳酸锂-硼酸在石墨粉坩埚内熔样，再用超声波提取熔块，分析土壤中的常量元素，速度快，准确度高。

在 30mL 瓷坩埚内充满石墨粉，置于 900℃高温电炉中灼烧半小时，取出冷却，用乳钵棒压一空穴。准确称取经 105℃烘干的土样 0.2000g 于定量滤纸上，与 1.5g Li_2CO_3-H_3BO_3（Li_2CO_3∶H_3BO_3=1∶2）混合试剂均匀搅拌，捏成小团，放入瓷坩埚内石墨粉洞穴中，然后将坩埚放入已升温到 950℃的马弗炉中，20min 后取出，趁热将熔块投入盛有 100mL 4%硝酸溶液的 250mL 烧杯中，立即于 250W 功率清洗槽内超声（或用磁力搅拌），直到熔块完全溶解；将溶液转移到 200mL 容量瓶中，并用 4%硝酸定容。吸取 20mL 上述样品液移入 25mL 容量瓶中，并根据仪器的测量要求决定是否需要添加基体元素及添加浓度，最后用 4%硝酸定容，用光谱仪进行多元素同时测定。

D.2　酸溶浸法

D.2.1　HCl-HNO_3 溶浸法

准确称取 2.000g 风干土样，加入 15mL 的 HCl（1+1）和 5mL HNO_3（ρ 为 1.42g/mL），振荡 30min，过滤定容至 100mL，用 ICP 法测定 P、Ca、Mg、K、Na、Fe、Al、Ti、Cu、Zn、Cd、Ni、Cr、Pb、Co、Mn、Mo、Ba、Sr 等。

或采用下述溶浸方法：准确称取 2.000g 风干土样于干烧杯中，加少量水润湿，加入 15mL HCl（1+1）和 5mL HNO_3（ρ 为 1.42g/mL）。盖上表面皿于电热板上加热，待蒸发至约剩 5mL，冷却，用水冲洗烧杯和表面皿，用中速滤纸过滤并定容至 100mL，用原子吸收法或 ICP 法测定。

D.2.2 HNO_3-H_2SO_4-$HClO_4$ 溶浸法

方法特点是 H_2SO_4、$HClO_4$ 沸点较高，能使大部分元素溶出，且加热过程中液面比较平静，没有迸溅的危险。但 Pb 等易与 SO_4^{2-} 形成难溶性盐类的元素，测定结果偏低。操作步骤是：准确称取 2.5000g 风干土样于烧杯中，用少许水润湿，加入 HNO_3-H_2SO_4-$HClO_4$ 混合酸（5+1+20）12.5mL，置于电热板上加热，当开始冒白烟后缓缓加热，并经常摇动烧杯，蒸发至近干。冷却，加入 5mL HNO_3（ρ 为 1.42g/mL）和 10mL 水，加热溶解可溶性盐类，用中速滤纸过滤，定容至 100mL，待测。

D.2.3 HNO_3 溶浸法

准确称取 2.0000g 风干土样于烧杯中，加少量水润湿，加入 20mL HNO_3（ρ 为 1.42g/mL）。盖上表面皿，置于电热板或砂浴上加热，若发生迸溅，可采用每加热 20min 关闭电源 20min 的间歇加热法。待蒸发至约剩 5mL，冷却，用水冲洗烧杯壁和表面皿，经中速滤纸过滤，将滤液定容至 100mL，待测。

D.2.4 Cd、Cu、As 等的 0.1mol/L HCl 溶浸法

土壤中 Cd、Cu、As 的提取方法，其中 Cd、Cu 操作条件是：准确称取 10.0000g 风干土样于 100mL 广口瓶中，加入 0.1mol/L HCl 50.0mL，在水平振荡器上振荡。振荡条件是温度 30℃、振幅 5～10cm、振荡频次 100～200 次/min，振荡 1h。静置后，用倾斜法分离出上层清液，用干滤纸过滤，滤液经过适当稀释后用原子吸收法测定。

As 的操作条件是：准确称取 10.0000g 风干土样于 100mL 广口瓶中，加入 0.1mol/L HCl 50.0mL，在水平振荡器上振荡。振荡条件是温度 30℃、振幅 10cm、振荡频次 100 次/min，振荡 30min。用干滤纸过滤，取滤液进行测定。

除用 0.1mol/L HCl 溶浸 Cd、Cu、As 以外，还可溶浸 Ni、Zn、Fe、Mn、Co 等重金属元素。0.1mol/L HCl 溶浸法是目前使用最多的酸溶浸方法，此外也有使用 CO_2 饱和的水、0.5mol/L KCl-HAc（pH＝3）、0.1mol/L $MgSO_4$-H_2SO_4 等酸性溶浸方法。

D.3 形态分析样品的处理方法

D.3.1 有效态的溶浸法

D.3.1.1 DTPA 浸提

DTPA（二乙三胺五乙酸）浸提液可测定有效态 Cu、Zn、Fe 等。浸提液的配制：其成分为 0.005mol/L DTPA-0.01mol/L $CaCl_2$-0.1mol/L TEA（三乙醇胺）。称取 1.967g DTPA 溶于 14.92g TEA 和少量水中；再将 1.47g $CaCl_2 \cdot 2H_2O$ 溶于水，一并转入 1000mL 容量瓶中，加水至约 950mL，用 6mol/L HCl 调节 pH 至 7.30（每升浸提液约需加 6mol/L HCl 8.5mL），最后用水定容。储存于塑料瓶中，几个月内不会变质。浸提手续：称取 25.00g 风干过 20 目筛的土样放入 150mL 硬质玻璃三角瓶中，加入

50.0mL DTPA 浸提剂，在25℃用水平振荡机振荡提取2h，干滤纸过滤，滤液用于分析。DTPA 浸提剂适用于石灰性土壤和中性土壤。

D.3.1.2　0.1mol/L HCl 浸提

称取10.00g 风干过20目筛的土样放入150mL 硬质玻璃三角瓶中，加入50.0mL 1mol/L HCl 浸提液，用水平振荡器振荡1.5h，干滤纸过滤，滤液用于分析。酸性土壤适合用0.1mol/L HCl 浸提。

D.3.1.3　水浸提

土壤中有效硼常用沸水浸提，操作步骤：准确称取10.00g 风干过20目筛的土样于250mL 或300mL 石英锥形瓶中，加入20.0mL 无硼水。连接回流冷却器后煮沸5min，立即停止加热并用冷却水冷却。冷却后加入4滴0.5mol/L $CaCl_2$ 溶液，移入离心管中，离心分离出清液备测。

关于有效态金属元素的浸提方法较多，例如：有效态 Mn 用1mol/L 乙酸铵-对苯二酚溶液浸提。有效态 Mo 用草酸-草酸铵（24.9g 草酸铵与12.6g 草酸溶解于1000mL 水中）溶液浸提，固液比为1∶10。硅用 pH 为4.0的乙酸-乙酸钠缓冲溶液、0.02mol/L H_2SO_4、0.025%或1%的柠檬酸溶液浸提。酸性土壤中有效硫用 H_3PO_4-HAc 溶液浸提，中性或石灰性土壤中有效硫用0.5mol/L $NaHCO_3$ 溶液（pH 为8.5）浸提。用1mol/L NH_4Ac 浸提土壤中有效钙、镁、钾、钠以及用0.03mol/L NH_4F-0.025mol/L HCl 或0.5mol/L $NaHCO_3$ 浸提土壤中有效态磷等等。

D.3.2　碳酸盐结合态、铁-锰氧化结合态等形态的提取

D.3.2.1　可交换态

浸提方法是在1g 试样中加入8mL $MgCl_2$ 溶液（1mol/L $MgCl_2$，pH＝7.0）或者乙酸钠溶液（1mol/L NaAc，pH＝8.2），室温下振荡1h。

D.3.2.2　碳酸盐结合态

经 D.3.2.1处理后的残余物在室温下用8mL 1mol/L NaAc 浸提，在浸提前用乙酸把 pH 调至5.0，连续振荡，直到估计所有提取的物质全部被浸出为止（一般用8h 左右）。

D.3.2.3　铁锰氧化物结合态

浸提过程是在经 D.3.2.2处理后的残余物中，加入20mL 0.3mol/L $Na_2S_2O_3$-0.175mol/L 柠檬酸钠-0.025mol/L 柠檬酸混合液，或者用0.04mol/L $NH_2OH \cdot HCl$ 在20%（体积比）乙酸中浸提。浸提温度为96℃±3℃，时间可自行估计，到完全浸提为止，一般在4h 以内。

D.3.2.4　有机结合态

在经 D.3.2.3处理后的残余物中，加入3mL 0.02mol/L HNO_3、5mL 30% H_2O_2，然后用 HNO_3 调节 pH 至 pH＝2，将混合物加热至85℃±2℃，保温2h，并在加热中间振荡几次。再加入3mL 30% H_2O_2，用 HNO_3 调至 pH＝2，再将混合物在85℃±2℃加热3h，并间断地振荡。冷却后，加入5mL 3.2mol/L 乙酸铵20%（体积比）HNO_3 溶液，稀释至20mL，振荡30min。

D.3.2.5　残余态

经 D.3.2.1～D.3.2.4四部分提取之后，残余物中将包括原生及次生的矿物，它们

除了主要组成元素之外，也会在其晶格内夹杂、包藏一些痕量元素，在天然条件下，这些元素不会在短期内溶出。残余态主要用 HF-$HClO_4$ 分解，主要处理过程参见土壤全分解方法之普通酸分解法（D. 1. 1）。

上述各形态的浸提都在 50L 聚乙烯离心试管中进行，以减少固态物质的损失。在互相衔接的操作之间，用 10000r/min（12000g 重力加速度）离心处理 30min，用注射器吸出清液，分析痕量元素。残留物用 8mL 去离子水洗涤，再离心 30min，弃去洗涤液，洗涤水要尽量少用，以防止损失可溶性物质，特别是有机物的损失。离心效果对分离影响较大，要切实注意。

D. 4　有机污染物的提取方法

D. 4. 1　常用有机溶剂

D. 4. 1. 1　有机溶剂的选择原则

根据相似相溶的原理，尽量选择与待测物极性相近的有机溶剂作为提取剂。提取剂必须与样品能很好地分离，且不影响待测物的纯化与测定；不能与样品发生作用，毒性低、价格便宜；此外，还要求提取剂沸点范围在 45～80℃之间为宜。

还要考虑溶剂对样品的渗透力，以便将土样中待测物充分提取出来。当单一溶剂不能成为理想的提取剂时，常用两种或两种以上不同极性的溶剂以不同的比例配成混合提取剂。

D. 4. 1. 2　常用有机溶剂的极性

常用有机溶剂的极性由强到弱的顺序为：（水）；乙腈；甲醇；乙酸；乙醇；异丙醇；丙酮；二氧六环；正丁醇；正戊醇；乙酸乙酯；乙醚；硝基甲烷；二氯甲烷；苯；甲苯；二甲苯；四氯化碳；二硫化碳；环己烷；正己烷（石油醚）和正庚烷。

D. 4. 1. 3　溶剂的纯化

纯化溶剂多用重蒸馏法。纯化后的溶剂是否符合要求，最常用的检查方法是将纯化后的溶剂浓缩 100 倍，再用与待测物检测相同的方法进行检测，无干扰即可。

D. 4. 2　有机污染物的提取

D. 4. 2. 1　振荡提取

准确称取一定量的土样（新鲜土样加 1～2 倍量的无水 Na_2SO_4 或 $MgSO_4 \cdot H_2O$ 搅匀，放置 15～30min，固化后研成细末），转入标准口三角瓶中加入约 2 倍体积的提取剂振荡 30min，静置分层或抽滤、离心分出提取液，样品再分别用 1 倍体积提取液提取 2 次，分出提取液，合并，待净化。

D. 4. 2. 2　超声波提取

准确称取一定量的土样（或取 30.0g 新鲜土样加 30～60g 无水 Na_2SO_4 混匀）置于 400mL 烧杯中，加入 60～100mL 提取剂，超声振荡 3～5min，真空过滤或离心分出提取液，固体物再用提取剂提取 2 次，分出提取液合并，待净化。

D. 4. 2. 3　索氏提取

本法适用于从土壤中提取非挥发及半挥发有机污染物。

准确称取一定量土样或取新鲜土样 20.0g 加入等量无水 Na_2SO_4 研磨均匀，转入滤纸筒中，再将滤纸筒置于索氏提取器中。在有 1～2 粒干净沸石的 150mL 圆底烧瓶中加 100mL 提取剂，连接索氏提取器，加热回流 16～24h 即可。

D.4.2.4　浸泡回流法

用于一些与土壤作用不大且不易挥发的有机物的提取。

D.4.2.5　其他方法

近年来，吹扫蒸馏法（用于提取易挥发性有机物）、超临界提取法（SFE）都发展很快。尤其是 SFE 法由于其快速、高效、安全性（不需任何有机溶剂），因而是具有很好发展前途的提取法。

D.4.3　提取液的净化

使待测组分与干扰物分离的过程为净化。当用有机溶剂提取样品时，一些干扰杂质可能与待测物一起被提取出，这些杂质若不除掉将会影响检测结果，甚至使定性定量无法进行，严重时还可使气相色谱的柱效减低、检测器沾污，因而提取液必须经过净化处理。净化的原则是尽量完全除去干扰物，而使待测物尽量少损失。常用的净化方法为：

D.4.3.1　液-液分配法

液-液分配的基本原理是在一组互不相溶的溶剂中对溶解某一溶质成分，该溶质以一定的比例分配（溶解）在溶剂的两相中。通常把溶质在两相溶剂中的分配比称为分配系数。在同一组溶剂对中，不同的物质有不同的分配系数；在不同的溶剂对中，同一物质也有着不同的分配系数。利用物质和溶剂对之间存在的分配关系，选用适当的溶剂通过反复多次分配，便可使不同的物质分离，从而达到净化的目的，这就是液-液分配净化法。采用此法进行净化时一般可得较好的回收率，不过分配的次数须是多次方可完成。

液-液分配过程中若出现乳化现象，可采用如下方法进行破乳：①加入饱和硫酸钠水溶液，以其盐析作用而破乳；②加入硫酸（1＋1），加入量从 10mL 逐步增加，直到消除乳化层，此法只适于对酸稳定的化合物；③离心机离心分离。

液-液分配中常用的溶剂对有：乙腈-正己烷；N,N-二甲基甲酰胺（DMF）-正己烷；二甲亚砜-正己烷等。通常情况下正己烷可用廉价的石油醚（60～90℃）代替。

D.4.3.2　化学处理法

用化学处理法净化能有效地去除脂肪、色素等杂质。常用的化学处理法有酸处理法和碱处理法。

D.4.3.2.1　酸处理法

用浓硫酸或硫酸（1＋1）：发烟硫酸直接与提取液（酸与提取液体积比 1∶10）在分液漏斗中振荡进行磺化，以除掉脂肪、色素等杂质。其净化原理是脂肪、色素中含有碳-碳双键，如脂肪中不饱和脂肪酸和叶绿素中含一双键的叶绿醇等，这些双键与浓硫酸作用时产生加成反应，所得的磺化产物溶于硫酸，这样便使杂质与待测物分离。

这种方法常用于强酸条件下稳定的有机物如有机氯农药的净化，而对于易分解的有机磷、氨基甲酸酯农药则不可使用。

D.4.3.2.2　碱处理法

一些耐碱的有机物如农药艾氏剂、狄氏剂、异狄氏剂可采用氢氧化钾-助滤剂柱代替皂化法。提取液经浓缩后通过柱净化，用石油醚洗脱，有很好的回收率。

D.4.3.3　吸附柱层析法

主要有氧化铝柱、弗罗里硅土柱、活性炭柱等。

参考文献

[1] 奚旦立．环境监测．5 版．北京：高等教育出版社，2019.

[2] 刘凤枝，马锦秋．土壤监测分析实用手册．北京：化学工业出版社，2012.

[3] 李国刚．固体废物试验与监测分析方法．北京：化学工业出版社，2003.

[4] 石光辉．土壤及固体废物监测与评价．北京：中国环境科学出版社，2008.

[5] 多克辛．土壤优控污染物监测方法．北京：中国环境科学出版社，2012.

[6] 王绍文，梁富智，王纪曾．固体废弃物资源化技术与应用．北京：冶金工业出版社，2003.

[7] 中国标准出版社第二编辑室编．环境监测方法标准汇编．土壤环境与固体废物．2 版．北京：中国标准出版社，2009.

[8] 聂永丰．三废处理工程技术手册．北京：化学工业出版社，2000.

[9] 李国鼎．环境工程手册//固体废物污染防治卷．北京：高等教育出版社，2003.

[10] 赵由才，张华，宋立杰，等．实用环境二程手册．固体废物污染控制与资源化．北京：化学工业出版社，2002.

[11] 钱易，唐孝炎．环境保护与可持续发展．2 版．北京：高等教育出版社，2010.

[12] 杨光中．环境保护实用知识手册．北京：户国环境科学出版社，2003.

[13] 庄伟强，尤峥．固体废物处理与处置．3 版．北京：化学工业出版社，2015.

[14] 国家环境保护总局政策法规司编．中国环境保护法规全书．北京：化学工业出版社，2001.

[15] 杨国清．固体废物处理工程．2 版．北京：科学出版社，2007.

[16] 潘岳．环境保护 ABC. 北京：中国环境科学出版社，2004.

[17] 杨丽芬，李友琥．环保工作者实用手册．2 版．北京：冶金工业出版社，2001.

[18] 袁光耀．可持续发展概论．北京：中国环境科学出版社，2001.

[19] 国家环境保护总局污染控制司．城市固化废物管理与处理处置技术．北京：中国石化出版社，2000.

[20] 杨若明．环境中有毒有害化学物质的污染与监测．北京：中央民族大学出版社，2001.

[21] 曾百肇．分析化学．6 版．武汉：高等教育出版社，2016.

[22] 国家环境保护局．中国土壤元素背景值．北京：中国环境科学出版，1990.